"让育儿更简单"系列

年糕妈妈

轻松育儿百科

孩子这么养，全家都轻松

"年糕妈妈"公号矩阵创始人
浙江大学 医学硕士 | 李丹阳 / 主编

北京联合出版公司
Beijing United Publishing Co.,Ltd.

张泉灵推荐：
你真的会做妈妈吗？

第一次读到糕妈的文章，是一篇关于怎么帮助孩子入眠的分享。这篇文章让我一下子回想起了自己当年带孩子有多惨：儿子刚出生时黑白颠倒，每天半夜都要精神两个小时。当时我是央视的女主播，白天工作忙到没有一点缝隙，大半夜还要强撑着精神陪孩子耗着，实在崩溃！

所以，事隔多年，糕妈的这篇文章还是让我看得津津有味，并且随手转发了。只有带过孩子的人才知道，这真是新生儿家庭的刚需！

结果，我身边的朋友们从糕妈的文章里受益匪浅。这让我发现，平时一个个英明神武、无所不能的媒体大咖们，一旦成了爸妈，碰到孩子头疼脑热、吃喝拉撒的那点事儿，也会手足无措。

我们从书上看的、听父母说的、从新闻媒体上知道的养育孩子的知识，很有可能是完全相反的观点，让人无所适从。而糕妈的文章，她能直截了当地告诉你什么是坑、哪里有路。这条路，除了她的经验之外，也是从大量文献、资料里蹚出来的。

这和糕妈的专业背景有关，医学生有比对论文、找到真相的能力，也有死磕、较真的严谨态度，尤其是她在坚持微信公众号每天更新的高强度工作下，建立起了完整的 0~3 岁育儿知识体系。她的内容生产方式，更像是搭了个货架，直击育儿痛点，把专业知识变成货架上可以快速自取的商品，给新手爸妈们提供了一个最可信赖的学习路径。

这让我想起有一次，一个教育专家问我："你会当妈妈吗？"我说："我那么爱看书，了解了那么多知识，当然会当妈妈啊！"那个专家说："你没当过妈妈，怎么好意思说你会呢？"直到我当了妈妈以后，想起这话，才深深体会到当个好妈妈是有多么不易。

"纸上得来终觉浅，绝知此事要躬行。"尤其是在这年头当妈妈，你要看得懂食物的营养标签，分得清药物的违禁成分，掌握得了雾霾的应对方法……如果这种时候，有个像糕妈这样的学霸型闺蜜，帮我们把育儿知识掰开揉碎喂到嘴边，意义非凡。

这本书不是一本育儿宝典，它其实是一本新手妈妈宝典，是糕妈在运营母婴公众号的 3 年时间里，真正了解、倾听了妈妈们的诉求后，给妈妈们的一份礼物。

她更想告诉妈妈们的，除了如何带好孩子，还有在这个前所未有的人生转折期，你要如何做好自己。

相信每个新手妈妈，在角色转变后都会有一段情绪低落期，除了激素使然，还因为妈妈这份工作真的太难，而在这一点上，爸爸们学到的知识就更少了。连我的朋友罗胖，读了那么多书，也一样在感叹："不是不想帮忙，是真帮不上忙。"

为母则强，妈妈必须强大起来，才能成为养育孩子和协调家庭关系的主导者。虽然难为，却也可为，就像糕妈自己，她在生完孩子后最艰难的时期，开创出了自己的事业，也让丈夫成为她真正意义上的合伙人。

我曾写过这样一句话："人生看风景是多么重要，而在工作中还能看风景，甚至称得上是种幸福。"而糕妈的工作，是把更好的风景带给了上千万的中国妈妈们，我想，这才是真正值得用一本书来分享的人生。

张泉灵　紫牛基金创始人
《奇葩说》导师

赵正言推荐：
让你自信地养育萌娃

作为一名儿童医学保健的从业者，在临床实践中，我发现很多家长跟儿科医生交流的机会和时间都很有限，只能解决最紧迫的疾病类问题。很多家长上网查到的所谓的"育儿指导"，断章取义，人云亦云，并没有经过实践、科学的验证，他们在育儿的过程中存在很多误区。如果家长们能够买一本靠谱的育儿书，自己学习一些有关婴幼儿护理、喂养、早期发展的知识，对于孩子的健康和发展是极有好处的。

作为一个自媒体人，年糕妈妈有 1000 万 + 的粉丝，她能受到这么多妈妈们的喜爱，是因为她的文章能帮助妈妈们解决最实际的问题，而且是用接地气的方法讲出来，让妈妈们一下就能听懂。现在，她把这些育儿知识出版成书，希望能帮助更多的新手爸妈。

她的硕士生导师李红教授向我推荐这本书的时候，我的第一反应是，李丹阳并不是儿科专业的，怎么能保证内容都是正确的呢？

在交流过程中，我了解到，她花了很多时间在写这些科普内容，包括如何查阅专业课本、最新研究成果，如何较真对待每一个知识点等。这一点尤为可贵，不愧是受了浙大"求是"精神的熏陶；书中很多有趣的展现形式，就是浙大"创新"精神的最好体现。

同时，我也请到专业的儿童保健医生，浙江大学医学院附属儿童医院的主治医师李文豪审阅了此书的内容。

新手爸妈们如果身边有这样一本书，就不会在孩子深夜发烧时不知所措，在各种错误观念伤害孩子时不明所以。这本书囊括了日常护理、生长发育、睡眠引导等育儿过程中的 10 大课题。它还关心新手妈妈的焦虑，解决夫妻之间、婆媳之间的育儿观念矛盾。它就像一个经验丰富的朋友，伴你左右，让你安心、自信地养育萌娃。

赵正言 | 中华医学会儿科分会主任委员
浙江大学医学院教授、博士生导师
浙江大学医学院附属儿童医院主任医师

新生儿护理

——做妈妈，你准备好了吗？

喂养指南

——妈妈是宝宝的优秀营养师

3
CHAPTER

睡眠引导

——让你家宝宝睡得更好

运动发展与智力启蒙

——宝宝具有惊人的学习能力

5
CHAPTER

规则与管教
——家是教养的起点

• 正面管教 /让爱和规矩并行

常见管教问题　让孩子的行为更规范

了解孩子，尊重孩子 / 给孩子更多理解、信任

父母修养 / 育儿也是育己

6
CHAPTER

陪伴

——珍惜有限的亲子时光

健康问题

——孩子的身体健康，需要妈妈的呵护

常见疾病的调养 /对症处理，妈妈更安心

糕妈问答

新生儿护理

做妈妈，你准备好了吗？

面对即将到来的宝宝，新手爸妈要调整好心态，让自己提早进入父母的角色，以全身心的爱迎接宝宝的到来。同时，还要掌握一些必备的护娃技能，比如如何抱宝宝、脐带护理、给宝宝洗澡等。迎接小宝宝的到来，你做好准备了吗？

马上就要当妈妈了，这些准备一定要做好

"我居然要当妈妈了！""我能照顾好宝宝吗？""有了娃是不是就没有自己的生活了？"怀孕后，瞬间的角色转换，会让很多准妈妈们措手不及。别慌，你有大半年时间来慢慢做好心理准备，迎接宝宝的到来。

转变心态，用最佳状态迎接宝宝的到来

宝贝，为你受再多苦也值得

怀孕后因为孕激素的作用，孕妈妈会有各种身体不适，再加上担忧、害怕、胡思乱想，感觉浑身都难受！以前最爱吃醋溜鱼，现在闻到这种气味就要作呕；之前一提去商场血拼就来劲，如今就爱在家躺着；再加上孕期各种胃灼热、腿抽筋等症状，有些妈妈甚至怀疑选择怀孕到底对不对。孕期很辛苦，但是不必过度焦虑，和可爱的宝宝相比，这几个月受的苦又算得了什么呢？

希望孕期一切顺利

"吃东西呛到了，咳嗽不停，不会咳着咳着宝宝就没了吧？""昨晚吃了大闸蟹，又喝了一碗绿豆汤，会不会流产呢？"坐车路过大水坑，颠了一下，赶紧护住肚子，生怕宝宝抛下妈妈……

终于熬过了前三个月，小腹微微隆起。"宝宝今天动的次数怎么少了？不会出什么事吧？"每一次孕期产检，都像是在打怪升级。快生了，宝宝还是臀位，怎样才能把宝宝转过来？别怕，专业的医生永远是你和宝宝最坚强的后盾。观察自己的身体变化，遇到问题不要慌，定期产检就行了。

期待我的小天使

虽然孕期的糟心事有很多，但是孕妈还是对小天使的到来充满了期待。"孩子他爸，快看快看，宝宝一直在踢我。"感受着宝宝的拳打脚踢，第一次觉得被人"欺负"很幸福。"宝宝，今天爸爸妈妈一起给你组装了小床，可好看了。"跟宝宝说话时充满了期待，想象着肚子里的小生命躺在自己身边的那一刻。

置办宝宝的小东西，满满都是心头爱

给宝宝准备属于他的一切。看着萌萌的小衣服，心也变得柔软了。"要是女儿，就打扮成小仙女；要是儿子，也要穿得帅帅哒！"当家里渐渐堆满宝宝的小东西，当妈妈的感觉就越来越强烈了。

想象宝宝出生后的可爱模样，迫不及待想和他见面

"宝宝出生后像谁比较好看？我的皮肤白，你的眼睛大，要是宝宝能遗传到咱俩的优点，那就完美了。""画册上的宝宝一个个都是大眼睛、长睫毛，皮肤嫩白。你说，咱娃会不会也像画里的宝宝那么萌？"

做家长也要"上岗证"

生完宝宝，要想从容地当妈妈，还需要提前做准备。"悠闲"的孕期是最好的学习时光。

用知识武装自己和家人

买一些靠谱的育儿书，用知识把自己武装起来。了解孕期可能会经历的身体不适，出现状况应该如何处理，以及宝宝出生后怎样护理，孩子长大了该怎么带等问题。在储备知识的过程中，慢慢地就对当个好妈妈越来越有信心了。

另外，自己学习的同时，也别忘了给家人"充充电"。如果以后长辈要参与带娃，平时就可以给他们分享一些靠谱的育儿知识。大家统一想法后，还能减少很多矛盾。

▍感恩老人带娃，明确家庭分工▍

宝宝出生后，谁主要负责宝宝的吃喝拉撒？谁来负责照顾产后的你？为了避免产后家人手忙脚乱，甚至引发不必要的争吵，提前开个家庭会议，在孕期就把这些问题商量好。不过，两代人的生活方式总有差别，从孕期就开始调整心态，对帮着带娃的老人心怀感恩。毕竟，都是为了宝宝好。

▍避免"丧偶式"育儿▍

宝爸不参与带娃，宝宝就真的要输在起跑线上了。有研究显示，如果宝爸在孩子成长过程中经常"玩失踪"或一直表现出负面的态度，会使男孩攻击值爆表，女孩出现性早熟，或超前的性行为等。而有爸爸陪伴的孩子，有着更好的情绪自控能力和更强的社交能力，行为问题也会比较少。

当宝爸愿意花时间陪孩子时，也是在表达对孩子的爱和尊重。孩子也会在这种爱和尊重中，逐渐建立起自尊心和自信心。所以，宝爸的陪伴对于建立孩子健全的心理体系是非常重要的。为了避免"丧偶式"育儿，妈妈从孕期就要为宝宝调教出一个好爸爸。

怀孕的时候，你是全家人的重点保护对象。宝宝出生后，他就成了焦点，新手妈妈往往会有"被冷落"的感觉，调整好心态，也能让身体恢复得更快。如果你有闺密已经当了妈，还可以跟闺密取取经。把每个小日子都过得美美的，这才是你最好的"营养品"。

糕妈说

9 大指南，给宝宝调教出一个好爸爸

自从肚子里有了一个娃，生活的重心瞬间开始倾斜，今天买上一堆宝宝连体衣，明天带回几个奶瓶，后天搬回几罐奶粉……

其实，买东西并不是最重要的，生娃前最该做的准备，就是给宝宝调教出一个好爸爸，这是会让你受益终生的事情。

┃调教指南 NO.1：安装婴儿床┃

固定婴儿床、安全座椅，这种事果断交给宝爸。"亲爱的，宝宝说出生后想睡爸爸亲自组装的小床。"听到宝宝发出的请求，他还能拒绝吗？

┃调教指南 NO.2：给宝宝买东西┃

一起给宝宝挑个小毯子，买几双小袜子，扛回点"尿不湿"。其实，宝爸的审美也很不错。

┃调教指南 NO.3：做家务┃

准妈妈可以享受十个月的"皇后"待遇，很多不想做的家务可以名正言顺地扔给宝爸了。准妈妈时不时地跟老公撒撒娇，或者夸夸他："宝宝，真羡慕你，有个这么好的爸爸。"听到这些，宝爸肯定干劲十足！

┃调教指南 NO.4：学会珍惜┃

怀孕以后常常会感到身体不适，比如腰酸、水肿、孕吐、贫血等，准妈妈别总是自己扛着。让宝爸帮你捏捏腿、揉揉腰，再跑腿买点你爱吃的，看到你怀孕的辛苦和不易，他对你会更加珍惜。

┃调教指南 NO.5：参加准妈妈课堂┃

拉上老公一起参加准妈妈课堂，共同学习孕期、生产、带娃等方面的知识，让老公感受到带娃并不轻松，他也应该是照顾宝宝的主力军。

调教指南 NO.6： 带娃体验

带上老公去有宝宝的朋友家做客。让准爸爸提前熟悉一下有宝宝的生活，顺便"取取经"，等宝宝出生后才不会手忙脚乱。

调教指南 NO.7： 陪同产检

产检不要一个人去，拉上老公，他能更好地照顾你。而且第一次听到宝宝心跳、第一次看到宝宝样子（三维彩超）的时刻，相信宝爸也不愿错过。

调教指南 NO.8： 和胎宝宝聊天

让宝爸多和肚子里的宝宝聊聊天，用手摸摸肚子，感受一下胎动。多和宝宝进行互动，那个大男孩才能真正感受到自己快要当爸爸了。

调教指南 NO.9： 陪孕妈妈聊天

和宝爸多分享你的感受，吐槽一下怀孕时的难受，憧憬美好的未来。这样做能增进你们夫妻之间的感情，让准妈妈感受到更多的温暖，或许宝爸对孩子的未来有很多想法。

糕妈说

孕期所有的外部准备，都不如调教出一个好爸爸重要。从怀孕开始，就多制造机会，让准爸爸感受到宝宝的存在，不仅能让他更有付出感和参与感，真正体会到即将发生的身份转变，而且能加深他对孩子、妻子乃至整个家庭的感情，承担起做父亲、做丈夫的责任。

正确拥抱新生儿

新手爸妈第一次看到软绵绵的小宝宝，常常会手足无措，不知道该怎么抱他，担心把宝宝磕了、碰了或是弄疼了。别太紧张，只要掌握正确的抱姿，你和宝宝都会感到很舒适。那么，具体该怎样抱新生儿？抱娃时需要特别注意什么呢？

如何抱起宝宝

☆**清洁双手**：刚出生的小宝宝免疫系统尚未发育健全，抵抗细菌的能力很弱。所以每次抱宝宝前，家长都应该仔细地清洁双手。

☆**逗逗宝宝**：抱宝宝前，温柔地和宝宝说说话，或者逗逗他，让宝宝充分做好被抱的准备。

☆**抱起宝宝**：慢慢屈膝，弯曲胳膊并挺直腰背，一只手托住宝宝的头部和颈部，另一只手托住臀部。伸直膝关节后，再慢慢将宝宝抱至胸前，这样可以保护妈妈的腰部。

抱新生儿的四种姿势

新生儿对头部的控制能力尚未发育健全。所以，无论用什么样的方式抱宝宝，大人一定要注意支撑他的头部和颈部。另外，抱宝宝时，千万不要晃动他的头部，以免造成头部损伤。

摇篮抱

摇篮抱对于刚出生数周的宝宝来说是最简单、最好的方式。

① 将宝宝抱起后，托住头颈部的手慢慢滑向臀部，以支撑宝宝的背部、头部和颈部。

② 让宝宝的头刚好躺在你的肘部臂弯里，另一只手可以辅助提供支撑。

③ 让宝宝尽可能贴近你的胸部。如果你的手离身体太远，宝宝会感觉自己是悬空的，很不舒服。而且，这样抱久了，你自己也会感觉很累。

竖抱

只要稳定住头部，新生儿也可以竖抱。宝宝平躺时，头部要被稳稳托住；处于竖直姿势时，头部和颈部都要被托稳。

① 把宝宝抱起后，举高至肩膀处，使宝宝的头靠在你的肩膀上，彼此的身体贴合。

② 一只胳膊支撑住宝宝的背部，手稳稳地托住他的头部和颈部，另一只手托住宝宝的臀部。宝宝的小手垂在身体两侧，可以自由晃动。

飞机抱

飞机抱对喝奶后胀气的宝宝来说是理想的姿势，不过，这种抱姿需要一定的臂力，还在坐月子的妈妈就好好休息，让爸爸"挺身而出"。

① 让宝宝趴在爸爸的前臂上，头朝向肘部。两只脚微微分开，自然垂于爸爸的手臂两侧。

② 前臂微微倾斜，让宝宝的头部略高于臀部，另一只手扶住宝宝，以确保安全。爸爸还可以轻轻地抚摸宝宝，给他来个按摩；或者坐着用这个姿势把宝宝放在大腿上，轻拍背部帮助他排出胃部胀气。

靠膝抱

① 靠膝抱能让爸爸妈妈俯视宝宝，适合跟宝宝交流和互动时，当然得注意安全。坐稳后，让宝宝平躺在你的大腿上。

② 让宝宝的头靠近你的膝盖，小脚丫顺势放在你的肚子上。用手臂护着宝宝身体两侧，并用双手托住宝宝的头部和颈部。

糕妈说

　　抱宝宝时千万要注意安全！比如，在做饭或者手里拿着热饮的时候不要抱宝宝，上下楼梯时要抱紧宝宝等，规避一切存在安全隐患的行为或者环境。新手爸妈们可以循序渐进，逐一掌握这几种抱法，经常给宝宝换换花样。最关键的是，要让你和宝宝都感到舒适！

裹襁褓是一项技术活

新生宝宝特别容易睡不踏实，因为他并不知道手脚是他自己身体的一部分，舞动的双手经常会把自己闹醒，所以宝宝从出生到 2 个月大都可以给他裹襁褓，以减少惊跳和环境刺激。襁褓会让宝宝感觉回到了熟悉温暖的子宫里，使他更有安全感，从而达到安抚宝宝的效果，也能让宝宝睡得更久，睡眠质量更好。

手把手教你正确裹襁褓

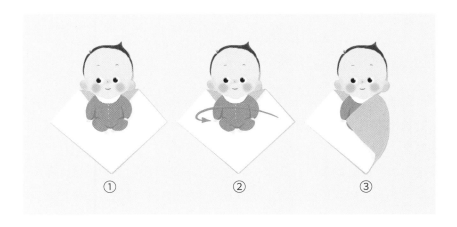

① ② ③

① 将毯子铺在床上，其中一角向内折出一个小三角形，将宝宝头颈部位放在折角的位置。

② 把宝宝的左手贴身放平，拿起宝宝左侧的毯子盖住他的左手和身体。

③ 抬起宝宝的右手，将毯子边角塞入他的后背右侧。

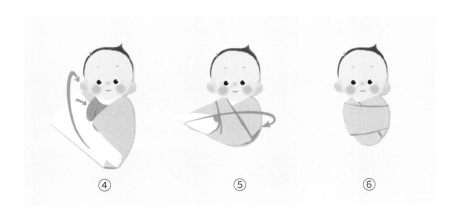

④　提起毯子的底角，覆盖宝宝的身体，将底角压在他的右肩下。

⑤　拉起毯子最后一个角，盖过宝宝的右手，塞入后背左侧。

⑥　"小粽子"裹好啦，完美！

容易陷入的裹襁褓误区

裹襁褓的要点是上紧下松——手包住，腿脚依然可以活动。一些父母在给宝宝裹襁褓时，会将宝宝腿部拉伸并拢后裹紧，殊不知这样做不利于髋关节的发育。

宝宝出生后的前几个月是髋关节快速发育的阶段，让双腿活动不受限制尤为重要！宝宝躺着或睡觉时，双腿应该像青蛙一样弯曲。如果把宝宝的臀部和双腿裹得太紧，下半身绷得直直的，很容易影响宝宝髋关节的发育，严重的会造成髋关节脱位。

另外，给宝宝裹襁褓时，一定要让宝宝保持仰睡且避免过热。美国儿科学会建议：要让宝宝仰卧睡觉，并确保他不会在襁褓中翻身，因为小宝宝趴着睡会增加猝死风险；而襁褓内过热，宝宝的体温会迅速升高，严重时也可能导致猝死。

宝宝的双腿在正常状态下是呈自然弯曲状的。

被强行拉伸后，宝宝的腿伸直并拢，不利于髋关节发育。

循序渐进地让宝宝和襁褓说再见

等宝宝 2 个月大，开始尝试翻身之前，就不要再用襁褓了。妈妈们可以循序渐进地帮宝宝逐步脱离襁褓：先把宝宝的一只手放在襁褓外，过几天再拿出另一只手，接下来是一条腿，再是另一条腿。你也可以给宝宝选择一款"带翅膀"的睡袋。

宝宝小的时候，可以当襁褓用（两片翅膀可以包裹宝宝的双手）。

宝宝大了，把翅膀裹在宝宝胸部，让双手露出来。

糕妈说

长期使用襁褓可能会干扰宝宝的成长，对于大月龄宝宝来说，用睡衣或睡袋来代替襁褓是最好的选择。

囟门是宝宝健康的"晴雨表"

小宝宝出生后，头上有两块软塌塌的地方，那就是囟门。囟门和骨缝将宝宝的头骨划分为几块，这些骨头在分娩时能够移动甚至部分重叠，帮助胎儿顺利通过产道。囟门对小宝宝非常重要，能在第一年里为他的大脑提供快速生长的空间。

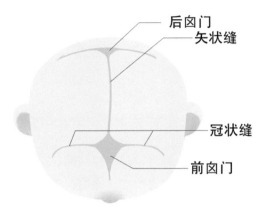

宝宝囟门的位置

宝宝的囟门何时闭合

前囟门位于头顶靠前的位置，开口较大，宽度可达 5 厘米，呈菱形，通常从宝宝 6 个月时开始慢慢闭合，到 18 个月时完全闭合。后囟门位于头后方，比较小，宽度不足 1.5 厘米，呈三角形，一般在宝宝出生后 2~3 个月闭合。如果囟门闭合过早，可能会导致头部畸形；如果囟门迟迟没有闭合，甚至变宽、变大，需要确认是否患上了脑积水或其他疾病。

囟门在正常状态下是平的。当宝宝哭闹时，囟门可能会有点凸起；只要孩子平静下来，囟门跟着恢复平坦，就不用担心。如果宝宝的囟门持续凸起，这可能意味着头部压力增加。尤其是当伴有发烧或嗜睡等症状时，可能宝宝已经出现了感染或脑肿胀，这种情况要马上请医生检查判断。

如果发现宝宝的囟门明显凹陷，一般是脱水的迹象（脱水其他迹象：眼窝凹陷、尿比平时少），需及时给他补充水分，并立即就医。

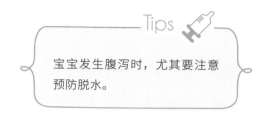

Tips

宝宝发生腹泻时，尤其要注意预防脱水。

宝宝的囟门需要小心保护

宝宝的囟门需要小心保护，这两件事千万不能做：

| 抠乳痂 |

宝宝囟门处的头皮如果被大人的长指甲或尖齿梳子划伤，可能会造成感染。所以，看到宝宝囟门区域的乳痂，千万不要用指甲去抠。乳痂一般过几个月会自行脱落，很少会给宝宝带来不适感，如果觉得难看，每天给洗洗就可以了。

| 剧烈地摇晃宝宝 |

带娃难免有烦躁或情绪不佳的时候，但是千万不要为了让宝宝停止哭闹就用力摇晃他。剧烈的摇晃可能导致颅内压力升高，引起囟门肿胀，或者造成婴儿头部损伤，甚至死亡！

糕妈说

很多新手爸妈担心伤到宝宝的囟门，不敢给小宝宝洗头。其实，对宝宝头部进行正常的清洁完全没有问题。因为囟门下面有很厚的硬膜可以保护大脑。给宝宝洗头时，手法轻柔点就可以了。长期不清洗头，宝宝的头皮反而易滋生细菌。

不要给宝宝挖耳屎

细心的妈妈会发现，有时候宝宝的耳朵里会有很多耳屎，想帮他掏出来，但是又怕技术太差，伤到宝宝的耳道。有些妈妈习惯用棉签、手指或掏耳勺等来给宝宝挖耳屎，这样虽然能掏出部分耳屎，但可能会让藏在深处的耳屎被堵得更深，造成真正意义上的"堵塞"，严重时甚至会损伤宝宝的耳道和鼓膜，影响听力。

其实，耳屎并不是什么坏东西，它对保护耳部的清洁和健康起着重要作用：

① 耳屎是耳朵天然的清洁剂，可以黏附污垢并减缓细菌生长。
② 耳屎是耳朵的重要保护屏障，能阻挡灰尘、细菌的入侵。
③ 耳屎能使耳道免受水的刺激，预防耳病。
④ 耳屎可以避免耳朵干涩，有润滑耳道的作用。

糕妈说

通常，耳屎会在耳朵里逐渐聚集、变干，并自行排出。平时，家长们用湿润的毛巾轻轻擦洗宝宝的外耳即可。如果因为耳屎过多引起宝宝耳朵不适（婴幼儿可能会揪自己的耳朵表示不舒服），千万不要自己盲目行动，马上请专业医生帮忙处理！

护理宝宝脐带的诀窍

脐带是孕妈妈和胎宝宝的重要联结。宝宝出生后，脐带会被剪掉，留下短短的一截，称为"脐带根部"。这段"小尾巴"的护理，是新生儿护理的重中之重，家长一定要认真对待。

护理宝宝脐带的六大原则

脐带不小心沾了水怎么办？脐带什么时候脱落是正常的？刚晋升为新手妈妈，对护理脐带充满了各种各样的疑问。放轻松，护理宝宝脐带，**只需要遵循以下 6 个原则**：

① 保持脐带根部清洁、干爽。

② 给宝宝穿纸尿裤时，不要覆盖脐部，以免脐带残端沾到尿液，增加感染概率。

③ 脐带根部较脏，或者感觉有点黏稠时，可以用棉签蘸点碘伏（国外专家建议用清水，但李文豪医生根据国内育儿现状以及国内临床实践建议用碘伏消毒）擦拭。千万不要使用酒精进行消毒，以免刺激宝宝的皮肤，加大感染的风险。另外，在护理前，妈妈要先清洗双手。

④ 在宝宝脐带脱落前，不要进行盆浴。可以用海绵给宝宝擦浴，避免脐带根部沾水。万一不小心沾了水，也不要慌张，立即用干净、柔软的毛巾或者纸巾擦干，并用碘伏消毒。

⑤ 天气暖和时，给宝宝穿轻透的衣物，尽量保证脐带根部充分透气，以加快愈合速度。

⑥ 脐带根部一般会自然萎缩、脱落，不要人为地将脐带扯断，否则可能会导致脐部持续出血。脐带脱落时，纸尿裤沾上一两滴血是正常的，不必过于担心。

脐带出现以下四种情况时需要看医生

如果宝宝的脐带出现了异常症状，宝妈们肯定非常紧张，那么，哪些情况需要马上去医院呢？

☆**脐带根部未完全脱落**：宝宝的脐带根部没有脱落完全，还残留了一小块肉芽肿或者红红的结痂块儿，有时会流出淡黄色的液体，这可能是脐带肉芽肿，一般1周左右就会痊愈。如果1周后还没有恢复正常，那就需要去找医生帮忙处理。

☆**宝宝得了脐疝**：宝宝的肚脐看起来鼓鼓的，哭闹的时候尤其明显，这可能是得了脐疝。当宝宝长到12~18个月，脐疝一般会自愈，家长们不要去压宝宝的肚脐，让它"自生自灭"就好了。如果脐疝迟迟没有愈合，可能就需要通过外科手术来缝合。

☆**脐带感染**：脐带根部发红、肿胀，碰到脐带或周围的皮肤时宝宝会哭闹；出现黄色分泌物；散发的气味很不好闻。当出现这三种症状时，说明宝宝的脐带根部已经感染了，需立即就医。

☆**宝宝出生满3周了，脐带根部还未脱落**：大部分宝宝出生1~2周后，脐带根部都会自行脱落。如果满3周了，宝宝脐带仍没有自行脱落，即使没有出现红肿或化脓也要及时咨询医生。

对待这段"小尾巴"无须过分担心，也不要太大意。相信每个妈妈都会把宝宝的脐带根部处理得棒棒的！

糕妈说

经常给宝宝剪指甲
才能让他更健康

有些家长坚持"不给没满月的宝宝剪指甲"的理念。长期不剪指甲，宝宝很容易把自己抓成"小花猫"。而且，长长的指甲里潜藏着细菌，宝宝吮吮手指时，很容易病从口入。

护理宝宝指甲的三大误区

妈妈们在护理宝宝小手时，千万别掉进这些误区：

☆**用嘴啃宝宝的指甲**：这样很容易损伤宝宝的指甲；如果妈妈嘴里的细菌转移到宝宝的皮肤上，则容易造成感染；会让宝宝在潜移默化中养成咬指甲的坏习惯。

☆**指甲剪太短**：宝宝的指甲剪得太短，容易造成损伤；新长出的指甲如果嵌进肉里，就会形成"嵌甲"，使得细菌更易入侵，进而引发感染，比如患上甲沟炎。

Tips

轻度感染不需要特别治疗，可将患处消毒清洁后，涂些碘伏。如果甲沟炎已经蔓延到周边皮肤，造成红肿疼痛且已化脓，应及时带宝宝看医生。

☆ **24 小时戴手套**：手是宝宝探索世界的工具，从刚开始的抓握反射，到试图触摸周围的物体，精细动作在探索中越来越灵敏。如果，宝宝的手 24 小时被闷在手套里，不利于宝宝手部动作的发展。

> **Tips**
>
> 偶尔戴手套应应急是可以的，但要确保手套质量过关（纯棉、没有线头、口子不要太紧），且经常清洗。

这样给宝宝剪指甲，准没错

☆**频率**：新生儿的手指甲长得很快，前 3 周，可能每 2~3 天就需要修剪一次。指甲变硬后，生长速度放慢，可以降低修剪频率（如每周 1 次）。脚趾甲相对长得较慢，可以每月剪 1~2 次。

> **Tips**
>
> 婴儿的脚趾甲很软，会向内生长，像是要长到肉里，这是正常现象。只要趾甲周围的皮肤不红肿就没事。

☆**时机**：宝宝熟睡时，四肢放松，手指张开，是剪指甲的最好时机。

☆**工具**：家中常备婴儿专用的指甲钳、圆头的安全小剪刀，以及婴儿指甲锉。

☆**手法**：剪的时候压低指肚，露出指甲，沿着指甲边的弧度轻轻地剪下去，不要剪得太贴近皮肤。剪完后用指甲锉把边缘磨平

给宝宝剪指甲的手法

滑，避免宝宝抓伤自己。

☆**形状**：手指甲没有特别的形状的说明，重要的是不要剪得太长或太短，保持边缘光滑；脚趾甲可以剪平滑一些，防止脚趾甲内嵌。

Tips

如果不小心剪破了宝宝的皮肤，要马上用消毒纱布压住伤口止血，然后可以涂点抗生素药膏，不必使用创可贴。涂药膏期间要给宝宝戴上手套，以免误食。

糕妈说

修剪宝宝的小指甲是个高难度的技术活儿，但还是必须得剪！熟能生巧，过一阵子，你就能剪得顺手又完美！

让小宝宝爱上洗澡

给小宝宝洗澡，是对新手爸妈的高难度挑战。新手爸妈应该了解哪些关于洗澡的知识呢？

洗澡前做好以下准备工作

☆**洗澡频率**：每周洗 2~3 次就可以，但每天都要清洁面部、颈部和臀部。

☆**洗澡时间**：避免在喝奶前后洗澡。喝奶前太饿，宝宝会哭闹；喝奶后洗澡容易吐奶。

☆**准备物品**：

① 婴儿专用沐浴露或肥皂。

② 洗澡用的毛巾、一条包裹宝宝的浴巾。

③ 干净的纸尿裤和衣服。

④ 温水和盆。

Tips

这些物品都要放在伸手可及的地方，室内也要保持温暖。

出生后 1~2 周，最好选择擦浴

美国儿科学会建议：如果宝宝的脐带根部还未脱落，应选择擦浴。把宝宝放在你和他都觉得舒服的地方，可以是台板或小床上（垫一片隔水垫），用大浴巾把他包裹好。大部分宝宝都不喜欢完全裸露，所以要擦哪里露哪里。

擦洗的顺序应该从最干净的部位，逐渐向最脏的地方清洗。糕妈特地编了首儿歌，妈妈可以边念边给宝宝洗：

"先给宝宝洗个头，洗完头后擦擦脸，擦完小脸蘸肥皂，脖子前胸洗白白，胳膊手臂不忘记，再给宝宝洗背面，洗完穿好小衣服，大腿小腿擦一遍，擦完清洁小屁屁。"

出生 2 周后，可以盆浴

☆**放水**：宝宝洗澡适宜的水温为 38℃ 左右，对于新手妈妈来说，备个水温计是比较方便的，或者用自己的手肘内侧先感受一下。脱掉衣服后，先往宝宝身上泼点水，适应水温。然后迅速把宝宝放进澡盆里，以防着凉。妈妈一只手要始终牢牢托住宝宝的头部和颈部，先把宝宝的脚放进水里，再放整个身体。可以借助婴儿专用的洗澡座椅固定宝宝，让妈妈腾出手来给宝宝洗澡。

☆**洗头**：轻柔地把宝宝的头发淋湿后，涂抹上打泡的洗发水，冲洗的时候用手挡住宝宝的前额，让水流向脸部两侧，防止宝宝的眼睛进水。

洗头时一定要照顾好宝宝，避免他滑到水里，或者被洗发水刺痛眼睛。

☆**洗澡**：洗完头后按照擦浴的顺序继续给宝宝洗身体。身体的褶皱区，比如耳后、脖子、腋下等部位要重点清洁。

☆**洗私处**：小屁屁可以最后再做彻底清洁，特别是生殖器附近。

☆**擦干**：宝宝洗完澡后，要马上用大浴巾把他包好擦干。然后视宝宝的皮肤状况涂点婴儿润肤露，再给他穿上衣服。

① 第一次尝试盆浴前，确保宝宝已经完全准备好了。如果孩子很抗拒，那就继续擦浴，1~2 周后重新尝试盆浴。

② 不是每次洗澡都需要用沐浴乳或肥皂，妈妈们可以根据宝宝的情况自己把握。涂完沐浴乳或肥皂后要马上冲洗干净，以防宝宝把泡沫吃进嘴里。

③ 宝宝在洗澡盆里尿尿了，没关系！宝宝的尿中基本上没细菌，只要不吃到嘴里就好。

④ 洗澡中如果妈妈要离开，一定要把孩子从水里抱起来一起带走。

糕妈说

　　有些爸妈可能会纠结于洗澡频率，其实，只要宝宝喜欢，而且皮肤不干不痒，隔两三天洗或是天天洗都没什么大问题。只要做好安全措施，洗完后及时擦干，以防着凉就好。

(SOAP) 如何给宝宝洗私处

　　小宝宝的肌肤如牛奶般丝滑，需要细心呵护，尤其是最娇嫩的私处。但是很多妈妈不知道该怎么去护理，既担心清洁不到位，又害怕用力过猛，对宝宝造成一些不必要的伤害。妈妈如何对宝宝的私处进行日常清洁呢？

准备清洁用品

　　清洁宝宝屁屁之前，妈妈们一定要先准备好所需物品，放在随手能拿到的地方，以免因取东西离开，留下宝宝发生意外。万一真的有东西忘了，也请带宝宝一起去拿！

　　① 装温水的小盆。

　　② 柔软的毛巾、棉球或婴儿湿巾。

　　③ 一块干净的尿布。

　　④ 护臀膏或凡士林（非必需）。

　　⑤ 无刺激、无香味的婴儿肥皂。

男女宝宝都受用的清洁常识

　　虽然男女宝宝的生理构造和护理方法不同，但仍有许多方面是相通的。

☆清洗私处的时机：
更换脏尿布时清洗。
洗澡的时候清洗。

☆清洗前后的注意事项：
① 给宝宝清洗前，妈妈要先洗净双手，避免交叉污染。

② 避免过度清洗，避免泡泡浴，不适合用带香味、刺激性的洗液与爽身粉。

③ 清洗后要擦干屁屁（如有需要可擦点护臀膏），再换新尿布。

④ 换尿布前，让小屁屁享受一会儿没有束缚的自由时光。

男宝宝私处的清洁方法

给男宝宝清洗私处时，如果他没有做过包皮环切手术，只需用肥皂和水清洗即可。要注意清洁皮肤的褶皱处，特别是沾到便便的时候。

轻柔地向后推开包皮。

用肥皂和温水清洗阴茎顶端和包皮褶内。

清洗干净后，将包皮推回顶端。

在宝宝的包皮和龟头没有自然分离前，不要强行翻开包皮清洗内部，否则很容易伤到宝宝，造成流血甚至撕裂。

等宝宝到了 2~3 岁，包皮可以安全地翻起时（可咨询医生），就可以对包皮里面进行清洁了。具体方法如下：

如果宝宝刚做完包皮环切手术，请这样为他护理：

① 保持伤口周围的清洁，不用特意清洗。若沾到便便，应用肥皂和水轻轻洗净。

② 遵照医生的指示给伤口上药，或在私处顶端喷一点凡士林。注意：防止伤口粘在纸尿裤上。

③ 勤换纸尿裤，保持纸尿裤的宽松，让空气可以流通，同时避免碰到伤口。

④ 伤口愈合前，给宝宝洗澡时要避免弄湿私处。

⑤ 手术后几天，私处顶端发红，有黄色分泌物是正常的。一般一周内会消退。若症状没有消失，甚至变严重，请及时咨询儿科医生。

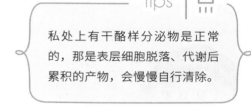

Tips

私处上有干酪样分泌物是正常的，那是表层细胞脱落、代谢后累积的产物，会慢慢自行清除。

⑥ 待包皮愈合后，私处的清洁就十分简单了，用肥皂和温水清洗即可。清洁完小弟弟，换新尿布时，将私处朝下摆，可减少摩擦刺激。

女宝宝私处的清洁方法

女宝宝的私处相较于男宝宝而言，更容易藏污纳垢，清洁时要更仔细。

新生女宝宝的阴唇出现红肿，阴道内有白色分泌物或少量血丝，都是正常的，按常规方法清洁即可。但如果 6 周以后还存在上述情况，请及时就医。

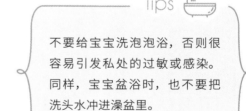

Tips

不要给宝宝洗泡泡浴，否则很容易引发私处的过敏或感染。同样，宝宝盆浴时，也不要把洗头水冲进澡盆里。

分开宝宝的双腿，用沾水的棉花或纱布，从前往后擦洗阴部，避免便便污染阴部。洗澡时也一样，使用肥皂和温水，从前往后清洗。轻柔地擦拭皮肤的褶皱处（包括阴唇），但无须清洗阴道内部。

糕妈说

有了妈妈们贴心、科学的护理，男女宝宝的私处才能健健康康的。

不要强行
给小宝宝把屎把尿

老人们往往会觉得给小宝宝把屎把尿是必须要做的。其实，在宝宝能自己控制排便、排尿之前，强行把屎把尿对宝宝毫无意义。

把屎把尿的不良影响

☆**不能让宝宝提前学会自己上厕所**。很多老人认为，早点开始给宝宝把屎把尿，会让孩子形成规律的排尿和排便习惯。事实上并非如此。把屎把尿"成功"，可能是刚好"踩到"了宝宝的"尿点"。

小宝宝的膀胱和肠道的肌肉尚未发育健全，到 1 岁左右他们才开始产生尿尿和排便的感觉。18~24 个月时，宝宝控制排泄的肌肉才会慢慢发育成熟。所以，过早地把屎把尿，并不能让宝宝提前学会自己上厕所。

☆**会影响宝宝的专注力**。很多家长在宝宝玩得正高兴时，一把将宝宝抱走要求上厕所，有些家长甚至还摆出"不尿不罢休"的姿态，长期如此会影响宝宝的专注力。

☆**是对宝宝隐私的不尊重**。虽然宝宝很小，但过度把他的隐私部位暴露在外，是对宝宝的不尊重，而且在公共场合也不雅观。从小让宝宝明白什么是"隐私"，哪些部位不能随意让别人看，是做好性教育的重要一步。

频繁强迫宝宝尿尿和排便，毫无益处，不仅宝宝受罪，家长也累得"崩溃"。在合适的年龄段教宝宝做正确的事，才是养娃正道。

糕妈说

给宝宝穿纸尿裤，
是对还是错

给宝宝用纸尿裤，妈妈就不用一桶又一桶地洗尿布、床单。可在老人眼里，纸尿裤代表着"红屁屁""O 形腿""影响学走路"。特别是夏天，老人们总觉得给宝宝穿开裆裤最好，省心、省力、方便，穿着透气、舒服。

纸尿裤到底是带来福音的"天使"，还是坏处多多的"恶魔"？

穿纸尿裤会引起红屁屁吗？

真相：尿液、便便才是刺激宝宝皮肤、造成红屁屁的罪魁祸首。预防红屁屁，最重要的是减少屎、尿和皮肤直接接触的时间。

宝宝"O 形腿"和穿纸尿裤有关系吗？

真相：新生宝宝的腿都有点弯，长大之后会自然伸直，只要髋、膝、踝这三个关节在一条直线上，就没有什么问题。宝宝初学走路时有点"O 形腿"，是正常发育的一部分，到 2 岁左右会消失，妈妈们不用担心。

穿纸尿裤会影响宝宝以后的生育吗？

真相：纸尿裤有透气的薄膜层，只要及时更换，不会影响以后的生育。有的宝宝使用纸尿裤后发生阴囊红肿，多半是过敏或纸尿裤更换不及时所致，而且这种红肿是皮肤感染，不会损伤宝宝的生殖系统。

Tips

有些宝宝穿纸尿裤过敏，是对里面的吸水凝胶、染料或香料过敏。遇到这种情况时，可以更换不同品牌的纸尿裤，并且保持局部皮肤干爽，同时涂抹护臀膏。

穿纸尿裤会影响自主如厕能力吗？

真相：宝宝发育到一定阶段就该进行如厕训练了，2 岁左右的宝宝会表现出对"自己上厕所"的兴趣，也有部分宝宝要等到 2 岁半甚至更大，这跟穿不穿纸尿裤没有关系。

开裆裤，才不是宝宝的好朋友

老人们推荐给宝宝穿开裆裤的理由"透气、凉快、方便上厕所"，其实，穿开裆裤有很多不良影响：

① 接触到更多的细菌、病毒，增加尿路感染的概率。

② 碰撞、摩擦、划伤、烫伤……增加私处的受伤概率。

③ 容易让宝宝形成随地大小便的习惯。

④ 外界异样的眼光，容易导致宝宝对性教育的困惑，还可能影响宝宝的心理健康。

纸尿裤，妈妈的省心好帮手

☆**给宝宝高质量的睡眠**：睡个好觉，对宝宝的生长发育十分重要，纸尿裤能让宝宝舒适安睡一整晚。

☆**更安全卫生**：比起传统尿布，纸尿裤能减少粪便中细菌的传播和污染。

☆**减少宝宝红屁屁**：使用纸尿裤能让宝宝的小屁股保持干爽，只要及时更换，就能减少红屁屁。

☆**让妈妈解放双手，省心省力**：方便好用的纸尿裤，能大大地减少清洗、消毒等物质和时间成本。

Tips

新生宝宝一般平均 2 小时左右换一次纸尿裤，白天会换得勤一些。随着宝宝慢慢长大，每天的更换次数会减少为 6~8 次。

挑选纸尿裤的诀窍

① 选择吸收性、柔软性、弹性都好的。

② 尿湿指数条不能缺，便于及时更换。

③ 有些纸尿裤分男女，有些不分。

④ 根据宝宝的体形和体重更换合适的纸尿裤尺码。

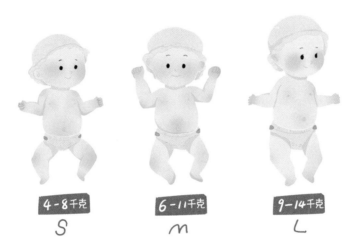

不同体重的宝宝应选择不同型号的纸尿裤。

糕妈说

　　不知道从什么时候开始，一说夏天可以给宝宝用纸尿裤时，就会被"你自己用'姨妈巾'都感觉闷热，还让宝宝用纸尿裤"的理由给辩驳。其实，纸尿裤和"姨妈巾"不是一回事！一方面，它们吸收的物质不同；另一方面，制作材料也不一样。虽然它们看上去像是表兄妹，其实"裤种"完全不同。

喂养指南

妈妈是宝宝的优秀营养师

　　所有的妈妈都愿意给孩子最好的，不管是喂母乳还是奶粉，妈妈们都付出了很多的心血和爱。但是由于知识所限，妈妈虽然劳心劳力，却未必能让孩子吃得对、吃得好。这一章为您揭示喂养的奥秘。

如何顺利开奶，成功实现母乳喂养

对新手妈妈来说，顺利实现母乳喂养是一项不小的挑战。母乳喂养是一场信心战，妈妈一定要相信自己的哺乳能力，还要学会开奶的方法。

开奶时，做好这些很重要

☆**早开奶**：分娩后 30 分钟左右，宝宝的吮吸反射最强，这是开奶的黄金时间。尽快开始第一次喂奶，分泌乳汁效果更棒。

☆**勤吮吸**：吸奶频率也是刺激产奶的关键，宝宝吸得越多，妈妈产得越多。美国儿科学会建议：新生儿应该每 24 小时喂 8~12 次奶（甚至更多）。尤其是出生体重低于 2.5 千克的宝宝，吸吮力一般较弱，要喂得更频繁些。

☆**充分休息**：放松身心可以让泌乳激素更有效地运作，促进乳汁分泌。所以，刚分娩的那几天，妈妈要注意休息，照顾宝宝的工作就交给家人吧。

☆**足量饮水**：不要等到口渴后再喝水。每次宝宝喝奶时，妈妈可以跟着喝点水、牛奶等，制造出更多的奶水。

☆**预防堵奶**：不要喝太油腻的汤水，它们并不能让妈妈的奶水变得更多、更好。备个吸奶器，刚下奶时宝宝喝不完，乳房会肿胀，可以在两次喂奶间隙挤出一些。

☆**家人支持**：家人要对母乳喂养有信心，照顾妈妈的心情，及时分担喂奶之外的琐事。

新生儿不需要用奶瓶喂水或奶粉。很多新手妈妈产后一两天没有"下奶"的感觉，担心宝宝吃不饱，赶紧给宝宝喂水、喂奶粉。其实，乳房早在孕期就开始生产乳汁了，宝宝一出生就能供应奶水。只不过新生儿的胃容量非常小，头一两天，即使宝宝吸到奶了，妈妈也未必察觉得到。一般产后2~5天，你才能明显感觉到自己"下奶"了。

产后最初几日分泌的初乳，可以刺激宝宝的免疫系统产生抗体，保护肠道，减少黄疸发生的概率，这么珍贵的"液态黄金"，当然是越早给宝宝吃越好。另外，给新生儿喂水、喂奶粉，减少母乳的摄入，会降低母乳对宝宝肠道的保护，让有害细菌和致敏原有机可乘。

Tips

美国儿科学会建议，宝宝刚出生时，除非有医疗需要，否则不能补充喂食。健康足月的宝宝，出生时体内已储备足够的营养和水分，加之胃容量小，分量很少的初乳已足够满足宝宝的需求。

相信自己可以亲自喂宝宝

没有特殊情况，不要让宝宝过早地接触奶瓶。因为吸吮奶嘴和吸吮妈妈乳头的方式差异很大，会导致宝宝混淆，而且吸奶嘴比吸吮乳头简单得多，宝宝用惯了奶瓶，就不乐意花大力气去吸乳头了。更糟的是，奶瓶的出现，似乎从侧面"印证"了妈妈可能奶水不够，喂不饱宝宝，这样会影响妈妈喂奶的信心！

对于乳头扁平或内陷的妈妈，也不要过于担心，大多数妈妈都是可以正常喂奶的。乳头扁平或内陷的妈妈可以用拇指和食指夹住乳晕部分，并向下按压。如果乳头能向外挺出，那就不需要担心；如果乳头反而向内缩，那就是乳头内陷。

 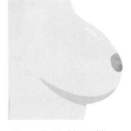 

正常的乳头形状　　　　扁平乳头的形状　　　　让乳头挺出的方法

乳头内陷的妈妈可以在哺乳前用吸奶器牵拉乳头，或经常使用乳头矫正器慢慢矫正。如果乳头内陷过于严重，甚至阻碍乳汁的流出，可以寻求医生的帮助。

掌握正确的喂奶姿势，让哺乳变得更轻松

正确的喂奶姿势是让妈妈和宝宝都觉得很舒服。新手妈妈刚开始喂奶时，必然要经过大量的练习，才能和宝宝完美配合。选好喂奶姿势，学会观察宝宝的饥饱反应，能让喂奶更轻松。

妈妈可以在背后、腿上和抱宝宝的胳膊下分别垫一个靠垫，脚下还可以踩个小凳子，这样喂奶会轻松不少。

把宝宝抬高到胸部位置，面向着你，腹部相对，让宝宝的小脸贴着你的乳房，小手垂在他的身侧。

Tips

如果乳房感到疼痛，赶紧纠正一下宝宝的衔乳姿势。如果宝宝不合作，妈妈可以用食指轻轻伸进他的牙龈之间打断吸吮，然后重新喂奶。

如何判断宝宝饿了或饱了

☆宝宝肚子饿的信号：

① 小手往嘴里送，做出吮吸动作。

② 转动头向两边觅食。

③ 连续几天没吃饱的婴儿可能会更加嗜睡（如果宝宝在头几周经常连续睡觉超过 4 小时，应及时看医生）。

Tips

不要等到宝宝哇哇大哭后再喂奶——啼哭是饿过头的信号。

☆**宝宝吃饱后的表现:**

① 停止吮吸或吐出乳头。

② 吃完后几小时表现得很
满足。

③ 大小便正常（第1个月，每
天至少有6次小便，排出黄
色大便）。

④ 体重增长（前3个月平均
每天增重14~18克）。

—— Tips

宝宝出生后的第1周体重会下
降，满2周时会恢复到出生时
的体重。

糕妈说

    "开奶"的艰辛谁经历过谁知道，最重要的
是妈妈要对当"奶牛"这件事足够自信。一开始
母子之间配合不那么默契也没事，多给自己和宝
宝一些磨合的时间，相信最终一定会达到你和宝
宝都满意的哺乳状态。如果开奶过程中遇到自己
无法解决的问题，要尽早找专业人士来帮忙。

正确的喂奶方式，让宝宝吸收足够的营养

乳汁中含有非常丰富的营养，但如果妈妈的喂奶方式不当，可能会导致宝宝不能完全吸收乳汁中的营养，甚至影响宝宝的身体发育。

喂奶时不要频繁换边

有过挤奶经验的妈妈们会发现，刚开始挤出的乳汁比较清澈，这是前奶，水分充足，可以为宝宝解渴；后面挤出的乳汁比较浓稠，这是后奶，富含脂肪、蛋白质等营养物质，是宝宝不可或缺的"成长奶"。如果宝宝刚吃了几分钟，妈妈就急着换另一侧哺乳，这就相当于给宝宝吃了双倍的前奶，不仅不能饱腹，还没有营养。长期这样喂奶，可能导致宝宝成为吃不饱的"零食鬼"，甚至营养不良。

正确的喂奶方式是：每次尽量让宝宝先在一侧乳房吃，吃完后，给宝宝拍拍嗝，再换边喂喂看，如果他还饿的话会继续吃的。这样可以保证宝宝吃到富含乳脂的后奶。当宝宝停止吃奶或吮吸速度越来越慢的时候，就是提醒妈妈要换边喂奶了。另外，妈妈下次喂奶时，建议从没吃到或吃得少的那侧开始喂。

不要囤太多冷冻奶

母乳最大的优点就是能随着哺乳阶段的变化而不断做出调整，以满足宝宝不同成长阶段的需求。如果因为工作安排或特殊情况不能亲自喂，可以把母乳吸出来放入冰箱，但不要囤太多，建议存奶量不超过 3 天。

在解冻母乳的时候要注意，不要用微波炉加热，以免破坏母乳中的一些

抗感染物质和营养成分。而且微波炉加热不均匀，容易烫伤宝宝。正确的做法是：把奶瓶放入 40℃ 以下的温水中加热。

有效刺激泌乳反射

妈妈给宝宝喂奶的时候，乳房会向大脑发出信号，刺激催产素的分泌，并触发泌乳反射，很多妈妈胸部会有发胀、酥麻、刺痛的感觉，同时奶水大量涌出。泌乳反射过程中产生的乳汁，脂肪含量更高，更有营养。要想让宝宝吃到最佳状态的母乳，不妨在喂奶时试试这些方法，能更有效地刺激泌乳反射：

① 放松身心，把注意力集中在宝宝身上。
② 想象乳汁像瀑布一样流淌。
③ 恰当地按摩乳房（在乳房肿胀、疼痛，或是宝宝等得不耐烦时）。
④ 帮助宝宝有效衔乳、正确吮吸（张大嘴巴、含到乳晕）。

糕妈说

如果妈妈长期处于心烦意乱的状态，那么泌乳反射也会变得没有规律，甚至会受到抑制。这种情况下，宝宝吃到的多半是缺乏营养的前奶。要想让宝宝吃到最佳状态的母乳，哺乳期保持好心情非常重要。另外，哺乳期妈妈要尽量保证自己睡得香、吃得好。睡眠太少会影响乳汁分泌。膳食也要均衡，多补充液体，从而制造出更多、更好的奶水。

宝宝吐奶怎么办？
学会正确的拍嗝方式

小宝宝吐奶是很常见的，约有 40% 的婴儿会经常发生不同程度的吐奶。妈妈要做的是，找出宝宝吐奶的原因，掌握减少宝宝吐奶的方法。

不需要过度担心宝宝吐奶

宝宝吃奶时常会吞入一些空气，如果吞入的空气过多就容易引起打嗝，甚至吐奶。大多数宝宝的吐奶现象会在半岁之后减轻，如果持续到 1 岁以后，通常是病理性吐奶，要考虑是否得了胃食管反流病。吐奶通常不会造成窒息、咳嗽、身体不适或严重危险。如果宝宝持续吐奶，且明显表现出不适，应寻求儿科医生的帮助。

吐奶和呕吐的区别

吐奶是轻微的反流，宝宝不会有太大的感觉。呕吐是指胃内容物（暂时残存在胃里的食物残渣）被强迫性地从口腔吐出，量比吐奶多，反应更加剧烈，宝宝也更加痛苦。

减少吐奶的方法

吐奶不能彻底"治愈"，但以下方法能帮助宝宝减少吐奶：

① 不要让宝宝平躺着吃奶；不要等到宝宝很饿时才喂他。

② 用奶瓶喂奶时要确定奶嘴上的孔大小合适，宝宝吃奶时倾斜奶瓶，让奶充满整个奶嘴。

③ 喂奶时尽量使宝宝处于安静、愉快的状态，避免突然的噪音、强光或其他分散婴儿注意力的事情。

④ 在喂奶过程中，要经常给宝宝拍嗝。

⑤ 每次吃完奶，竖直抱起 20~30 分钟。

⑥ 刚喂完奶，不要挤压宝宝的腹部或让其剧烈活动。

⑦ 喂奶后，将婴儿床的床头垫高，但不要用枕头，使宝宝的头部高过胃部，以防睡着后吐奶造成窒息。

怎样给宝宝拍嗝

在喂奶过程中，即使宝宝没有不舒服的表现，也要经常给他拍嗝。暂时停顿和调整姿势都会减缓他的吞咽速度，减少吞下的空气。母乳喂养时可趁着换边时给宝宝拍嗝；喝配方奶的宝宝可以视情况而定，在一瓶奶喝完或者喝了一半的时候给予拍嗝。

拍嗝方法 1：趴在肩上

让宝宝趴在你的肩膀上，抱紧他，一只手稳稳地支撑他的臀部，另一只手握成空心拳轻拍或轻抚宝宝的背部。

拍嗝方法 2：面朝下趴在腿上

让宝宝趴在你的腿上，面朝下，腹部靠在一条腿上，头部靠在另一条腿上，头部略高于胸部。一手稳稳地扶住宝宝，另一只手轻拍或轻抚。

拍嗝方法 3：坐着

让宝宝坐在你的腿上，头部向前，你扶住宝宝的下巴，用胳膊支撑宝宝的胸部。轻拍或轻抚，确保不要让宝宝的头部下垂。如果几分钟后还是没有拍出嗝来，不用担心，继续喂奶即可，不是每次都会打嗝。等宝宝吃饱后再试着拍嗝，然后竖直抱起 10~15 分钟防止吐奶。

糕妈说

大多数情况下，妈妈们并不需要为宝宝的吐奶担心，这个问题会随着宝宝的成长自动解决。妈妈只要学会这些正确的拍嗝方法，耐心地多拍一会儿就可以。

哺乳期妈妈生病了
能吃药吗

哺乳期妈妈对于吃药都是很敏感的，生怕会影响到宝宝。那么，妈妈生病了能吃药吗？我的建议是，对于不严重的疾病、不是必须用药的情况，能不用药最好不用。但是不得不用药时，请妈妈听从医生的指导选择药物，不用过于担心。

哺乳期妈妈的选药原则

事实上，大多数药物对于哺乳期妈妈是安全的，因为它们进入母乳的剂量平均不到母体摄入量的 1%，所以大家不用"谈药色变"。哺乳期妈妈选择药物时应该注意以下几点：

① 能外用就不口服，能口服就不输液。

② 不同药物在体内的代谢速度不同，尽量使用半衰期短的药物（通常一天之内，服用该药的次数越多半衰期越短），1~3 小时为佳。在哺乳结束后用药，2 次哺乳的时间间隔在一个半衰期以上。

③ 哺乳早产儿、新生儿，妈妈选药需要更加谨慎，必须评估宝宝处理小剂量药物的能力。

④ 哺乳期妈妈因口腔手术、外科小手术等情况需要使用常规局麻药，可以不中断哺乳。

⑤ 根据哺乳期用药分级，选择合适的治疗药物。一般来说 L1~L3 级的药物都是比较安全的，使用时不需要停止哺乳。

⑥ 患乳腺炎的妈妈，更应频繁地哺乳。如果不得不使用抗生素，可选择 L1~L2 级的药物进行治疗。

⑦ 感冒是可以安全喂母乳的，因为一些抗体会通过母乳传递给宝宝，

能对宝宝起到保护的作用。喂奶时妈妈要注意戴上口罩，如果感冒伴有严重的发热、头痛，影响了正常生活，可以使用一些解热镇痛药（比如布洛芬、对乙酰氨基酚等）。

母乳是宝宝最好的食物，千万别轻易断了孩子的口粮！

糕妈说

工作、母乳两不误，
轻松做个职场背奶妈妈

哺乳妈妈重新踏入职场，成为"背奶一族"，如何继续给宝宝提供最好的营养呢？

让宝宝接受奶瓶

在计划重返工作岗位的前 2 周，妈妈就可以开始让宝宝和奶瓶"交流感情"了。

┃趁宝宝高兴时让他学用奶瓶┃

不要在宝宝心情不佳时，给他尝试奶瓶。宝宝吃完奶后的 1~2 小时，把提前挤出来的母乳装到奶瓶里给宝宝喝。这时候他还不太饿，更容易接受奶瓶，可以先在宝宝嘴唇上滴两滴母乳，吸引他的注意力。开始用奶瓶喂奶时不用喂太多，循序渐进地让宝宝接受奶瓶就可以了。如果宝宝比较抗拒，不要勉强他，换个时间再尝试。

┃选一款最像妈妈乳头的奶嘴┃

奶嘴应该选择形状和妈妈乳头相似的，底座较宽，出奶流速较慢，尽量把呛奶概率降到最低。妈妈可以参考宝宝的月龄，同时观察宝宝喝奶时的表现来选择奶嘴。如果宝宝来不及吞咽，说明奶嘴孔太大；如果宝宝吃得很费力，说明奶嘴孔太小。

┃让奶嘴跟乳头一样温暖┃

喂奶前，把奶嘴放进温水里泡一会儿，奶嘴就和妈妈的乳头一样温暖，宝宝也更愿意接受。不过，等宝宝到了出牙期，可能会偏爱微凉的奶嘴。

▍妈妈暂时"消失"一会儿▍

宝宝学用奶瓶时，妈妈可以暂时回避。如果就在旁边却不给他亲自喂，宝宝可能会很疑惑或生气。让爸爸或其他家人给宝宝喂奶，喂奶时要充满爱意地和宝宝进行眼神交流。注意，千万不要让小宝宝单独拿着奶瓶喝奶。

需要准备的背奶装备

▍背奶包▍

在购买背奶包时，保鲜冰包和储奶瓶、储奶袋可以一并购入。吸完奶后，记得在储奶袋上标注好奶量和日期，并及时将奶放进备有冰包的背奶包，或暂时存入公司的冰箱里，尽量靠冰箱里侧放置。妈妈到家后，应及时把奶取出，放入冰箱冷藏或冷冻。奶瓶要及时清洗，背奶包也要经常清洁，不要让细菌有可乘之机。

▍吸奶器▍

吸奶器有很多选择，与手动吸奶器相比，电动吸奶器功能更强大，能很好地模仿宝宝吮吸的动作，还能解放妈妈的双手。妈妈最好选择既能插电，又有电池的电动吸奶器，以免临时外出找不到插座。

▍遮挡衣物▍

吸奶前可以先喝杯温水，备好纸巾。在母婴室门上贴一张"请勿打扰"的提示纸。如果没有母婴室，要准备一块大点的披肩遮挡。

让背奶妈妈更顺利地分泌乳汁

少了宝宝的吮吸刺激，有的妈妈在公司怎么也挤不出足够的奶，乳汁分泌也越来越少。还有的妈妈回家后满心欢喜地想给宝宝喂奶，结果宝宝却拒绝妈妈的乳头。背奶妈妈不妨试试以下几个方法，让乳汁分泌更顺利，与宝宝更亲密：

① 尽可能每天在同一时间、地点，采用同样的步骤挤奶，这样有助于产生泌乳反射。有些妈妈可能工作一忙，就会忘了吸奶，或是强憋着，这样的做法不可取。背奶妈妈要尽量保持规律吸奶，这对妈妈的身体以及奶量的稳定都有好处。

② 吸奶时看看宝宝的照片和视频，想象奶水像瀑布一样流淌。并且，一定要放松心情，以便有效地促进泌乳反射。

③ 按摩乳房也能刺激泌乳反射，而且有助于放松。

④ 与宝宝同步作息。妈妈每天出门前可以给宝宝喂一次奶，快下班时想象一下给宝宝喂奶的情景。这样带着满满的奶水回家，饥肠辘辘的宝宝看到妈妈肯定很开心，妈妈也会被激发出更多的奶水。

用指尖轻轻地从乳房上端向乳晕画圈按压，按一会儿后，换个位置，用同样的手法向乳晕打圈按摩。

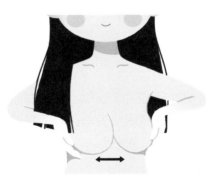

前倾身体，轻轻晃动乳房，刺激泌乳反射。

糕妈说

对每一个背奶妈妈来说，从一开始的手忙脚乱到后来的驾轻就熟，从起初的忐忑不安到之后的淡定自若，是因为心里始终有个信念在支撑着自己：母乳是给予宝宝最珍贵的礼物。

帮宝宝顺利度过断奶期

断奶时期，宝宝会烦躁不安吗？妈妈的乳房肿胀怎么办？什么时机断奶最好？了解一些断奶的技巧，能让你和宝宝都能轻松断奶。

最为适宜的断奶时机

按照美国儿科学会和世界卫生组织的建议，宝宝在 6 个月内应该进行纯母乳喂养；6 个月后，在继续母乳喂养的前提下，给宝宝添加丰富多样的固体食物。世界卫生组织建议母乳喂养到 2 岁，但何时给宝宝断奶是妈妈个人的选择。如果等到宝宝自己不想喝母乳了，断奶会比较容易些。通常，宝宝开始吃辅食后，对母乳的需求会降低。到 1 岁左右，宝宝需要的营养和期望的安抚形式都会有所改变。这个年龄段的宝宝已经尝过多种食物，并开始用杯子喝水，大部分宝宝可以接受断奶，也有的孩子要到 2 岁以后才接受断奶。

需适当推后断奶时间的情况

☆担心过敏：有研究表明，6 月龄内纯母乳喂养相比配方奶喂养而言，能防止或相对减轻湿疹、牛乳过敏、早期哮喘等症状。

☆**宝宝或妈妈身体不适期间**：如果宝宝正在生病或处于出牙期，或妈妈身体不适的时候，都要推迟断奶。

☆**家庭有重大改变的时候**：如果正处于搬家或更换儿童看护人等特殊时期，需推迟断奶，待宝宝适应后再断奶。

怎样给宝宝顺利断奶

▎让宝宝提前适应奶瓶喂养▎

满月后，就可以尝试给宝宝使用奶瓶喂养（每周 2~3 次），这样既不会造成乳头混淆，也能让宝宝尽早适应奶瓶，以备不时之需。

▎逐步引入奶粉▎

用奶粉逐步代替母乳，刚开始只添加一顿奶粉，推荐上午或中午时段添加，注意观察宝宝是否有不良反应。引入奶粉三天后，若无任何过敏症状，可以再增加一顿奶粉。宝宝往往会对一天中刚醒和睡前两顿母乳最为依赖，因为这两个时间段最需要安抚，所以把这两顿母乳放到最后再断，先把白天的母乳逐渐用奶粉替代。

▎科学添加辅食，奶量逐步减少▎

4~6 个月的时候，宝宝的喝奶量达到最高峰。6 个月以后，随着辅食的逐步添加，宝宝对奶量的需求会逐步减少，妈妈的产奶量也随之减少，为断奶做好过渡。

断奶时，妈妈可以暂时回避，让宝宝先吃辅食。吃完后他会忙着玩耍，忘了吃母乳这回事，这样就能轻轻松松地把这个时段的母乳断掉，断完一顿再慢慢断下一顿。

▍注意把握进度▍

逐步减少喂奶的时长和频率，会使母乳量慢慢减少但不至于造成乳房肿胀，这个过程可能会持续几周到几个月不等。如果在断奶过程中发生胀奶，可以适当用吸奶器吸掉一些，但不要吸得太多，同时可用冷纱布敷在乳房上以减轻胀痛和不适。总体来说，将断奶的日程安排得长一些，母子都会更容易接受，也能更舒适地度过这一阶段。

Tips

只要妈妈和宝宝愿意，可以尽量延长母乳喂养的时间。这样做对宝宝的好处有很多，既可以让宝宝得到更均衡的营养，又能提高他的免疫力，保证良好的健康状况。同时，延长母乳喂养的时间，还能减少妈妈患乳腺癌、卵巢癌、高血压、心脏病等疾病的概率，并改善体质。

糕妈说

有些妈妈因为上班之后无法保证按时吸奶，奶量减少，要提前断奶是无奈之举；还有一些妈妈因饱受堵奶和乳腺炎的困扰，维持母乳喂养太辛苦，想要早一点断奶也是人之常情。糕妈鼓励妈妈们尽可能长时间地喂养母乳，喂养只是母爱的一部分，陪伴最温柔，放手也是爱。

安全而充满爱意地喂奶粉

母乳是宝宝最好的食物。相信所有的妈妈都愿意给孩子最好的。同时，总有一些妈妈在特殊情况下无法实现或继续保持纯母乳喂养，这时候选择配方奶喂养也未尝不可。

宝宝需要喝多少奶

宝宝的胃口是有差异的，每次吃多少应该让宝宝自己决定。妈妈们不必过于纠结数字（奶量和体重），衡量喂养结果的黄金标准是生长曲线。以下数字供参考：

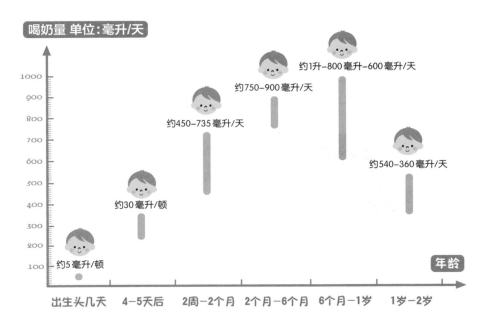

0~2 岁的宝宝需要的奶量

正确冲泡奶粉

① 彻底清洗双手，至少 20 秒。

② 彻底清洗奶瓶等喂养工具，首次使用前应在沸水中煮 5 分钟。建议购买专用的奶瓶刷、奶嘴刷和奶瓶清洗剂。

③ 按照包装上的说明冲调配方奶，通常都是先加水，再加奶粉。宝宝越小，对水量的要求就越严格。水太少，会加重宝宝肾脏的负担，容易引起脱水；水太多，宝宝摄入的热量和营养物质就会相应减少，影响宝宝发育，严重时可能导致营养不良。

④ 随喝随冲，不要提前准备。宝宝喝剩的配方奶，在室温条件下放置 1 小时以上要倒掉；如果放在冰箱里，最多可以保存 12 小时。

⑤ 冲泡配方奶的水温一般为 40℃左右。如果奶凉了，可以把奶瓶泡在温水里来加热，热完奶后要将奶瓶中的奶摇匀，确保受热均匀。可以滴几滴在手腕内侧，感觉温热不烫即可。

Tips

让宝宝自己躺着用奶瓶喝奶不是好习惯，如果不小心让奶液流进耳中，可能会造成中耳炎。妈妈抱着喂比较安全，还能增进亲密关系。

喂奶的姿势

妈妈以 45°角抱住宝宝，使奶瓶与宝宝的脸垂直，以保证瓶颈和奶嘴部分始终充满奶液。

喂养工具的消毒

3 个月以下的宝宝，每次喝完奶后，奶瓶要及时消毒；3 个月之后的宝宝，奶瓶至少每天煮沸消毒 1 次。我们可以将奶瓶放在不锈钢容器内煮沸消毒或者使用专门的消毒锅，消毒完成后一定要沥干水分。推荐购买带烘干功能的消毒锅，用起来很方便。

| 宝宝转奶的注意事项 |

"转奶"是指为宝宝更换配方奶。无论是不同品牌奶粉的更换，还是同品牌不同阶段的更换，都是一个循序渐进的过程，通常需要 1~2 周的时间。

| 更换奶粉的方法 |

① 新旧奶粉混合饮用：首先在之前喝的奶粉里添加 1/3 的新奶粉，喝了两三天确定宝宝没有不适之后，再加到 1/2、2/3 各吃两三天，最后过渡到全部用新奶粉。

② 按顿换：一天中先增加一次新奶（通常选在中午），喝两三天后再增加一顿新奶，每三天增加一次，直到过渡到一天全部饮用新奶。

| 转奶注意事项 |

① 选择宝宝状态好的时候更换奶粉，避免在打疫苗前后、腹泻、湿疹或有其他疾病的时候进行。

② 大多数情况下，更换同种类的奶粉宝宝都能顺利接受，家长不用过于紧张。

③ 如果宝宝因为过敏等原因吃的是水解蛋白奶粉，那么更换奶粉时需要谨慎对待，建议咨询医生后进行。

④ 如果宝宝在更换奶粉过程中发生腹泻，应换回原来的奶粉或减少新

奶粉的比例，等症状彻底好转后再继续，转换速度要更慢一些。

⑤ 如果在转奶过程中，宝宝大便带血或者呕吐物中有血，需立即就医。

母乳并不是亲子关系的全部，奶粉也可以充满爱意且安全地给予。

糕妈说

给宝宝用安抚奶嘴的注意事项

安抚奶嘴是个让妈妈们又爱又恨的小东西：一方面，对付宝宝哭闹，简单、容易、见效快；另一方面，宝宝对安抚奶嘴"上瘾"会让妈妈很尴尬，还会影响宝宝的口腔发育。安抚奶嘴到底是减轻妈妈负担的"天使"，还是潜藏危机的"恶魔"？到底要不要给宝宝使用安抚奶嘴呢？

为什么宝宝都爱用安抚奶嘴

吮吸、拥抱、喝奶是最让宝宝感到舒服的 3 件事，宝宝在子宫里就会通过吮吸拇指来安慰自己了，所以安抚奶嘴对宝宝有着天然的吸引力，而且早产儿吮吸安抚奶嘴有利于他的健康成长。

安抚奶嘴的好处

☆**抚慰宝宝情绪**：安抚奶嘴可以帮助宝宝更快速平稳地入睡；满足婴儿不吃奶时的吮吸需求；帮助宝宝缓解焦虑。

☆**帮助宝宝健康成长**：安抚奶嘴可以降低婴儿猝死的概率；能刺激宝宝的唾液分泌，产生天然消化剂和肠道润滑剂；帮助减轻宝宝肠胃不适，例如胃食管反流；奶嘴是可丢弃的，吸奶嘴比吃手更好戒除。

安抚奶嘴的弊端

如果使用安抚奶嘴的方法不正确，很可能会造成以下后果：

☆**影响正常哺乳**：过早给宝宝使用安抚奶嘴，会让宝宝造成乳头混淆，影响正常的母乳喂养。

☆**影响日常习惯**：过度给宝宝使用安抚奶嘴，可能会让宝宝对它产生依赖性，还会影响自主睡眠习惯的养成。

☆**影响发育健康**：长期使用安抚奶嘴可能会增加宝宝患中耳炎的概率（但前 6 个月概率非常低）。如果不及时戒除，还会导致牙齿咬合问题，增加语言表达落后的风险。

怎样选择安抚奶嘴

普通奶瓶的奶嘴不能做安抚奶嘴；要选择一体成型的品种；护罩要结实安全，直径至少 4 厘米，有防窒息通气孔；通过试用让宝宝挑喜欢的类型。

安抚奶嘴的正确"打开方式"

|适合使用安抚奶嘴的情况|

宝宝已经学会吃母乳，并且母乳供应充足；宝宝还有强烈的吸吮需求；宝宝情绪烦躁，需要安抚。

|重视时间节点|

☆**可以开始**：母乳喂养稳定后再使用，通常在出生 4~6 周后。
☆**需要停止**：2 岁之后不再使用。
☆**使用时间**：喂奶后或两次喂奶之间，入睡前。
☆**必须注意**：不要让宝宝整天衔着安抚奶嘴。

|使用要点|

① 要注意清洗消毒。

② 要控制使用时间。

③ 要多备几个合适的。

④ 要选择适合宝宝月龄的。

⑤ 要经常检查是否变色或破裂。

⑥ 不要给奶嘴涂抹蜂蜜或糖浆。

⑦ 不要用绳子把奶嘴固定在宝宝周围或身上。

⑧ 不要用安抚奶嘴来替代父母的拥抱、交流。

⑨ 体重不足或吃奶不够的宝宝尽量不要用。

怎样戒除安抚奶嘴

对于较小的婴儿，可以用摇摆、哼歌、舒缓的音乐和抚触替代；对于较大的婴儿和学步儿童，可以给他提供更多有趣的活动、玩具或其他安抚物；对于更大的孩子，要限制使用安抚奶嘴的时间和地点，循序渐进地减少使用频率，还可以用商定的"戒除奶嘴日"将戒除仪式化，或者把安抚奶嘴藏起来，让他慢慢遗忘。

戒除安抚奶嘴的时间，妈妈可以根据自家的情况来定，一般来说，1 岁之后，有合适的机会就可以戒掉。宝宝长大了之后，有很多有意思的事情可以做，也可以用其他安抚物来让宝宝平静下来，奶嘴不是必需品。

糕妈说

安抚奶嘴只能在忙不过来或特殊场合帮你一时，通过安抚、拥抱、交流、轻摇等方式给宝宝以精神抚慰，才能让他更有安全感，更健康地成长。所以，千万别把安抚奶嘴当成偷懒"神器"。合理选择、控制使用、尽早戒除是使用安抚奶嘴一定要遵守的三大定律。

睡眠引导

让你家宝宝睡得更好

　　小宝宝的睡眠从来都是让妈妈头疼的问题，频繁夜醒、昼夜颠倒、小睡睡不长、怎么哄也不睡……如何应对你家那个不睡觉的小"恶魔"呢？妈妈首先要了解宝宝需要什么样的睡眠，这样在实际操作中就会很顺利，然后尽早培养宝宝的睡眠习惯。越早开始，效果越好。

一张图表告诉你，宝宝需要睡多久

每个宝宝的睡眠时间都是不一样的，有些婴儿会比同月龄的婴儿多睡或少睡 2 个小时，有些 1 岁左右或更大的宝宝会比同龄人多睡或少睡 1 个小时，这些都是正常的。

宝宝睡多久才好

宝宝睡眠时间表（供参考）				
月龄 / 年龄	夜间睡眠	日间睡眠	小睡次数	睡眠总量
1 月	8 小时	8 小时	不一致	16 小时
3 月	10 小时	5 小时	3~4	15 小时
6 月	11 小时	3.25 小时	2-3	14.25 小时
9 月	11 小时	3 小时	2	14 小时
12 月	11.25 小时	2.5 小时	2	13.75 小时
18 月	11.25 小时	2.25 小时	1	13.5 小时
2 岁	11 小时	2 小时	1	13 小时
3 岁	10.5 小时	1.5 小时	1	12 小时

图注： ① 0.25 小时指 15 分钟；0.5 小时指 30 分钟，即半小时。

② 3 个月和 6 个月的宝宝小睡次数根据《婴幼儿睡眠圣经》等书的理论补充，其他数据来自 BabyCenter 网站。

这份时间表能让你了解不同年龄段的宝宝需要的睡眠时长以及小睡模式变化，仅供参考。

关于睡眠时间，这张表对新手妈妈处理宝宝的睡眠问题，培养规律作息有指导作用。但每个宝宝都不一样，需要的睡眠时间也不一样，妈妈们不必过于教条。宝宝睡得够不够，要结合他的情绪、清醒时的警觉性、专注力等方面综合判断。

如何判断宝宝睡得够不够

大部分宝宝需要长时间的优质睡眠。美国睡眠专家 Jodi Mindell 表示，如果孩子的睡眠习惯不好，或者晚上 11 点睡觉，有些父母会认为孩子精力旺盛，不需要那么多睡眠。然而事实上，孩子很可能是睡眠不足。

宝宝睡得够不够，可以通过以下几方面来判断：

① 宝宝每次上车都会睡觉吗？

② 早上需要被叫醒？

③ 白天是否易发怒、脾气暴躁或过度疲劳？

④ 某些晚上，他会睡得比平时早很多吗？

如果宝宝符合上述任何一种情况，他就可能是睡眠不足。

睡眠的习惯是逐渐养成的，宝妈们要在温柔陪伴和坚决执行间找到自己和宝宝都能接受的方式。只要你够坚持，一定能帮助宝宝养成良好的睡眠习惯。

糕妈说

宝宝睡眠能力发展的 6 个关键 "里程碑"

如果没有肠绞痛或者其他生理上的原因，父母几乎不用为新生儿的睡眠伤脑筋。这时候的宝宝睡眠没有明显的规律，除了吃奶几乎都在睡觉。

快出月子的时候，很多妈妈发现哄睡变得困难。宝宝明明很困却难以入睡；入睡后半个小时就醒，比闹钟还准；抱着睡得很好一放就醒。如果不进行正确的引导，这样的"重度睡眠困难"可能会持续 3~6 个月甚至更长的时间。

下面是婴幼儿睡眠发展中的一些重要时间节点，抓住这些节点来引导宝宝睡眠，事半功倍。

6 周：形成昼夜节律，夜晚睡眠时间延长

宝宝出生之后，父母就要营造昼夜的不同氛围：家里白天不要弄得太暗、太安静，宝宝醒来了就多跟他说说话；晚上睡觉时不要开灯，喂完奶后立即把宝宝放倒睡觉，不要养成夜里陪玩的习惯。这样引导之后，宝宝会在 6 周左右的时候渐渐养成昼夜节律：白天醒来吃完奶后会清醒 30 分钟左右再入睡（清醒时间随着月龄增大逐渐延长），晚上醒来吃完奶就直接进入睡眠。

如果 6~8 周大的宝宝依然习惯在白天睡长觉，晚上起来玩，那么妈妈应该予以干预，把宝宝白天的长睡眠打破。比如，前半夜不睡，却从凌晨 2~3 点一直睡到中午的宝宝，可以在早晨 7~8 点时唤醒，换尿布、喂奶、逗玩，等宝宝清醒 45~60 分钟后再让他入睡。刚开始时，被吵醒的宝宝会因疲惫而愤怒，父母坚持这样做几天，很快就能解决宝宝昼夜颠倒的问题。

3 个月：晚上睡得更好，白天睡眠规律化

3~4 个月的时候，宝宝在晚上睡得更好了，最长持续睡眠时间可以达到

4~6 小时（通常是晚上第一觉）。这个阶段要特别注意白天小睡的培养，通常白天睡好了，晚上也能睡得好。小睡的时间可以按照宝宝的生理特点来安排，两个月内的宝宝能醒 1 小时左右，3 个月以上的宝宝能醒 1.5~2 小时，4 个月以后的清醒时间一般为 2~3 小时。超过上述时间，宝宝就会过度疲劳，哄睡难度也会增加。在宝宝表现出犯困时就应该及时哄睡。规律的白天小睡机制在 3~4 个月形成，3 个月左右的宝宝一般每天需要 3 次小睡和 1 次黄昏小憩，4 个月左右慢慢过渡到 2 次小睡和 1 次黄昏小憩。

Tips

睡眠是习得性行为，父母的养育目标是让孩子知道"睡眠是需要独立完成的事情"。看护人的一些不正确的养育方式，比如入睡时给予过多帮助，睡眠周期中间的过度干预，总在入睡时哺乳等，会在很大程度上阻碍宝宝睡眠能力的发展。

4 个月：直接进入深度睡眠，戒除抱睡的好时机

宝宝 4 个月大后，睡眠开始更像成人，入睡后就进入熟睡模式，小月龄时期"落地醒"的现象会得到明显改善。小月龄宝宝接不了觉只能抱睡的问题，从 4 个月起应逐渐戒除。

这个时期的小睡依然很重要，比较合适的小睡安排是：上午和午后各 1 次小睡，1.5~2 小时；傍晚小憩，40 分钟左右。同时，要培养宝宝早睡的习惯，晚上健康的入睡时间是 18~20 点。恰当的入睡时间是健康睡眠的关键，孩子什么时候睡可能比睡了多久更重要。

6 个月：逐渐能自己长睡，接觉成果显现

如果小睡时间太短，它的修复能力就会非常有限。对于很多宝宝来说，

小睡时接觉能力的培养比自主入睡还要难，妈妈们能做的就是尽力帮助宝宝，比如提前拍拍、抱起来哄，过程类似于重新哄睡。"半小时醒"的现象通常到了 6 个月会有明显好转，妈妈们会发现原来小睡半小时必醒的"小闹钟"慢慢能睡长了，偶尔中间醒来也非常容易接觉。

9 个月：不再需要夜间哺乳，也没有了黄昏小憩

9 个月以后的宝宝就不需要再喝夜奶了，但依然有宝宝会在夜里醒来要奶吃。想要减夜奶或者断夜奶的妈妈，可以从延长第一次喂奶时间开始。宝宝醒来后可以通过喂奶之外的方式再次哄睡，把喂奶时间逐渐从 0 点拖到 1 点、2 点、3 点……以此类推。

此时，宝宝的傍晚清醒时间可以达到 4 小时，第 3 次小睡自动消失。妈妈们可以在午睡醒来后的时间里为宝宝安排一些活动，并进行充分的喂食。

12~21 个月：白天小睡变为一次午睡

这个阶段的宝宝逐渐由白天的两次小睡变成一次小睡。并觉的过程中可能会发生第一次、第二次小睡并存，或者小睡时间混乱（比如在中午 11 点左右就睡着了），妈妈们不要焦虑，小睡的时间会逐渐趋于正常，即最终发展为午后 1 次 2~3 小时的睡眠。保守来说，绝大多数的宝宝在 1 周岁之后都会睡得很好，夜里不再容易醒来，白天小睡也会变得规律。

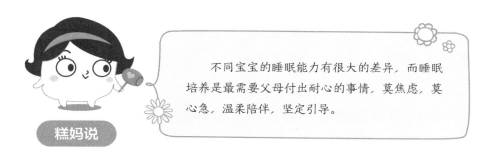

糕妈说

不同宝宝的睡眠能力有很大的差异，而睡眠培养是最需要父母付出耐心的事情，莫焦虑，莫心急，温柔陪伴，坚定引导。

宝宝白天睡眠小贴士

在探讨宝宝睡眠的时候，我们常说"睡眠促进睡眠，白天睡得好了，晚上自然会睡得好"。那么，怎样才算"白天睡得好"？

宝宝一天需要几次小睡？

自出生起，宝宝需要一段时间的适应才能逐渐培养起睡眠规律。第一个月的婴儿通常是不分昼夜的"睡眠—清醒"模式，即每顿喂奶期间有相对差不多长的睡眠周期。随着宝宝不断长大，宝宝的小睡时间会拉长，并且更有规律。

4月龄到1岁的婴儿，一般白天小睡的总时长为3个小时或以上，他会在上午和下午各睡一觉，有的宝宝还需要在黄昏时分补一觉。1岁以上的幼儿不再需要上午的小睡，直接在下午睡2~3小时。为了让宝宝感觉更有精神，可以适当把下午的小睡提前半小时。大多数宝宝的午睡习惯会保持到3~5岁。

怎样引导宝宝进行小睡？

☆**创造氛围**：最有助于宝宝入睡的方法是创造一个昏暗、安静、温度适宜（不要太热）的舒适环境。

☆**把握时机**：在宝宝昏昏欲睡的时候把他放到床上。如果宝宝的眼皮开始耷拉下来，揉眼睛，或有些烦躁，都是他想睡觉的信号，如不及时哄睡，可能会让他更加烦躁、困累，哄睡也会更难。

☆**注意方式**：避免用抱睡、摇晃、奶睡等方式哄睡，否则会导致宝宝只能通过这些方式入睡，而失去自主入睡的能力。如果宝宝在吃奶时容易睡着，你可以试着给他轻柔地换尿布或讲故事。

☆**持之以恒**：如果定时哄睡，宝宝的睡眠时间和长度会相对固定。偶尔打破规律不可避免，这对宝宝没什么影响。

把宝宝放下后，怎样让他平静入睡

把宝宝放下后他会哭是很正常的现象，但一般过几分钟他就会自己安静下来。如果宝宝持续哭泣，可以给他一些安抚再让他自己平静下来。如果把宝宝放下，一会儿他就醒了，排除尿湿、便便、饿和不舒服等原因后，你所要做的只是耐心陪伴，并且鼓励他自己平静下来。

Tips

宝宝处于浅睡眠状态时，会有一些动作，比如手脚抽动、微笑、吮吸等，看上去睡得并不安稳，妈妈不要误以为是他清醒了或是饿了。建议不要马上把宝宝抱起来，而是等上几分钟观察他是否可以自己继续入睡。

是否需要控制宝宝小睡的时间？

有的宝宝会出现"昼夜颠倒"现象，即白天睡眠比夜间多。纠正的办法是缩短白天小睡，特别是傍晚小睡的时间，每段小睡时长不超过 3 小时。白天小睡时间过长会影响他的夜间入睡。

如果宝宝突然间不肯小睡了怎么办?

　　有的宝宝或大一点的孩子在他们仍需要小睡的阶段会突然不想睡了。这种情况下,妈妈可以把宝宝的夜间入睡时间适当提前或推后,这样有助于培养其白天小睡。培养宝宝白天的作息规律并不容易。妈妈要注意抓住宝宝犯困的时间点,并保持他的睡眠规律很重要。

糕妈说

　　白天小睡是对夜间睡眠的一个补充。除了营养,小睡也是能让宝宝在整个白天的学习和活动中,玩得更愉快、学得更有效的"助推燃料"。爸爸妈妈,千万别忽视了这看上去短暂的"睡眠加餐"哦!

宝宝睡着后的安全问题

不要以为危险只发生在马路、电梯、商场、车上。宝宝睡觉时，如果大人看护不当，意外随时可能发生。宝宝睡着后，有哪些需要注意的安全事项呢？

睡姿安全

美国儿科学会建议：健康的婴儿都应尽量仰卧，从而减少"婴儿猝死综合征"的发生。而且，与趴着睡相比，躺着睡引起发烧及鼻腔、耳部感染等疾病的概率要小。如果担心宝宝睡成"扁平头"的话，爸爸妈妈们可以趁他清醒的时候多让他趴一趴。

宝宝能翻会爬后，很容易撅着屁股睡。如果看到宝宝经常使用这种胎儿睡姿，一定要及时帮他纠正。长期这样睡，容易加剧宝宝小腿弯曲的程度。

穿盖安全

新生儿的体温调节功能尚未发育完善，裹襁褓不仅能保持宝宝的身体温暖，还能营造与子宫一样安全舒适的环境。但当宝宝能踢开襁褓时，就应该停止使用襁褓，而是给他穿上连体睡衣或者用睡袋。注意不要给他穿得太厚，尤其不要盖住他的头部，否则容易导致体温过热，甚至引起窒息。如果不知道怎么判断宝宝睡觉时是冷还是热，参考自己的穿盖感受即可。

寝具安全

不要让婴儿睡在水床、沙发或软垫上，因为小宝宝的颈部肌肉还不够强壮，无法把头从下陷的床面中伸出来，很容易引起窒息。最好是选择硬质的婴儿床垫。床上除了宝宝和睡袋，不要出现枕头、毯子、棉被、毛绒玩具、衣服等杂物。如果宝宝不小心将脸埋在这些柔软的物品中，也会导致呼吸不畅。

当宝宝长到 70 厘米时，给他换用普通床，可以先将床垫放在地板上，然后逐渐增高，最后转移到床框中。同时要在床边铺上软垫，并确保孩子的安全。

Tips

英国国家医疗服务体系（NHS）建议：不要给不满周岁的宝宝用枕头，否则容易导致窒息。如果担心宝宝吐奶，可以把床褥整体垫高。买了新床垫后，一定要去掉塑料包装。

环境安全

妈妈在怀孕时吸烟，或婴儿出生后吸入二手烟，都会增加宝宝患婴儿猝死综合征的风险。为了宝宝的健康，爸妈要努力克制下自己，尽量不在房间内抽烟。宝宝睡觉时，要保持房间内空气流通，温度适中。如果空气太干燥，可以打开加湿器。注意不要把婴儿床放在空调、暖气、窗口旁边。

给宝宝换床后，一定要保证卧室内没有安全隐患。小家伙很可能会在半夜起来"夜游"，所以地上一定要整理干净，不要让杂物绊倒宝宝；窗户要关紧；不要让宝宝拉到百叶窗的线绳；取暖器、电风扇要放到他够不到的地方。还可以用栅栏堵在宝宝卧室的门口，防止他半夜醒来走出房间。

糕妈说

最好是让宝宝独自睡婴儿床，这样可以避免大人压到宝宝，或者被褥覆盖住婴儿面部，从而造成窒息。在喂宝宝夜奶时，妈妈一定不要睡着，否则胸部捂住宝宝的小脸，很容易造成窒息。妈妈可以把婴儿床放在大床旁边，宝宝需要吃奶的时候，妈妈抱过来喂，喂完再放回去。

轻松哄睡小宝宝的 7 个要点、10 个诀窍

宝宝出生的第一年，80% 的新手妈妈都会被宝宝的睡眠所折磨，尤其是小月龄的宝宝，总是让人束手无策。如何哄小宝宝睡觉也是新手妈妈要掌握的技能之一。

温和引导睡眠的 7 个要点

3 个月以下（严格来说 6 个月以下）的宝宝不适合任何形式的睡眠训练，采取温和的方式引导即可，孩子越小越容易纠正睡眠问题。

为了得到陪伴而故意啼哭，一般出现在宝宝 5 个半月至 6 个月的时候。小月龄宝宝啼哭都有真实的需求，妈妈应该尽可能给宝宝多些陪伴、关爱和拥抱，完全不用担心会宠坏他。

▎保证睡眠总量▎

未满月的宝宝基本都处于昏睡状态。2~3 个月的宝宝，每天需要 16 个

小时左右的睡眠。

培养宝宝自主入睡的习惯

如果你希望宝宝能独立入睡或者晚间睡整觉，在宝宝出生后尽量培养他放小床后自行入睡的习惯，让孩子从小就明白睡眠是需要他独立完成的。可以在宝宝放松、昏昏欲睡的时刻把他放在小床里。如果他哭的话，可以先观察几分钟，看宝宝是否真的需要抱起来安抚。

让孩子自主入睡，在国内并不是主流，在实际操作中也有一些困难。糕妈的建议是，减少睡前的干预，比如尽量不要奶睡、抱睡，但妈妈可以在旁边适当陪伴。

建立起昼夜节律

有的宝宝天生就是个"夜猫子"（你可能在孕期就会发现他夜间胎动频繁），在你想睡觉的时候他却非常清醒、活跃。等宝宝长到 2 周大以后，你可以开始教他区分白天和夜晚。宝宝在 6 周以后会慢慢建立起昼夜节律，最长的连续睡眠通常发生在晚上。如果宝宝白天连续睡眠超过 3 小时，应该在恰当的时候将他唤醒喂奶或活动，避免"昼夜颠倒"。

白天，妈妈可以在宝宝清醒的状态下多跟他玩耍和交流，保持房间的敞亮，不用担心电话铃声、洗碗机轰鸣声、音乐等声音。如果宝宝一边吃奶一边睡着了，试着唤醒他。夜里的时候，宝宝醒来时不要跟他玩耍，不要多跟他讲话，保持灯光昏暗、声音轻柔。渐渐地，他会明白晚上是睡觉的时间。

培养早睡习惯

从第 8 周开始，要注意培养宝宝早睡的习惯，最好是在 18~20 点入睡。观察宝宝的神色及活动状态，在 30~60 分钟内调整孩子入睡的状态。如果宝宝通常在八点半之后睡，但有时候就是不肯安静下来，有可能因为他太过疲劳。试试早半个小时让他上床，会让他睡得更踏实。

避免过度疲劳

未满月的宝宝一般醒 0.5 小时就会困，2 个月的宝宝能醒 1 小时左右，3 个月的宝宝能醒 1.5 小时左右，超过上述时间不睡就会导致宝宝过度疲劳。在清醒的时间里，还要留出 10~20 分钟的哄睡时间。

Tips

3~4 个月的宝宝可以通过引导和培养形成白天小睡的机制。3 个月以内的宝宝可能不会有规律的白天小睡，在发出困倦的信号时，把他哄睡即可。

克服"落地醒"

"落地醒"是小月龄宝宝的普遍现象。尽量将宝宝放在床上睡，如果必须抱睡，可以尝试先放脚，再身体，最后放头，手臂上垫毛巾（放下时温度变化不那么明显），或者抱 20 分钟待他睡熟后再放。4 个月大后，"落地醒"的现象会得到明显改善。

帮助宝宝接觉

宝宝可能睡 30~45 分钟就会醒，睡不深的宝宝在一个睡眠周期结束后就会醒来，这时就需要妈妈帮助宝宝接觉。复现哄睡的场景是接觉的重点，抱睡的要及时抱起来，拍睡的要提前拍拍。

睡前安抚宝宝的 10 个诀窍

尽快入睡的秘诀在于安静。那么，如何能让宝宝尽快进入安静状态呢？

轻轻地抚摸和摇晃

摇晃宝宝是一个非常古老而有效的安抚办法，摇椅或摇篮能安抚哭闹不止的新生儿。

裹襁褓

小婴儿并不知道手脚是自己身体的一部分，舞动的双手会干扰他的睡眠，襁褓能够减少惊扰和环境刺激。

"嘘"拍法

一边在宝宝耳边发出"嘘、嘘、嘘……"的声音，一边轻拍他的背部，宝宝很容易安静下来。这个方法比较考验父母的耐心，时间一般不能短于20分钟。

"飞机抱"

如果宝宝吃饱了依然哭闹着想要吃奶，但含着乳头吸两下就放开哭闹，反复吸，反复哭，这很可能是发生了肠胀气或者肠绞痛。"飞机抱"或者趴着会让宝宝感觉舒服。

"升降机运动"

如果你的宝宝正在发脾气，可以试试"升降机运动"。把宝宝紧紧地抱在胸前，托住他的头，屈膝，使他下降几厘米，然后以很快的速

度站直。重复这个动作，使他轻轻地上下颠簸，就像一架升降机。这种方法总能使发脾气的宝宝平静下来。

｜背巾｜

美国著名儿科医生威廉·西尔斯博士非常推崇这种方法，他指出背巾具有减少宝宝哭闹、增强亲密感、提高宝宝智商、解放妈妈双手等益处。大多数时候，用背巾哄睡小宝宝很有效，但也有的宝宝不喜欢。

｜使用安抚奶嘴｜

对于大多数0~6个月的宝宝来说，他们吸吮的欲望非常强烈，吸吮安抚奶嘴、拳头或手指，常常能使不舒服的宝宝安静下来。妈妈不要等到宝宝大声哭闹时才给安抚奶嘴，这时宝宝不会注意到它。

Tips

长时间使用白噪音会对宝宝的听力造成损害，尤其是电器发出的噪音。等宝宝月龄大了，白噪音也会渐渐失去作用，所以绝对不要滥用。

｜白噪音｜

吸尘器、洗衣机等发出的声音，流水的声音，收音机的静电噪音，这些很像宝宝在妈妈子宫里听到的声音，对小月龄宝宝常常有神奇的安抚作用。

┃移动的环境┃

抱着宝宝在房间里走动，或是放进推车里推，会让宝宝体会到在子宫里被妈妈带着跑的感觉，宝宝很容易平静下来，然后睡着。当宝宝入睡后，应结束移动。

┃妈妈的乳房┃

奶睡是哄睡的最后一道防线，这招几乎对所有的宝宝都管用。但奶睡有很多副作用，比如宝宝频繁吃夜奶，妈妈易患乳腺炎等。如果能用其他方式哄睡，尽量不要奶睡。

糕妈说

很多安抚方式都是妥协，是在宝宝无法自行入睡的情况下，为了优先保证睡眠而不得已的选择。先"睡够"，再努力"睡对"。如果你已经尽了自己最大的努力，但宝宝依然睡得不好，不妨先放松下来，抛开焦虑，让家人看会儿宝宝，自己先好好睡一觉。当你轻松下来，也许会发现情况并没有那么糟。宝宝偶尔睡不好觉，也不会影响成长。等孩子长大点，很多问题都会有所好转。

合理安排宝宝吃奶、睡觉、玩耍的时间

合理安排宝宝的作息时间表，有助于帮助宝宝养成规律的作息习惯，妈妈照顾起来也会更轻松。那么，如何安排好宝宝一整天的吃饭、睡觉、玩耍的时间呢？

0~8 周的宝宝

这是一个比较混乱的阶段，小宝宝和妈妈都在适应中。这个阶段不要急于按照时间表养育宝宝，而应该按需喂养，多吮吸，多和宝宝亲密接触。宝宝睡觉的时候，妈妈就抓紧时间休息。

8 周 ~3 个月的宝宝

从这个阶段开始，可以尝试引导宝宝按照"吃—玩—睡"的顺序来生活。这个阶段，宝宝每次清醒 1~1.5 小时；按照 3 小时循环来安排，白天需要 3 次小睡和 1 次傍晚小憩。宝宝每天需要 16 小时左右的睡眠。

Tips

"吃—玩—睡模式"是美国超级育婴师特蕾西·霍格提出的 E.A.S.Y. 法，即宝宝一天的作息按照 Eating（吃）、Activity（玩）、Sleeping（睡）、You（宝宝睡觉后，妈妈自己的时间），这样的顺序来循环。这样白天的小睡安排变得容易，同时还能有效避免奶睡。

以下是 3 个月左右宝宝的一天作息安排建议，从 6~8 周起，就可以向着这个方向努力了。但白天的喂养次数要保证，可能需要 6~8 次。（因为每个宝宝的单次食量不同，为保证全天奶量，哺乳次数会有差异。）

模式	时间	活动
E	7：00	起床进食
A	7：30（或 7：45）	玩
S	8：30	小睡
E	10：00	进食
A	10：30（或 10：45）	玩
S	11：30	小睡
E	13：00	进食
A	13：30（或 13：45）	玩
S	14：30	小睡
E	16：00	进食
S	17：00 ~ 18：00	小憩（约 40 分钟）
E	19：00	进食
A		洗澡（可以放在进食前）
S	19：30	睡觉
E		可能有 2 ~ 3 次夜奶

3 个月左右的宝宝一日作息

| 可能有 2~3 次夜奶 |

如果 E.A.S.Y. 的模式被打破，也不必过于担心。E.A.S.Y. 的核心是把吃跟睡分开，妈妈可以根据具体情况灵活调整。

4~8 个月的宝宝

4 个月后，宝宝的清醒时间可以延长为 2 小时，也就是说白天需要 2 次小睡 +1 次傍晚小憩。宝宝每天需要 14~15 小时睡眠。以下作息表供参考，但宝宝奶量是必须要保证的。

4~8 个月宝宝一日作息

模式	时间	活动
E	7：00	起床进食
A	7：30	玩
S	9：00	小睡
E	11：00	进食
A	11：30	玩
S	13：00	小睡
E	15：00	进食
A	15：30	玩
S	17：00 ~ 18：00	小憩
E	19：00	进食
A	洗澡（可以放在进食前）	
S	19：30	睡觉
E	可能有 1 ~ 2 次夜奶	

▎添加辅食后的作息安排▎

6~8 个月，宝宝每日添加 1~2 次辅食，建议跟吃奶安排在一起，一次吃饱。通常第一顿辅食安排在第一次小睡醒来后，第二顿辅食安排在第二次或者第三次小睡醒来后。

│奶量的变化│

添加辅食后，宝宝的奶量从 4~6 个月的 1000 毫升逐渐下降到 8 个月的 800 毫升左右。

Tips

宝宝的奶量包含了母乳、配方奶、酸奶和奶酪。要注意的是，应给宝宝选用无糖的酸奶、低盐的奶酪。

9~12 个月的宝宝

9 个月以后，宝宝每天需要 14 个小时的睡眠，大部分宝宝不需要傍晚小憩了，下午清醒的时间延长。妈妈有时需要根据宝宝的睡眠信号，适时提早晚上入睡的时间。从 10 个月开始，宝宝的辅食逐渐增加为每日 3 次，一顿辅食可以吃饱，不用再喝奶了，妈妈需要合理安排吃辅食和吃奶的时间。

│作息安排要点│

9~12 个月宝宝的作息安排与宝宝的精神状况、家庭用餐时间、活动安排，以及宝宝对食物的兴趣等因素有关，没有一个绝对的时间安排表，妈妈们根据宝宝和家庭的实际情况灵活安排即可。

│奶量的变化│

这个阶段，宝宝的奶量（母乳、配方奶、酸奶、奶酪都算）从 8 个月的 800 毫升逐渐下降到 1 周岁的 600 毫升左右。

制订一个适合宝宝的作息时间表，并坚持执行，大人、宝宝都会因为规律作息而受益。

糕妈说

宝宝总是不肯睡？
建立常规的睡前程序

建立睡眠程序的关键在于每晚以相同的顺序做相同的事情。发现孩子睡前喜欢做的事情，并坚持每天做，有规律的睡前活动会给宝宝安全感。仪式性的程序包括：洗澡、更换睡衣、睡前故事、唱摇篮曲、亲子共读、亲吻、互道晚安，等等。

睡前程序——被忽视的睡眠"魔法"

儿童睡眠紊乱治疗专家 Judith Owens 说，孩子入睡前进行一系列愉悦、镇静的活动，然后把灯关掉，这是很重要的程序，能帮助孩子准备好入眠。

怎么设定睡前程序

一个可以预期的入睡步骤，或者说"入睡暗示"，可以帮助孩子从白天的活动中放松下来。

① 快入睡前不要跟宝宝做剧烈运动，不要让宝宝大脑过于兴奋。
② 给宝宝洗澡，穿上睡衣或者宽松的衣服。
③ 喂奶。
④ 刷牙。
⑤ 亲子共读，陪孩子读一些睡前读物。
⑥ 关灯。
⑦ 把宝宝放在小床上。
⑧ 轻唱或者轻哼摇篮曲。

离睡觉还有 20 分钟的时候，抱着孩子在屋里走动，但不是边走动边摇晃式的哄睡，而是轻轻拍拍，温柔地跟他说说话，或者给他哼哼小曲儿，让宝宝安静下来。睡眠培养到位了，再哄睡，水到渠成。等孩子大一点了，读书、唱歌也是很好的睡前活动。爸爸妈妈们也可以创造自家独有的入睡仪式。

注意观察宝宝的疲劳信号

如果宝宝揉眼睛、拉耳朵、打哈欠，变得烦躁，可能是他困了。在宝宝犯困又不太累的时候带他去睡觉，效果最好。慢慢地，你对宝宝的日间作息会有一种"第六感"，凭直觉就能判断他什么时候需要睡觉了。

接受宝宝睡眠能力发展中的反复

宝宝睡眠能力的发展常常会出现反复，之前睡眠很好的宝宝可能会突然变得容易夜醒或者入睡困难，这很可能是宝宝睡眠能力发展中的反复。

4 个月的宝宝开始学翻身；6~12 个月的宝宝学坐、爬，甚至开始慢慢学着走。宝宝白天在不断学习和拓展新的技能，晚上也常常会"勤奋"练习，把自己弄醒。有时候他不能自行入睡，可能是做了个"高难度动作"回不去，就只能通过哭泣来寻求父母的帮助。另外，分离焦虑也是宝宝夜醒的原因之一。宝宝夜间醒来发现妈妈不在身边会很沮丧，当妈妈进房间安抚他，他就安静了。

面对睡眠能力的反复，并没有什么速效良方，妈妈需要做的就是保持淡定并耐心陪伴。每一次反复，都意味着宝宝的发展又跨越了一个里程碑，妈妈应该更积极地看待这个问题。

睡眠程序是通过每天的重复建立起来的，妈妈要和宝宝多试验、多摸索，找到你们都喜欢的睡前活动，让每一个夜晚都值得期待。

糕妈说

如何解决孩子晚睡的问题

　　睡眠总量是衡量宝宝睡眠质量的重要指标，所有的育儿专家都建议宝宝应该在 19 点前后入睡，以保证 10~12 小时的夜间睡眠。睡得晚的宝宝无法保证夜间睡眠时间，因为不管几点入睡，宝宝基本都会在早晨 6~7 点醒来。如果晚上睡不够，靠白天是很难补回来的。

晚睡的危害

　　美国心理咨询师、睡眠专家 Jill Spivack 认为，宝宝过晚入睡会让他过度疲劳，以至于更难入睡，睡眠过程中也容易醒，早上反而会醒得更早。美国儿科学会认为，睡觉的时机是至关重要的，恰当的时机是健康睡眠的关键，孩子什么时候睡可能比睡了多久更重要。

如何养成早睡的习惯

　　上床时间和小睡时间要规律，并坚持执行。不要等孩子揉眼睛、打哈欠、抱怨、吵闹了再上床，而是早点让他上床准备睡觉。多睡 15~20 分钟也是大有好处的。

　　有一个规律的睡前程序能帮助孩子按时睡觉。对小宝宝来说，洗澡、抚触、换睡袋、抱进房间、拉窗帘、喂奶，都是睡前程序。哪怕孩子还不能交流，也能理解"做完这些事情了，我就要睡觉了"，"现在是睡觉时间，妈妈不会陪我玩的"。大一点的孩子，讲睡前故事是很好的一种方式，"再讲 3 个故事我们就睡觉"。无论跟孩子约定的是什么，做完这些就坚决关灯睡觉。只要妈妈足够坚持，就能帮宝宝养成好习惯。

纠正孩子的晚睡习惯

逐渐提前睡前程序，比如提前半小时洗澡，提前哄睡，从而达到早睡的目的。在宝宝作息有变化时，比如白天延长玩的时间，消耗宝宝旺盛的精力，使他晚上早点睡，之后再巩固几天，往往可以实现早睡的目标。

"老妈子"的亲身实践体会

自从把年糕的入睡时间调整到 19 点 ~19 点半，感觉全天的睡眠都有提升，这就是睡眠促进睡眠的作用。说得自私一点，宝宝早睡，能让辛苦一天的看护人得到晚间的放松和休息，绝对一举多得。一个人带娃的那段时间，全靠晚上的"下班时间"调节放松，不然超人也疯了。当然维持宝宝的早睡很不容易，全家的安排都要以此为基准。

糕妈说

睡眠习惯是需要逐步养成的。想要宝宝养成好的睡眠习惯，妈妈首先要以身作则，坚持良好的作息习惯。

在适当的时机断夜奶

大多数宝宝到了 6 个月后就可以睡整觉了；等到了 9 个月，如果喂养恰当，宝宝在夜里是不会饿的，他已经做好了断夜奶的准备。

断夜奶的时间

断夜奶的时间因人而异，很多宝宝在 6 个月内都需要 2 次以上的夜奶。通常情况下，6 个月以后的宝宝就具备睡眠训练的条件了。

夜奶的不良影响

☆**夜奶影响了宝宝的睡眠**：宝宝在夜间醒来寻求食物，吃完奶后继续入睡，这本身并不会破坏睡眠的完整性，也不会影响宝宝的生长发育。但一醒就要吃、1 小时一吃、含着奶头睡、夜醒无数次等情况是需要纠正的。

☆**夜奶影响了妈妈的睡眠**：宝宝吃夜奶，是最考验妈妈的事情。有的妈妈可能会因为夜醒疲惫不堪，甚至落下病根。

☆**夜奶增加了龋齿的风险**：母乳本身不会导致蛀牙，前提是保障口腔卫生。但如果宝宝已经开始吃辅食，牙齿上的食物残渣和母乳混在一起更容易导致蛀牙。另外，夜奶用配方奶也会导致龋齿。

断夜奶的前提

☆**避免无规则养育**：白天按照"吃—玩—睡"的模式安排作息，4 个月以后喂食间隔为 4 小时，中间尽量不安排零食，这样能养成宝宝"到点吃饭"的好习惯，而且还能保证宝宝白天摄入足够的热量。睡前再适当增加食物，就能避免宝宝夜间因为饥饿而醒来。

☆**睡眠能力的培养**：宝宝的睡眠能力要从两方面来培养：一方面白天规律的小睡能避免过度疲劳，保证夜间的睡眠质量；另一方面夜间入睡尽量不要依赖奶睡，不要夜里一醒就给他吃奶，先用其他方式安抚，看看宝宝能不能再次入睡。

☆**确定真的不饿**：即使是在断夜奶后，宝宝偶尔醒来也有可能想要吃奶，妈妈们可以酌情处理，不是一定不能吃。

断夜奶、减夜奶的几种方法

｜不要奶睡宝宝｜

奶睡的宝宝，夜里醒来就会想要吃奶，有时并不是因为他饿了，而是对奶的精神依赖。所以，妈妈要尽量把吃奶和睡眠这两件事分开，这样能减少宝宝在夜里接觉时对吃奶的需求。

｜提前唤醒宝宝｜

在宝宝通常要醒的时间点，提前 1 小时轻轻唤醒重睡（不是全醒），这样可以破除习惯性夜醒。

｜拉长间隔法｜

逐步推迟第一顿夜奶的时间是常用的断夜奶的方法。第一步先在 0 点前坚决不给奶。刚开始宝宝可能会哭闹，但是闹几次也就放弃了，等几天后宝宝习惯在 0 点之后才醒了，就把喂奶时间拖到 2 点。然后再用同样的方法，慢慢地把夜奶拖到 4 点以后。

|逐渐减量法|

母乳妈妈可以缩短喂奶的时长，配方奶可以逐渐减少奶量，到最后不给奶，通过其他安抚方式哄宝宝入睡。此外，用温水过渡也是一个不错的办法。宝宝有时候哭了一会儿会觉得口渴，喝点水既是安慰，也会让他舒服一些。

|更换看护人|

妈妈在白天照常陪伴宝宝，但夜间睡眠由爸爸或者奶奶来看护。宝宝断了依赖妈妈喂夜奶的念想，也就不再需要夜奶了。断夜奶通常在 1 周左右能看到明显的成效，不一定全断了，但频率会有所下降。如果坚持 1 周无任何进展，可能宝宝真的还没有准备好，那就再等待一段时间再尝试。

糕妈说

断夜奶的时候，宝宝有反抗、哭闹是很正常的。妈妈在付诸行动前要与家人（特别是同住的老人）沟通好，温和坚定地执行。适当给予宝宝安慰，而不是任由宝宝哭泣，以免给宝宝造成心理伤害。

还在和宝宝挤一张床？
再不分床就晚了

一些勇敢的小宝贝，很小就可以在自己的小床上安睡到天亮。很多妈妈担心宝宝分床后不适应，其实分床这事儿，并没有你想的那么难！

分床睡的好处

宝宝出生以后就应和父母同房但不同床，这样做有很多好处。

☆**同房但分床睡，可以享受到"共眠"的好处**：方便夜间照顾宝宝；能及时发现宝宝的问题，降低"婴儿猝死综合征"（SIDS）的发生率。

☆**分床比同床更安全**：对于 1 岁以内，尤其是 6 个月以下的宝宝来说，和大人一起睡大床存在很多安全隐患。大床没有安全围栏，宝宝容易从床上跌落；宝宝可能会被熟睡的大人压到；大床上的枕头、被子等都有可能会盖住宝宝的面部，导致窒息。

☆**分床睡能提高宝宝的睡眠质量**：和大人同床睡时，大人起床、翻身，或是玩手机的声响和光亮，都会影响宝宝的睡眠质量。宝宝自己睡，环境更安静，也有助于宝宝学会自主入睡，提高睡眠质量。

选择合适的分床时机

如果宝宝一开始就跟妈妈一起睡，在 6 个月以前分床会容易些；6 个月以后，宝宝可能会产生分离焦虑。给宝宝做任何改变都应该选在他情绪平稳、身体健康的时候。如果宝宝已经能够安睡整夜都不哭闹，这也是分床的一个好时机。

分床，是一件愉快的事情

☆**愉快谈论这件事**：要离开妈妈的怀抱独自睡觉，对于宝宝而言是个挑战。妈妈要让宝宝先做好心理准备，愉快地和他谈论这件事。比如给他挑选一些相关的绘本，给他讲书里独自睡觉的宝宝故事，让宝宝觉得独自睡小床是一件很有趣的事情。

☆**增加宝宝对小床的好感**：花几天时间，陪宝宝在他的小床上玩耍，让他对小床产生快乐、亲近的好感。

☆**睡前仪式给宝宝安全感**："参与感"能给予宝宝信心，让他更好地适应新的睡眠环境。例如穿哪件睡衣，读哪本书，挑哪个毛绒玩具陪他入眠等。

开始分床后几天，和宝宝道过晚安后，可以在床边稍稍陪伴他一会儿，给他读个故事或唱个摇篮曲，让他更好地适应新的睡眠环境，并告诉他只要他需要，妈妈一直都在。

☆**和宝宝一起布置小床**：大一点的宝宝，可以让他和你一起布置他的小床，比如一起挑选新床单等，让他参与进来，把小床布置成他喜欢的样子。

分床遇到挫折怎么办？

你以为宝宝已经睡着了，悄悄离开后，宝宝又开始喊你、哭闹，或者他半夜醒来，爬上大床要求和你一起睡，怎么办？

温和而坚定地告诉宝宝，他长大了，应该自己睡觉了。妈妈要逐渐增加和宝宝之间的距离，缩短陪伴的时间，但不要责备或惩罚宝宝，否则他会对分床产生更多的抵触。同时，对于他的每一点小进步都要及时表扬和肯定。

如果宝宝真的很不情愿睡小床，也不要强迫他。可以先让他习惯白天在小床上小睡，等他准备好了，再重新尝试分床。或者先把小床跟大床靠在一起，让宝宝感觉依然在你身边；等他习惯了睡小床，再把小床逐渐放远。

糕妈说

宝宝不跟妈妈睡，并不会影响他享受母爱。夜间本来就是睡觉的时候，不需要那么多的互动，而且在白天你有一整天的时间来证明自己有多爱他。

轻松应对宝宝睡眠中的异常情况

宝宝在睡眠过程中可能会发出呻吟、磨牙等声音，或是突然抽搐着醒来。有时候看起来很吓人，比如短暂的呼吸停止，用头撞击床栏等。遇到这些情况，妈妈不要慌乱，应及时查明原因并解决。

出汗

有些宝宝夜里进入深睡眠时会出许多汗，甚至整件内衣都会湿透。很多情况下，宝宝出汗多并不是生病、体虚或者缺钙，而是身体的自然反应。

夜里睡觉出汗多，首先要考虑是不是太热了。宝宝睡觉的房间，16~21℃是比较舒适的温度，切忌过热（过热是婴儿猝死的危险因素）。宝宝睡觉不需要盖被子，穿盖厚薄合适的睡衣或睡袋即可。判断孩子冷热的标准是脖子温热，小手不凉；如果摸到脖子有汗，就要减少穿盖了。如果屋内温度适宜，宝宝穿着不厚，但仍然出汗很多，就需要咨询医生。

磨牙

很多宝宝都会在睡觉的时候磨牙，这在任何年龄段都会发生，最常见的是在出第一颗牙的时候（约6个月时）。磨牙的主要原因并不是家长们通常理解的缺钙或者其他理由，而是出牙不适，耳朵、牙齿等部位疼痛，鼻子不通或过敏造成的呼吸问题。大多数情况，不用担心磨牙会损坏宝宝的牙齿。如果不放心，可以在宝宝1周岁的时候请牙医检查一下他的牙釉质。

摇晃、撞头

对许多宝宝来说，有节奏的前后晃动能让他们感到放松。但家长们往往会担心宝宝哪里不舒服。其实，在宝宝的世界里，摇晃并不代表他有行为或情绪上的问题。若是家长急于让宝宝停止这个动作，他很可能会想要挑战你，持续不断地做这个动作。

和摇晃一样，撞头也是宝宝常见的自我安抚动作。虽然成人难以理解，但宝宝的确会用撞击来分散身体上的不适，比如出牙不适或者耳部感染等。妈妈可以在常规体检中告诉医生宝宝的这些表现，特别是宝宝运动发育落后的时候。

呼吸暂停

6 个月内的宝宝会出现"周期性呼吸"：有一阵，他会呼吸得比平时快一些，之后又慢一些；有时可能还会暂停一会儿，最后再进入正常的呼吸节奏。婴儿的睡眠时间中有近 5% 都是这种模式，早产儿可能高达 10%。最简单有效的帮助宝宝呼吸顺畅的办法是让宝宝仰卧。若 6 个月以上宝宝还有这样的表现，建议咨询医生。

打鼾声和鼻息声

和成人一样，宝宝睡觉时偶尔发出鼾声或鼻息声是正常的。宝宝鼻子不通气时会发出呼噜声，这时候使用喷雾器或加湿器会让他舒服很多。如果宝宝间歇性打鼾并伴有喘息声，可能是呼吸道有部分堵塞，需请医生诊治。还有的宝宝打鼾是因为过敏，可以使用空气净化器或在医生的指导下使用相关药物。注意，过敏宝宝的卧室里不要养宠物。

宝宝睡眠中的这些"异常"表现，其实绝大部分情况都是正常的，妈妈要理性地对待宝宝成长中的这些小事，不要听信错误的诊断和偏方。如果实在担心会影响宝宝的成长发育，应到正规儿童医院就诊。

糕妈说

如何应付宝宝早起

清晨，妈妈还没有睡够，"熊宝宝"已经叫着要起床了。很多时候，早起跟夜醒一样，是对妈妈的一种折磨。那么，如何搞定早起的宝宝呢？

改善睡眠环境

光照对宝宝的生物钟影响较大，天亮了宝宝就容易醒来，给窗帘加一层遮光布就会好很多。如果居住的环境比较嘈杂，在清晨关上窗子，避免宝宝被吵醒。

给予正确的回应

有时候孩子早醒是因为饿了，如果孩子在 4~5 点醒来，不要跟他说话，也不要开灯，及时喂奶，继续哄睡，就像夜里醒来时一样对待。

调整入睡的时间

如果孩子总是在 5 点多就醒了不肯再睡，可以尝试调整一下夜间入睡的时间，可能会改变他醒来的时间。每次试着调整 15~30 分钟，观察宝宝的反应，看早上是否能多睡一会儿。

降低孩子的期望

如果孩子知道起来就意味着可以和爸爸妈妈玩耍，或者吃到香甜的奶，可能会让他喜欢上早起。如果小家伙发现早起只能自娱自乐，就会多睡会儿了！

| 调整父母的作息 |

有很多孩子，在父母尝试了各种办法之后依然坚定做一只"打鸣的小公鸡"，也许这样的孩子真的就是觉少！如果他白天神采奕奕，玩得高兴、吃得开心，那也不必太勉强。不如父母也早点睡吧，把亲子时光留到早上也是不错的。

充足的睡眠时间，对宝宝的成长非常重要。长高个、更聪明，原来真的可以通过睡一觉来解决。

宝宝不肯睡、早上起得早，当妈妈的内心都是崩溃的："宝宝啊，咱就多睡5分钟好不好？"其实不难理解，这个阶段的宝宝有着旺盛的精力和强烈的探索欲，外面那么好玩的世界在等着他，哪里还睡得着？调整下作息节奏，默默地给他养成作息规律吧。再过几年，可就要换你每天把赖床的宝宝叫醒啦！

4
CHAPTER

运动发展
与智力启蒙

宝宝具有惊人的学习能力

　　宝宝的学习潜力是巨大的，在幼儿阶段
充分开发、培养宝宝的各种能力，能为宝
宝日后的发展打下良好的基础。父母要做
的就是为宝宝提供适宜的成长环境，帮助
他一起探索外界丰富多彩的世界，使宝宝
的潜能得到充分的发展。

多锻炼小手，宝宝更聪明

通常，家长们都会把注意力放在宝宝的大动作发展上，比如翻身、坐、爬、走等，却常常忽视了宝宝小手的发展。你留意过宝宝什么时候能把拳头放进嘴里，什么时候能捏起地上的小纸屑吗？这些动作不仅是宝宝手部技能的展现，更关系到宝宝的大脑发育和认知能力的发展。

重视宝宝手指精细动作的发展

促进宝宝手指精细动作的发展，对宝宝的益处颇多：

☆**帮助宝宝探索自己的身体，理解身体各部分的作用。**比如宝宝会抓着自己的脚和脚趾，把它们塞进嘴里。

☆**提高宝宝的自理能力，让他更独立。**手部灵巧的宝宝，能更好地完成吃饭、穿衣、系鞋带等这些日常事务。

☆**宝宝的控制力和精细度得到发展，大大提高了他探索和学习周围世界的能力。**扔东西、搭积木、把玩具放进（倒出）盒子等，能帮助孩子掌握工具的使用方法，为日后的学习和创作打下基础。比如看似信手涂鸦，其实是为以后的书写做准备。学会使用剪刀、画笔后，孩子才能利用这些工具进行创造活动。

☆**培养孩子的耐心和专注力。** 精细运动不同于大动作运动，它能让孩子安静下来，专注于正在进行的事情。

☆**孩子看到自己对世界产生的影响，能增加自信心。** 不管是扔东西，还是剪纸、捏黏土，孩子都能直观地感受到自己对周围世界产生的影响。这些行为能增强他的自信心，激发他探究世界的兴趣。

宝宝不能错过的动手小游戏

给宝宝准备一些手部小游戏，每天让宝宝自己玩一会儿，妈妈们也能放松休息下。

适合 1 岁以下宝宝的动手小游戏

① **绑在腿上的气球**

把气球绑在宝宝腿上，宝宝踢腿的同时，气球也会跟着动，吸引着宝宝用手去够。

② **感官瓶**

装有不同物品的彩色瓶子，对宝宝来说是非常有趣的自制玩具。

③ 黏土

黏土软软的，可以塑形，非常适合给宝宝的小手做锻炼。黏土既可以单纯地捏、挤、拉、戳，也可以配合小道具一起玩。建议妈妈给宝宝选用面团，或是安全无毒的黏土。

④ 手指食物

面条、胡萝卜条、苹果条、南瓜条等，各种颜色和质感的食物都可以用来给宝宝做触觉训练和抓握练习。

⑤ 抽拉盒子

在纸箱子上戳几个孔，穿进不同质感的绳子，然后在两端打结，一个自制的抽拉盒子就做好了。这不仅好玩，还能帮助宝宝练习坐。

⑥ **蛛网游戏篮**

找一个空的篮子，用线织造出蛛网的效果，然后把宝宝最喜欢的玩具丢进去，教宝宝用他的小手"拯救"玩具。

┃**适合 1 岁以上孩子的动手小游戏**┃

① **彩虹麦圈塔**

准备 6 份面团（或黏土），在上面插上生的意大利面，再给宝宝一碗彩色麦圈，让他按颜色套在不同的面团上。这个游戏不仅能提高孩子手指的精细度，还能帮他学习颜色、多少等概念。

② **砰—砰—管道**

先把不同颜色的卡纸卷成粗细不同的管状粘在墙面上，然后准备不同颜色、大小和材质的小球，让宝宝用手把小球放进对应颜色的管子里，也可以练习使用不同的工具，比如勺子、夹子，甚至是筷子将小球放到管道里。

③ 拉链板

　　在拉链两侧涂上胶水，粘在纸板上。这个游戏不仅能让宝宝玩上很久，还能为他之后学习自己穿衣服做准备。

④ 颜色配对夹子

　　准备不同颜色的彩纸，在夹子一端也粘上对应颜色的彩纸。打乱后让宝宝玩颜色配对的游戏。

⑤ 用棉签作画

　　握住细细的棉签作画，能很好地锻炼宝宝小手的力量和灵敏度。如果想再增加一点挑战，可以用铅笔先在纸上勾画出字母，然后让宝宝描出来。这个练习不仅能提高宝宝的手眼协调能力，还能让宝宝顺便认识字母。

⑥ 回形针

准备几张彩色的卡纸和对应颜色的回形针。让宝宝给颜色配对，把回形针夹到对应颜色的卡纸上，还可以让宝宝把相同颜色的回形针穿起来。

糕妈说

生活中，处处都是宝宝锻炼小手的机会，关键是妈妈们要重视起来，多创造机会，让宝宝的小手动起来。这不仅会影响孩子日后的学习和生活，还能让妈妈在辛苦带娃的间歇喘口气儿。

让宝宝多趴，
为翻身做好准备

宝宝从出生时就可以趴着，而且趴着对宝宝有很多好处，可以帮助宝宝锻炼头部、颈部、肩部的肌肉，并促进运动技能的发育。宝宝趴得越久，就能越早学会翻身、肚子着地匍匐前进、用四肢爬行和独坐。另外，趴着也可以防止宝宝睡成扁头。

家长可以让宝宝在自己的大腿上趴着，每天坚持 2~3 次，每次持续几分钟。等宝宝强壮一些时，可以在换尿布或小睡醒来时把他放在地板的毯子上，并在他面前放置适合他月龄的小玩具。当宝宝适应趴着后，要让他有更多的时间趴着，建议 3~4 个月的宝宝每天至少趴 20 分钟。

Tips

宝宝趴着时一定要有人看护。如果宝宝趴着的时候觉得烦躁或者瞌睡了，就给他换个姿势，或把宝宝放进小床里休息。

让宝宝爱上趴着的 5 种方法

| 陪伴宝宝左右 |

在宝宝还未习惯趴着的时候，妈妈要帮助他逐渐适应。妈妈可以陪宝宝一起趴在地板上，跟他讲话，摇拨浪鼓，做鬼脸，玩捉迷藏等；或者妈妈躺下，把宝宝的肚子贴着自己的肚子。

如果宝宝已经可以控制头部（大约 4 个月时），可以带他玩飞翔动作：大人平躺在地上，弯曲双腿，将宝宝的肚子抵住自己的腿，头部对着膝盖，扶稳他，然后弯曲双腿，他会非常享受这样的新视野。

也可以把宝宝放在床上，靠近床沿，妈妈坐在床边的地上，脸靠近宝宝。这个姿势让他更容易与妈妈互动，柔软的床面也会让宝宝觉得很舒适。

Tips

要告诉宝宝的看护人，趴着很重要，宝宝睡着时的仰卧也很重要。

提供些有趣的玩具

在宝宝趴着的时候，给他一些小玩具：支起一本纸板书或放一个玩具在宝宝面前：有灯的、带镜子的、会动的画面、音乐、吱嘎发声的都可以。

Tips

在趴趴垫上玩耍时建议把宝宝的袜子脱掉，使他能触到地面。

训练宝宝独立支撑

当宝宝的颈部有一定的力量时（3~4 个月），在宝宝的胸前或腋下放一条毛巾或一个枕头，把他的手放在枕头前方；如果他试图翻过来，可以用手按住他的屁股。等到宝宝能独立用前臂支起身体后，再把枕头抽走。

Tips

有的宝宝喜欢趴在大的练习球上，家长要一手扶住宝宝，一手控制住球慢慢前后滚动，一定要注意安全。

选择好的训练时机

宝宝练习趴的理想时机是餐后 1 小时，可避免吐奶或胃里反酸。宝宝过饿或过饱时都不适宜趴着。宝宝对趴着的喜爱和时间会随着经验和哄劝而

Tips

给宝宝换完尿布后，让他趴一会儿，他会感觉很舒适、自在。

增加。多数宝宝学会翻身之后会更喜欢趴着，家长一定要看紧宝宝。

了解宝宝的喜好

如果毯子的材质令宝宝不舒服，或是地板太冷，都可能让宝宝不喜欢趴着；有的妈妈发现宝宝可以舔到自己的拳头，他就很喜欢趴着；还有的宝宝只要光屁股，他就很愿意趴着……试试看宝宝趴着时是否愿意让你抚摸。如果愿意的话，这个姿势的抚摸会让他很舒服。

不要以为小宝宝只要吃好、睡好就可以了，家长们要让宝宝多趴，这样可以促进宝宝的生长发育，让他更好地观察、探索世界，还能作为一项亲子活动增进亲子感情！

糕妈说

学会翻身，
自由享受 360°视野

学会翻身是宝宝运动技能发展中的又一个重要里程碑。宝宝从仰卧翻到俯卧通常需要 1 个月左右的时间，大多数的宝宝也能开始尝试着从俯卧翻到仰卧。宝宝翻身有什么意义，妈妈如何帮助宝宝学会翻身呢？

翻身，对宝宝来说意义重大

2~3 个月时，宝宝趴着时会试着抬起自己的头，逐渐地将自己的前胸撑离地面，还会做出踢腿动作，这些迹象表明宝宝的肌肉已经很有力量了，做好了练习翻身的准备了。翻身，对宝宝的成长来说意义重大。

┃能获得更好的视野┃

在翻身之前，除了被抱起，宝宝几乎都在仰视。学会翻身这项技能后，宝宝就可以主动拥有 360°视野来观察世界了！

┃能用更多的方式与外界互动┃

宝宝可以做连续翻滚来移动自己。在这个过程中，宝宝能看到更多的人和物，够到更多的玩具或其他物品，与外界的互动也会增强。

┃为以后的坐起、爬行等发展做准备┃

趴和翻身都能训练宝宝的肌肉控制力和身体各部分的平衡能力。弓起后背、挺起胸、摇晃身体、踢腿、摆动手臂……这些都能为之后的坐起、爬行打下基础。

造成宝宝翻身困难的因素

一般来说，宝宝 3~7 个月时开始翻身都是正常的。如果宝宝翻身进展有点慢，可能是由以下几种原因引起的。

▎体重超重▎

相对于瘦宝宝，胖宝宝可能会更迟一些翻身，其他大动作发展也一样。如果是这种情况，妈妈要想办法让他多活动。即使是宝宝躺着的时候，也可以给他做做按摩操！

▎穿得太多▎

到了秋冬季节，很多宝宝都会被包裹成一个"球"。在厚厚的棉衣棉裤中，宝宝动一下都困难，更别说自由自在地活动身体了。所以，冬天的时候，打开暖气、脱掉棉衣很重要。

▎躺得多、抱得多、趴得少▎

如果宝宝总是被安全地"束缚"在婴儿床、婴儿车或是大人的怀抱里，很少有机会进行身体活动，他就会变得不爱活动。

帮助宝宝发展翻身技能

▎多趴▎

翻身需要头部、颈部和手臂有足够的控制能力，让宝宝在清醒状态下多趴趴，宝宝的运动能力会变得更强。

| 鼓励宝宝翻身 |

把宝宝最喜欢的玩
具放在他身体的一侧，
引导宝宝看到并努力移
动身体去拿玩具。当宝
宝趴着的时候，妈妈坐
在旁边，和宝宝说话、
做游戏，鼓励宝宝抬头
转向你，并向你伸手。多试几次，宝宝就会翻身了！

家长无法预测宝宝什么时候开始翻
身，所以把宝宝放在任何平面上时都
需要特别小心。宝宝会翻身后，就度
过了婴儿猝死综合征的高风险期，家
长就不用太为宝宝趴着睡觉担心了。

糕妈说

对于宝宝来说，翻身是他第一次挑战难度这
么高的动作，他需要时间来练习。有的宝宝不光
白天翻，夜里也在练习，所以宝宝又开始频繁夜
醒了。妈妈需要做的就是温柔地帮宝宝复位，让
他尽快入睡。

宝宝坐起来，意义如此重大

4~8个月的小宝宝们就要开始练习坐了，从晃晃悠悠地被拉着坐、靠着坐，到不依靠任何辅助独立坐稳，这是宝宝成长的一大步，他们观察这个世界的方式也会发生根本的变化。

从趴到坐，是一个循序渐进的过程

┃4个月┃

宝宝出生后，在学趴的过程中，颈部、背部力量不断增强，身体的平衡能力也在一天天提高。到宝宝4个月大时，如果你轻轻拉着宝宝的双手让他坐起，会发现他可以稳稳地把头抬起，不会向任何方向倒下去。

┃5个月┃

当宝宝趴着时能自己抬起上半身了，学坐的时机就到了。当然，每个宝宝的发育程度不同，早点或晚点学会坐，问题都不大，妈妈也不要太焦虑。

Tips

这个阶段，宝宝可能会在没有帮助的情况下独坐一会儿，妈妈应该在他旁边随时准备扶住他，或者用枕头、垫子环绕在他身边，防止他倒下时磕到自己。

|6~7 个月 |

6~7 个月时，大多数宝宝能够脱离支撑的东西学会独自坐，这会大大解放宝宝的双手，更方便他去探索这个美妙的世界。但宝宝刚学会独坐时，大人一定要陪在旁边，加以保护。

|8 个月 |

到 8 个月的时候，宝宝坐起时基本不需要外界的支持了，通常可以用手臂撑住自己。在好奇心的驱使下，宝宝会开始探过身子去捡玩具，并学会趴下，然后重新坐起。

坐起来对宝宝来说意义重大

|可以吃喝更多种类的食物 |

当宝宝在有支撑的情况下坐起时，头部与躯干能保持竖直，一般就不用担心噎住的问题了。这时可以给宝宝尝试更多种类的食物，通常这也是宝宝开始添加辅食的时机。另外，这时候可以开始给宝宝用杯子而不是奶瓶喝水啦。

|能更好地发展精细动作 |

能坐之后，宝宝就会努力"解放"自己的双手，用来触摸、探索周边的物体。在与环境的互动中，宝宝的手指越来越灵活，拍、抓、摸、捞、捏、递等精细动作就这样一步步发展起来，还能同步开发大脑。

|会用更好的方式与别人互动 |

跟一直被抱着相比，能坐起来的宝宝独自探索世界的能力增强，不再完全依赖妈妈。宝宝会慢慢意识到：自己和妈妈不是一体的，和妈妈面对面的交流也变得比躺着时更有主动权，亲子互动变得更有趣。

帮助宝宝学坐的方法

当宝宝得到外部帮助时，他会很乐意坐起，哪怕只是靠着坐，他也会开心。那么，爸爸妈妈怎么帮助宝宝学坐呢？

┃多趴┃

在学会坐之前，鼓励宝宝多趴，这能帮助他锻炼头部、颈部、肩部的肌肉，为直起上半身打下基础。

妈妈可以卷个毛巾垫在宝宝前胸下；妈妈跟宝宝面对面趴着，一抬头就能看到彼此；还可以试着在宝宝面前放一些响铃玩具，宝宝头一抬，妈妈就把铃摇响……总之，要多鼓励宝宝练习抬头。

┃靠坐┃

一旦宝宝有了足够的力量抬起上半身，就可以开始帮他练习坐了。比如用手扶住他；用枕头撑住他的背；或者将他放在沙发的拐角处，让他学习平衡身体。相信宝宝很快就能学会"三足鼎立"，即身体前倾，用两只手臂帮忙平衡上半身。宝宝在练习保持平衡时，你可以在他面前摆一些鲜艳、有趣的玩具，吸引他的注意力。靠着坐，不仅能让宝宝看世界的视角焕然一新，还能帮助宝宝强健肌肉，为独坐打好基础。

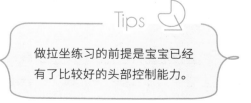

Tips

做拉坐练习的前提是宝宝已经有了比较好的头部控制能力。

‖拉坐‖

你可以拉着宝宝的手，帮他从躺的姿势，轻轻拉成坐的姿势。然后让他躺下，再继续拉起，宝宝很享受这样来回的运动。拉坐可以作为一个日常游戏，每天做几次，每次持续 5~10 分钟。在练习的同时，你可以多和宝宝说说话，这也是一个很好的亲子互动时间。

‖坐直‖

让宝宝背朝你坐着，你可以用胸膛和双手护住随时可能倒下的宝宝。同时，可以用玩具逗引宝宝，但保持玩具平行或高于宝宝，引导宝宝挺起胸膛，练习坐直。

宝宝会坐后的问题

‖翻倒‖

宝宝刚开始练习坐时，还不能很好地控制平衡，会经常翻倒，所以要让宝宝在柔软的地方进行练习（比如爬行垫上），并确保周围没有尖锐的物体，同时避免让宝宝坐在椅子、沙发、床等的边缘位置。

‖移动‖

一旦宝宝有足够的力量让自己坐起来，他就有可能用新的方式来移动自己，无论婴儿摇椅、餐椅或者童车都不是绝对安全的地方，妈妈千万要小心。

‖误食‖

学会独坐后，宝宝的活动范围增大了，双手也解放了。这时候妈妈的烦恼是宝宝抓到什么都往嘴里塞，误吞小东西的危险也就来了。孩子独自坐着玩的时候，妈妈千万不能太大意，一定要清空他身边的危险杂物，并随时关注宝宝。

| 坐姿 |

在宝宝学会独坐后，要注意观察宝宝的坐姿是否正确，如果出现"W坐"或"跪坐"，要及时帮他纠正过来。

"W坐"容易让宝宝的髋关节脱位，还会加重肌肉紧张甚至挛缩。如果宝宝有肌张力增高的问题，那么"W坐"姿会造成宝宝的运动模式异常。另外，宝宝在"W坐"的时候，身体的转动会减少，会影响他的用手偏好。他会习惯于用右手抓身体右侧的东西，用左手抓身边左侧的东西，而不会手交叉去拿另一边的东西。

"跪坐"容易加剧小腿弯曲，造成宝宝日后"O形腿"或"X形腿"。妈妈可以投其所好，给他添置些新玩具，玩玩具时给宝宝规定正确坐姿；还可以给宝宝背后垫个靠枕，帮助其放松背部肌肉，让他坐得更舒服。

学坐时，妈妈担心的问题

| "宝宝太小，不能坐着？" |

小宝宝虽然不会说话，但他会用行动来表示他能不能坐。如果他还没有能力坐，你让他靠着坐时，他的身体会支撑不稳，滑下来倒向一边。宝宝学会坐了以后，如果坐的时间太长，他也会发出信号的，比如明显表现出不开心，或者身体滑向一边。

需要注意的是，新生儿的颈部和背部肌肉还未发育强健，很难支撑自己的头部和身体。3~4个月时，宝宝能支撑自己的头部了，才可以开始让他借助支撑物靠坐。

"我的宝宝还没有开始学坐，是不是发育迟缓了？"

大多数宝宝在 6 个月左右的时候能做到独坐（不用倚靠物），但也有 4 个月就能坐起的宝宝，还有直到 8~9 个月才能坐的宝宝。其实，这些都处于正常的范围内。如果宝宝 9 个月了还没有学会独坐，就需要引起重视，建议去正规医院的儿童保健科咨询医生，千万不要一边在网上搜索一边瞎担心。

糕妈说

　　无论宝宝发育到哪个阶段，总有一些焦虑的妈妈，生怕宝宝发育落后或者不正常。宝宝发育确实有"里程碑"，但我们没有必要将其奉若"圣经"。

　　对于每一个阶段或者"里程碑"来说，正常的范围很广，只要宝宝按着自己的节奏在一步步成长，妈妈就不用过于担心。如果你真的非常担心宝宝发育缓慢，建议还是去正规医院的儿童保健科咨询医生，千万别一边在网上搜索一边瞎担心。

关于宝宝爬行，你应该知道的一切

很多妈妈会有这样的担忧：宝宝不会爬是不是会影响走路？该怎么引导不想爬的宝宝？爬行姿势很奇怪怎么办？关于宝宝爬行，妈妈应了解哪些方面呢？

爬行对宝宝的意义

① 用手和膝盖着地的方式爬行，让宝宝的手和腿来承受身体的重量，能让宝宝的骨头更结实，肌肉更强健，身体的协调性更好，为日后的站立、步行打下基础。

② 宝宝从躺、趴、坐"进化"到爬行，是一个质的飞跃，大大扩展了宝宝的视野和接触范围。通过视觉、听觉和触觉等感官刺激，能促进宝宝全方位的发展。

③ 爬行还对视力发展也有帮助。宝宝爬行的时候，会用两只眼睛盯着一个目标，这就是所谓的"双眼视觉"。他们一会儿看看远处，一会儿看自己的双手，这个过程能帮助他建立距离的概念。这也是认知能力上的锻炼。

④ 爬行技能的掌握能让宝宝用一种全新的方式与大人沟通。研究发现，当婴儿会移动自己的时候，他对照顾者的感情随之增加，会更黏人。

宝宝学爬过程中常见的四种状况

宝宝的爬行动作通常在 6~10 个月开始变得纯熟。但宝宝并非一开始就以标准的动作爬行（双手双膝支撑往前爬），他可能会出现以下状况。

☆**向后退**：向后退是最初也是最常见的一种"爬"，由于宝宝手臂肌肉比腿部发育得更好，他可能会推着自己一路倒退，而不是向前。

☆**肚子贴地爬**：这种状况容易发生在胖乎乎的宝宝身上。虽然宝宝努力挥动着四肢，双臂也能撑着往前，但肚子就是不能离地，只好贴着地面前进了。

☆**匍匐前进**：有时候宝宝还没有学会协调身体，但他已经找到了手臂和腿同时用力来移动自己的窍门。因此，宝宝会用单侧的手臂和膝盖来移动自己，就好像是趴在地上匍匐前进的战士一样。

Tips

并不是标准的手膝爬才叫爬，宝宝用什么方式来移动并不重要，重要的是宝宝正在努力实现独立运动。

☆**翻滚着前进**：宝宝总是能找到方法来移动自己（甚至不是用爬的），比如用"翻滚"来移动自己；或者一屁股坐在地上然后向前蹭；或是以半坐的状态拖着一条腿向前"边坐边爬"……

如何帮助宝宝更好地爬行

☆**重视趴**：让宝宝（清醒状态下）多趴，有助于他锻炼头部、颈部、肩部的肌肉，为爬行做好准备。

Tips

前面几节讲到的趴、翻身、坐，这些锻炼与发展，其实都是为了爬行做准备。

☆**提供爬行的机会**：给宝宝提供足够大的、安全的探索范围，让他尽情翻滚、后退、摆动并探索四肢的作用！

☆**为宝宝提供有吸引力的"促爬物"**：试着在宝宝能够到的地方放一些有趣的东西，比如小玩具、食物等，让宝宝有动力移动自己去获取。

☆**设置障碍物**：当宝宝的灵活性加强之后，用枕头和沙发靠垫，在他的爬行路线上设置一些小障碍物，让他从障碍物的上面或旁边爬过去。你也可以藏在其中某个障碍物后面，用"躲猫猫"来给他惊喜。不过，这些障碍物会对宝宝的安全造成一些潜在的风险，家长们一定要做好看护，不能把宝宝单独留在这些东西旁边。

Tips

别把难度设置得过高，如果物品离宝宝过远，宝宝力所不能及，反而会让他产生挫败感。

Tips

爬行的好处的确很多，妈妈应该多鼓励宝宝爬行。对宝宝来说，爬行是一种可选技能，有的宝宝跳过爬行直接学习走，妈妈也别太焦虑或者是强迫宝宝非要学爬不可。但如果宝宝 10 个月了还不能运用肢体来移动身体，应当带他去做检查。

糕妈说

　　爬行，对于原本只会眨眼、微笑、吐泡泡的小宝宝来说，简直是"跨世界"的一大步。他们从爬开始，就能自主地探索这个世界的美好与神奇，未来也将依靠爬行慢慢地学习行走。自此，新世界的大门逐渐打开了，迎接宝宝的是更加神奇的未来。

站立，宝宝学走路前的重要"里程碑"

随着宝宝的成长，爬行已经不能满足宝宝探索世界的欲望了，他想要更高的视野，热衷于抓住一切机会站起来。在宝宝学站的过程中，父母要做好哪些保护措施，又该如何帮助宝宝更好地站立呢？

关于站立，妈妈常见的困扰

学会站起来后，宝宝不应该高兴吗？为什么有时候宝宝的表情会变得尴尬，甚至还会哭着"求救"呢？因为刚开始学站立的宝宝，大多还没学会"蹲下"这个动作，站起来了却不知道怎么重新坐下去。如果宝宝哭着寻求帮助，就耐心地为他示范如何弯曲膝盖，让身体慢慢降落到地板上，而不是"扑通"摔倒。教会宝宝如何用屁股坐下，不仅能让他信心大增，还能减少日后不必要的烦恼。

有的宝宝在很小的时候就喜欢站立，一般是大人用双手扶着宝宝的腋下，让宝宝稳稳地站立在自己的大腿上。不少妈妈会担心，这样做是否会对宝宝造成伤害。其实，只要宝宝是在安全、开心的状态下站立，就不用担忧。站立能让宝宝学会控制身体的平衡，为之后的行走打下基础。如果宝宝是自己抓着东西要站起来，那就更不用担心了。

父母要为宝宝学站做哪些准备

☆**是否给宝宝提供了足够的运动空间**：如果宝宝一天中大多数时候都待在婴儿背带、婴儿车或者是狭小的游戏床里，他就不能很好地练习站立或学步。让宝宝学会站立，妈妈首先要学会放手，把宝宝放在地板的垫子上，让他想爬就爬，想站就站。

☆**是否给宝宝提供了安全的场地。**很多宝宝最初会借助婴儿床的栏杆学习站立，所以要提前消除安全隐患。将婴儿床的床板调到最低一挡，并移除床上所有的东西（避免宝宝借助其他物品爬出床）；或者干脆把宝宝抱离婴儿床，让他在游戏围栏里活动。

帮助宝宝更好地站立

☆**光脚比穿袜子要好**：夏天的时候，很多人家里都铺了凉席，宝宝如果穿着袜子站在凉席上，由于足底的摩擦力不够，加上宝宝站立平衡能力较差，很容易滑倒。

☆**确保家具的安全**：在家里，宝宝常常会尝试借助家具站起来。父母需要为他设立一个安全的探索环境，确保家具不会因外力翻倒。最好将书架、立柜、电视等家具固定在墙上。

☆**把玩具放得高一点**：把玩具悄悄放在沙发的垫子上，宝宝看到后就会想要去拿，他就会发挥自己最大的能力，站起来去够玩具。

☆**鼓励宝宝玩推拉玩具**：推拉玩具不仅可以供学步用，也可以成为宝宝学习站立的好伙伴。这类玩具可以很好地让宝宝锻炼平衡感。等他能很稳地站立，就会开始从推动玩具，逐渐过渡到行走。

Tips

美国儿科学会建议，不要给宝宝使用传统学步车。因为它不仅会增加宝宝的依赖感，让宝宝更晚学会走路，还存在很大的安全隐患。固定的弹跳椅或带有扶手的、有一定重量的推拉玩具，都是学站、学步的好帮手。

站立是个很短暂的阶段，也许你还没有发现宝宝在练习站立，他就已经开始学步了。站立是一个"里程碑"，正因为具备了站的技能，宝宝才能从"爬行动物"进化到"行走的人"。

宝宝学会走路，
你一定要知道的 4 个问题

在全家人的期盼下，宝宝终于迈出了人生的第一步。同时，这是妈妈非常担心也是最累的过程。看着宝宝一步步走向自己，所有的辛苦都会化为幸福。

宝宝什么时候学走路才正常

一般来说，宝宝 9~15 个月开始学走路都是正常的。学会走路 6 个月后，大部分宝宝就能走得很好了。影响宝宝学步时间的因素有很多，比如宝宝的性格、体形、以前摔跤的经历等。

有些宝宝天生是"冒险家"，他们不怕尝试、不怕摔倒，很早就开始学走了；也有些宝宝相对谨慎一些，要等完全准备好才愿意开始尝试。妈妈们不要拿宝宝和周围的小朋友比较，让宝宝自己决定什么时候迈出人生的第一步。

如果宝宝已经满 18 个月了，还没有踏出第一步，妈妈就需要寻求医生的帮助了。

宝宝这些走路姿势都是正常的

宝宝走路怎么是"O 形腿"呀？好不容易不那么明显了，又变成"X 形腿"了，有时候又像芭蕾舞演员一样踮着脚走路……其实，大多数宝宝的膝内翻（"O 形腿"）、膝外翻（"X 形腿"）和踮脚走路都属于正常的生理现象。这些现象和妈妈怀孕期间宝宝被挤压在子宫内，宝宝初学走路缺乏经验以及韧带、骨骼尚未发育完全等因素有关。一般"O 形腿"和踮脚走路的姿势会在宝宝 1 岁半 ~2 岁时消失，"X 形腿"的情况也会在宝宝上学前（5~7 岁）得到改善。如果发现宝宝两条腿的弯曲程度不一样，走路受到影响，甚至出现疼痛，就要及时咨询儿童保健科医生。

宝宝经常跌倒怎么办？

宝宝在学步期，摔跤是很自然的事。起初，宝宝还不太会掌握平衡、控制速度，也不知道该如何停下。只有通过一次次摔倒，宝宝才能逐渐掌握走路这项新技能。

妈妈要做的不是防止宝宝摔跤，而是保护他不要受伤。给宝宝营造一个安全、柔软的学步环境，比如在地面铺上地毯或爬行垫，确保四周没有凸起的角或容易跌落的物品，地面不会太滑。宝宝摔倒时，妈妈不要表现得大惊小怪，给宝宝一个安慰的拥抱，鼓励他继续练习，这样宝宝也会觉得摔跤没什么大不了的。

3 个方法帮助宝宝更快、更好地学会走路

|使用辅助物|

宝宝学会站立之后，家长可以让宝宝扶着家具或者其他东西走，前提是这些物品都是固定的，并且不会给宝宝带来任何安全隐患。妈妈双手放开，可能会让宝宝没有安全感，但是旁边有沙发之类能让他依靠的东西，他的安全感就会有所增加。等宝宝慢慢习惯了扶着家具走，家长们可以渐渐引导孩子自己走。

|给宝宝配备移动的辅助玩具|

在学步初期，给宝宝选一个速度不那么快的小车，让宝宝自己推着走，

他会很有成就感。抓握的地方一定要稳固，否则容易伤到宝宝。

光脚比穿鞋更好

对于初学走路的宝宝，没有什么比光着脚丫更好的了。在室内，让宝宝光脚走路不仅能刺激他的脚底神经，促进血液循环，加强足弓，强健脚踝，还能让宝宝的脚趾更牢固地抓住地面，防止滑倒。如果天气寒冷，可以给宝宝穿上一双防滑袜。带宝宝外出时，要给他挑选一双柔软、防滑、合脚的鞋子。不要给学步期小孩穿高帮鞋，这不利于他的脚踝发育。

糕妈说

学走路是宝宝 1 岁以后最重要的活动之一。在这个过程中，妈妈会有很多担心和困惑，但随着宝宝长大，走路的动作不断强化，妈妈担心的许多问题都会迎刃而解。

影响宝宝"颜值"的四大要素

宝宝的头型、气质、体形、神态，在很大程度上取决于后天的养成，这跟父母的养育方式有很密切的关系！而且，养育方式对"颜值"的影响，从宝宝出生的时候就开始了。

头型

┃影响宝宝头型的几个因素┃

其实，宝宝在妈妈肚子里的时候都是圆脑袋，但是，他们来到这个世界的方式和出生后的睡姿都会改变他们的头型。宝宝的头骨是非常柔软的，顺产的宝宝在通过产道的时候，头型会发生改变。所以，有些新出生的宝宝，脑袋又长又尖，看起来不太美观。而剖宫产的宝宝，头型看起来会更圆一些。此外，宝宝出生后的睡姿也会造成头部形状的改变。

┃让宝宝头型更好看的几种方法┃

很多人觉得宝宝出生时头型不好，就会给宝宝用大米或者谷粒做成的枕头，或者给孩子使用"定型枕"，让他固定用一个姿势睡觉，认为这样可以睡出一个漂亮的头型。实际上，很多育儿专家不建议给刚出生的宝宝用枕头，否则会增加睡眠中窒息的风险。而且，强制宝宝用一个姿势睡觉，很可能会引起睡姿性扁头，也就是我们常说的"大扁头"。如果希望宝宝有个完美的"问号头"，就要通过一些人为的干预，让宝宝的头型更饱满、更好看。

☆**注意更换睡觉、喂奶的方向。** 新出生的宝宝，基本上除了吃就是睡，每次睡着后，妈妈们要把宝宝脸的朝向换一换，避免总是挤压脑袋的同一侧。如果宝宝已经习惯了朝向同一边睡觉，比如小床的某一边，或者总是朝向妈妈，那么可以让宝宝在床的另一头睡觉。妈妈喂奶的时候，也要注意换边。小宝宝吃奶的时间比较长，柔软的头骨会受到妈妈手臂的压力而缓慢地改变形状。

☆**多抱起宝宝。** 在宝宝清醒的时候多抱抱他，也可以把宝宝放在摇篮、摇椅、背带、座椅上，减轻床铺对宝宝头部的压迫。

☆**多让宝宝趴着。** 在有看护的前提下，让宝宝多趴着玩，这样可以减少外力对宝宝脑袋局部的压迫，也可以让头骨的压力均匀分布，对矫正头型有很大好处。

☆**多和宝宝互动。** 家长们可以多动动脑筋，比如把宝宝放在某个可以注意到你的地方，然后跟他玩"躲猫猫"的游戏，让他转过头来找你；也可以挪动小床的位置，让他换个角度看世界。

如果宝宝的头型看起来很不对劲，建议在给宝宝体检的时候咨询一下医生，看看是否需要医疗上的帮助，比如佩戴头盔。

头发

|让宝宝头发茂盛的谣言|

很多老辈人看到宝宝头发比较少会建议年轻妈妈用生姜给宝宝擦头皮，或者给孩子剃光头，认为这样能使宝宝的头发长得更茂盛。其实，这些方法没有任何科学的依据。而且，生姜汁会给头皮带来灼热感，"辣"得宝宝很不舒服。

婴儿的头皮非常娇嫩，在剃头的过程中，刀片容易对宝宝的头皮造成许多肉眼看不到的伤痕，从而损伤表皮毛囊组织，为病菌打开缺口，使其乘虚而入。因此，无论是想给宝宝做胎毛笔留作纪念，或者剃百日头讨彩头，从预防感染的角度考虑，剃短要比剃光更合理、更安全。糕妈建议为宝宝准备一套"专用"的婴童理发器，以确保卫生、安全。

Tips

眉毛、睫毛等毛发，多剪也不会多长。有些妈妈听说，剪掉宝宝的睫毛会变成人人羡慕的长睫毛，这种说法不仅没有依据，万一剪的时候不小心，伤害到宝宝的眼睛，更会让你后悔莫及。

宝宝头发少怎么办？

和出牙晚一样，1 岁内的宝宝不长头发是正常的，但这并非预示着宝宝长大后会头发稀少，只是因为宝宝的毛囊还没发育健全。2 岁之后，大部分的宝宝都会长出茂盛的头发来，但这与是否多剃、是否用了偏方没有关系。

头发的生长需要蛋白质，所以要确保足量的蛋白质摄入，如蛋类、乳类、瘦肉、海鲜等。而且，这些蛋白类食物还富含锌、铁，都是对头发生长有益的元素。另外，ω-3 脂肪酸能滋养毛囊，维生素 D、维生素 E 能促进头发生长，可以多补充些富含这些物质的食物，如三文鱼等深海鱼类或坚果类。此外，还可以多吃点粗粮、绿叶蔬菜、豆类、深色水果等，因为它们富含水溶性维生素 B、维生素 C 和矿物质，有利于头发生长。

"小黄毛"是因为体内缺乏微量元素吗？

"小黄毛"很可能是遗传。如果营养不良或体内缺乏微量元素，宝宝的头发除了会枯黄、干燥、没有光泽，发质会比较差外，一般还会有别的症状。如果你家宝宝的"小黄毛"只是细软、发量不多、颜色稍淡，但依然富有光泽，那你就不用担忧，随着宝宝年龄增长，他的头发会逐渐黑亮、浓密起来的。

| "枕秃"，真没你想的那么严重 |

"枕秃"是婴儿的正常脱发，这种情况常常发生在与床垫、枕头摩擦的头皮部位，特别躺着的时候有摇头习惯的宝宝。随着宝宝的运动技能的发展，当他能够自己坐起来，不再用头在床垫上蹭、摇的时候，枕秃就会好转了。

身高

一个高挑的身材，无形中能增加人的自信。有句俗话叫作"颜值不够，身高来凑"，尤其是男生。那么，宝宝的身高和哪些因素有关呢？

| 遗传占大头 |

父母个子高的，孩子一般都矮不了。而且，基因除了影响宝宝成年后的身高，也会影响他长高的模式。比如你小时候不算高，但从青春期开始长成高个子，那么你的宝宝很可能也会跟你一样。

| 营养很重要 |

均衡的饮食和充足的营养，可以为宝宝的生长发育提供支持。现在生活水平提高了，在"吃"这件事上，重要的不是给孩子吃多少，而是吃得对不对。儿童时期摄入的蛋白质，对未来的身高会有很大的影响。此外，矿物质（尤其是钙）、维生素等也很重要。所以，在宝宝的饮食中，奶类、肉类、水产类、绿色蔬菜等要均衡摄入。宝宝长期奶量不足也会影响身高。

提醒想让宝宝快点长高、长壮的妈妈们，不要因为某一类食物好就过量摄入，更不要盲目地给宝宝吃各种补充剂，食物永远是最天然、最利于吸收的营养来源。

▎睡眠要充足▎

大约 80% 的生长激素都是在睡眠中分泌的。让宝宝养成良好的睡眠习惯，每天在差不多的时间上床睡觉，不仅能让他充分休息，对他成长发育的其他方面也是很有好处的。大多数宝宝平均每晚需要 10~12 小时的睡眠。每个宝宝的个体差异很大，不用强求睡的时间相同。但妈妈们一定要留意宝宝的困倦信号，太疲惫反而更不容易入睡。

▎运动别落下▎

有机会多陪宝宝玩一些伸展类或跳跃类的游戏，增加宝宝跑动和跳跃的机会。等宝宝大些了，还可以一起游泳、跳绳，玩球类运动，游戏长高两不误。

体态

体态是体现气质非常重要的方面。亭亭玉立、婀娜多姿、身姿挺拔、英姿飒爽，是对一个人体态的赞美。妈妈要想培养一个"站得直、行得正"的宝宝，几个小细节可不能忽视！

▎驼背▎

如果从小走路习惯不好，做不到抬头挺胸，体态明显不会好看。所以，想让宝宝拥有好的体态，一定要从小抓起。刚生下来的宝宝，脊椎只有一个弯，像字母 C 的形状。宝宝 3 个月左右学会趴着的时候就会抬头了，于是他的脊椎发生了第一个弯曲；宝宝 8~9 个月能稳稳地坐时，胸部附近的脊椎会变直；宝宝 1 岁~1 岁半学着站立行走时，腰部脊椎会发生弯曲，这时脊椎就发育成 S 型了。

宝宝驼背的问题不仅出在宝宝自身身上，家长平时的错误抱姿、过早让宝宝学坐，都有可能导致宝宝驼背。所以，预防宝宝驼背，家长的责任重大。那我们应该怎么做呢？

首先，家长要顺应宝宝的脊椎发育规律，在宝宝还不能自己抬头时，竖抱时要托住他的头颈部，以免对宝宝脊椎造成压力；也不要过早地让宝宝学坐、站、走。

其次，在宝宝能独坐前，尽量选择可以躺的推车，因为此时脊椎与附近肌肉还不足以支撑宝宝的头重，会给脊椎带来压力，影响脊椎的正常发育。但也不能让宝宝躺太久；可以独坐后，也不要让宝宝久坐，否则容易限制脊椎的正常发育。

| 婴儿斜颈 |

有些宝宝平躺时总是习惯性把头偏向一侧，坐着的时候也会固定转向一边，喜欢偏着头看人；有些宝宝头颈部左右转动时转向角度不均；有些宝宝不愿意转脖子，或者他尝试努力转向你，却失败了；有些宝宝吮吸某一侧的乳房会很费力；有些宝宝会出现脸部左右大小不对称；有些宝宝的颈部会有一个小肿块，摸起来感觉像一个结节。

如果发现宝宝出现上述症状，就要立刻带他去医院诊断、治疗。医生可能会给宝宝做颈部 B 超检查，以确定宝宝斜颈的类型和治疗方案。妈妈们也不用太担心，大部分斜颈可以通过颈部的牵伸运动来治疗。

平时在家，妈妈可以帮宝宝做一些练习来矫正颈部。比如拿个颜色鲜艳的响铃玩具吸引宝宝的注意力，使宝宝能够双向转动脖子；妈妈喂奶时，可以多采用与

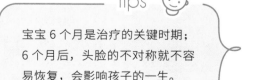

Tips

宝宝 6 个月是治疗的关键时期；6 个月后，头脸的不对称就不容易恢复，会影响孩子的一生。

斜颈一侧相反的体位；宝宝躺着的时候将他斜颈的那侧朝向墙，宝宝会因为喜欢看周围的环境而转动脖子。如果发现宝宝的症状并不能通过运动得到缓解，那就需要马上去医院进行治疗。

宝宝 3~6 个月时，通过运动治疗斜颈效果最好。有些宝宝通过 6 个月的运动，斜颈症状能完全消失，而有些宝宝可能需要一年甚至更长。

┃斜肩┃

宝宝斜肩有可能是脊椎发生了侧弯，常常会伴有胸廓畸形、骨盆倾斜、髋部向一侧突出，站立或者走路时倾向一边。如果发现宝宝有这类

多趴可以锻炼宝宝的颈部和肩部的肌肉，对婴儿斜颈有一定的矫正作用；还能促进宝宝脊椎曲线发育，预防驼背！

问题，妈妈可以带宝宝去医院拍 X 射线来确定侧弯的曲度。一旦确诊是脊椎侧弯，就需要定期进行检测，以确定侧弯曲度是否加重。如果曲度在 20~40 度，而且骨骼发育不成熟，医生会建议通过电刺激或支具进行矫正治疗，过于严重则需要进行手术治疗。

糕妈说

在这个"刷颜值"的时代，良好的仪态、靓丽的外表，就是做父母的给孩子的第一笔财富。咱们总说什么"气质佳""颜值高""肤白貌美大长腿"，其实不就是那些硬指标——头发浓密、皮肤白皙、眼睛有神、牙齿整齐，再加上仪态和气质吗？

颜值这事儿，三分天注定，七分靠打拼。宝宝的颜值，除了靠父母的良好基因，还靠父母的"小心机"哦。

都希望宝宝白白胖胖，
却不知早熟危机悄然而至

在传统的"宝宝审美观"里，白白胖胖确实是一项很重要的指标，也是老人们通常用来比较和炫耀的资本。对宝宝来说，稍微肉一点很可爱，但如果太胖的话，则会有很多风险！

胖宝宝可能面临的挑战

┃增加患病风险┃

肥胖会增加宝宝患糖尿病、高血压、心脏病等疾病的风险，同时肥胖会让宝宝呼吸困难，更易引起哮喘、阻塞性睡眠呼吸暂停等。

Tips

很多妈妈在孕期会被医生要求合理控制体重增长，不要把胎宝宝养得太胖，避免生出巨大儿，这其实也是为了防止孩子未来过胖带来的疾病隐患。

▎长大后也会胖▎

肥胖的孩子易被取难听的绰号，被欺负、戏弄，会让孩子比较自卑，甚至引起抑郁。肥胖儿童脂肪细胞的数量会明显增加，而且，它们是不会自动减少的，所以小时候不胖很重要。

▎性早熟是个大问题！▎

肥胖还可能会引起性早熟，尤其是女宝宝。性早熟会让宝宝提前停止生长和发育，影响他成年后的身高。女宝宝在成年后可能会出现月经周期不规律的情况，甚至影响生育。另外，性早熟会让孩子提前出现第二性征，不只让他们觉得尴尬和困惑，还容易被同龄人排斥和嘲笑，影响他们的情绪和行为。

帮助宝宝有个好体形、好身体

如果不希望孩子面临痛苦的减肥，从小就应该让他保持一种健康的生活方式。正确做法有以下几点：

▎健康的膳食结构▎

保持体形，首先要管住嘴。宝宝不可能像大人一样节食，但可以通过调整饮食结构来减少高热量食物的摄入，比如少吃薯片、薯条等油炸食品，保证每天的饮食包含四大类食物：谷物、鱼肉蛋豆、蔬菜水果、奶或奶制品。2岁之后，超重的宝宝可以改喝低脂牛奶，多吃瘦肉，一周不要吃超过 3 个鸡蛋或蛋黄。

▎在合适的时间吃点心▎

宝宝胃口不大，但消耗量大，正餐之外需要吃点心。在早、午饭之间，午、晚饭之间和晚上睡觉前吃点心比较合适。可以给宝宝吃一些有营养但热量不高的点心来补充能量。切成薄片的新鲜水果、无糖的酸奶、低钠的奶酪、低糖的全谷物麦片、全麦面包、低糖低盐的饼干等，这些种类的零食都是很健康的。

如果你家的宝宝是个小吃货，总想吃零食，只要看到好吃的就馋，那就得想办法分散宝宝的注意力，给他讲个故事，或者陪他玩游戏。父母最好也不吃零食，或者把零食藏好，不要诱惑宝宝。

┃不要吃得太快┃

当我们吃得很快的时候，往往会不知不觉吃很多，等感觉饱了的时候，就有点撑了。细嚼慢咽不仅对消化系统有好处，还能帮助控制体重。如果大人总是拼命给宝宝喂饭，会让宝宝在无形中吃得更多。要多鼓励宝宝自己吃饭，不要逼宝宝把盘子里的食物吃完。当宝宝不停往嘴里塞食物时（特别是他爱吃的零食），想办法分散他的注意力，让进食速度慢下来。

┃减少看电视的时间，多进行户外活动┃

很多小朋友爱看电视，还喜欢边看电视边吃零食，这样无形中会摄入过多的热量。所以，要适当控制宝宝看电视的时间，更不要让宝宝边看边吃。多带宝宝进行户外活动，还可以预防近视。

判断宝宝是否超重的标准

如何判断宝宝是否超重呢？我们可以借助体重指数 BMI 来估算身体脂肪含量。

体质指数（BMI）= 体重（kg）÷ 身高（m）的平方

妈妈们算好 BMI 之后，可以按照年龄对照下图：

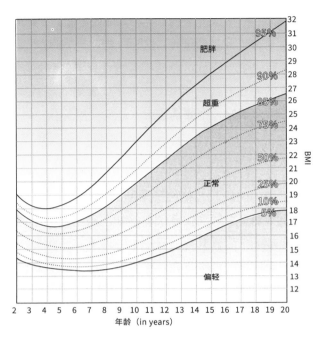

图注：横轴代表年龄，纵轴代表 BMI 指数。图片来源于 http://www.parents.com

2~19 岁孩子的体重指数可分为 4 类：

☆**体重偏轻**：BMI 在 5%以下。

☆**正常体重**：BMI 在 5% ~85%。

☆**超重**：BMI 在 85% ~95%。

☆**肥胖**：BMI 在 95%以上。

自己用卷尺和体重秤测量可能会不准确，所以最好使用在医院或学校体检时测出的身高、体重数据。

判断孩子生长发育的黄金标准
——生长曲线

每个妈妈都希望孩子高高壮壮、健健康康的。那瘦就代表不健康吗？到底怎么判断孩子的生长发育达不达标呢？

美国儿科学会、世界卫生组织（WHO）等权威机构认为，判断孩子的生长发育是否达标，关键要看生长曲线！

生长曲线

简单来说，生长曲线就是一张记录有身高、体重等生长发育数据的图表。它能告诉我们：和同龄人相比，孩子的生长发育状况大概处于什么位置。通过连续记录，我们还能观察孩子的生长发育轨迹，及时发现问题。

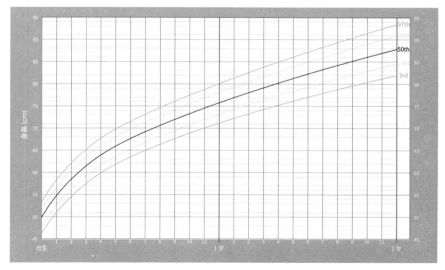

0~2 岁男宝宝身长发育曲线图

图注： 上面这张图是 0~2 岁男宝宝身长发育曲线图（本节图片均来自世界卫生

组织）。横轴代表月龄，纵轴代表身高（也可以是体重或头围）。

图上有 5 条不同颜色的参考曲线，分别标注了 97、85、50、15、3 这些数字。这些曲线代表的是相同性别和年龄的小朋友中，身高达到该数值的百分比。曲线位置越高，相对应的身高、体重、头围数值也越大。

把体检时测到的数据记录到图表上（如下图所示）。比如女宝宝现在 3 个月，身长 62 厘米，先在横轴找到对应的月龄 3，然后向上延伸，找到 62 厘米的位置，在相交的地方画个点。你会发现这个点大概在 85% 这条曲线上，说明她的身高超过了 85% 的同龄女宝宝。坚持记录一段时间，把得到的点相连，就是宝宝自己的身高曲线。

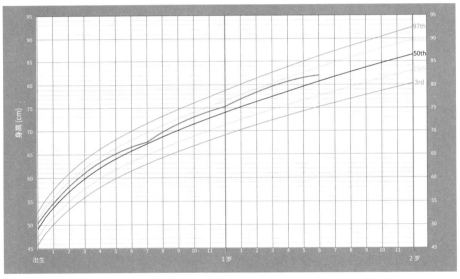

0~2 岁女宝宝身长发育曲线图

上面这张图是根据一位女宝宝的真实身高画出来的。虽然图上的曲线有一些波动，但一直介于 50% ~85%。而且宝宝其他各方面发育得都很好，所以是正常的。

生长曲线测量数据

0~2 岁的宝宝，需要测量身长（身高）、体重和头围。2 岁前，躺着测量身长；2 岁后，以站立姿势测量身高。头围是指绕头一周的最大长度，一般用卷尺测量。

为什么要测量头围呢？宝宝的头围可以反映大脑的发育状况。如果宝宝的头明显比同龄人大或小，头围突然增长得很快或停止增长，都可能预示着大脑发育出现了问题。比如头特别大可能是因为脑积水，头特别小可能提示大脑发育异常或停滞。

2 岁后，除了身高、体重，还可能会增加体质指数（BMI）这项指标，以反映孩子体形的匀称度，提示是否有肥胖或营养不良等问题。

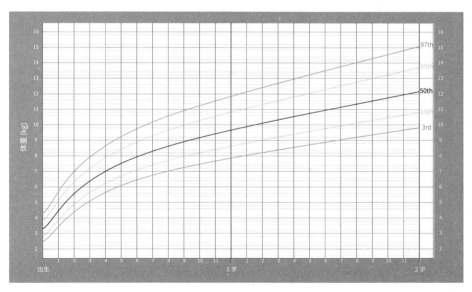

0~2 岁男宝宝体重发育曲线图

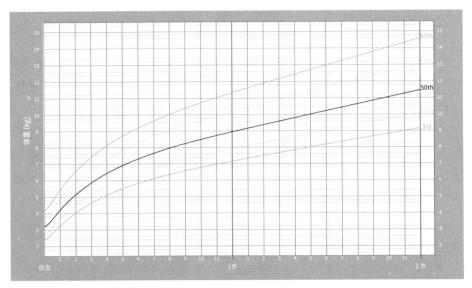

0~2 岁女宝宝体重发育曲线图

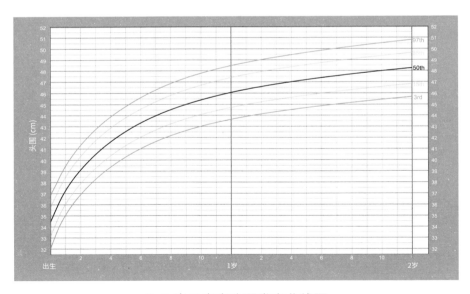

0~2 岁男宝宝头围发育曲线图

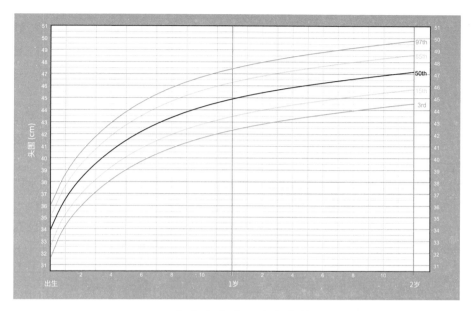

0~2 岁女宝宝头围发育曲线图

以上四张图的绘制方法如 0~2 岁女宝宝的身长发育曲线图，这里不再赘述。

生长曲线的常见误区

虽然生长曲线看起来很简单，但真正能看懂它的家长并不多。一些常见误区有：

▎指标在 50% 这条均线以上，才算健康 ▎

生长曲线不是孩子生长发育的"成绩单"，各项数值也不是越高越好。每个孩子都有自己独特的生长发育步调，会受到遗传、营养、锻炼、健康状况等方面的影响。所以，妈妈们在看宝宝的曲线图时，不必特别在意 50% 这条均线。如果因为宝宝的身高在均线以下，就一味地让他多吃，结果喂成个胖宝宝，反而不利于孩子的健康。

结论：数值在 3% ~97% 都算正常。

只关注数字，不重视变化趋势

很多家长觉得只要曲线在均线以上就放心了，最好能一直往上涨。其实，相比某一次测量的数值，生长曲线在一段时间内的变化趋势更重要，包括曲线的稳定性，身高、体重的匹配度等。

比如 A 宝宝的身高、体重一直落在 10% 的曲线上，虽然相比同龄人体形偏瘦小，但只要其他方面表现正常（大动作发展、语言发展、认知发展等），那他就是个健康的宝宝。如果 B 宝宝身高稳定在 50%，体重突然从 50% 跳到了 85%，而且因为体形较胖不爱运动，大运动发展滞后，他反而不如瘦小的 A 宝宝健康。

结论：生长曲线稳定增长，和某一条参考曲线基本平行，就是正常的。短时间内波动太大，甚至偏离两条曲线，应及时看医生。

曲线一下降，就担心得要命，不会找原因

很多家长一看到宝宝的生长曲线下降，就会很焦虑，拼命想让孩子多吃点，反而容易弄巧成拙。我们要善于从曲线的变化中找原因。

很多因素都会让宝宝的生长曲线看起来不那么理想。比如宝宝出现了厌奶期，身高没有增长；会走路后活动量增加，宝宝会变“瘦”；1 岁后身高受遗传因素的影响变大，体重增长也会自然减缓；宝宝的穿着，也容易让体重出现误差。观察宝宝的生长曲线时，别忘了结合生长发育的其他方面。一些重要的“里程碑”（坐、走、说话）都达标了吗？头发和皮肤看起来健康吗？宝宝开心，容易满足吗？如果一切正常，就不用太担心。如果其他方面表现不佳，应及时告知儿科医生，请他做出专业判断。

结论：生长曲线出现波动，应结合生长发育的其他方面综合判断健康状况。有任何疑问，及时找医生。

宝宝健康不健康，绝不是胖瘦这一个标准能衡量的，最靠谱的还是看生长曲线。如果觉得看曲线有点难，一定记得及时带宝宝参加体检。

糕妈说

宝宝的猛长期，
妈妈的"噩梦"期

"我家娃最近喝奶比以前频繁，晚上要抱着或是喝着奶才能睡着，这是怎么回事？""我的宝宝有时候一下子长得飞快，有时候一点都不长，这正常吗？"糕妈经常收到上面这样的留言，其实宝宝这一大堆恼人的变化，很可能是"猛长期"搞的鬼。

猛长期出现的时间

别看宝宝刚出生时还是个小不点，在出生后的第一年，宝宝的体重一般能长到出生时的 3 倍。妈妈有时会惊讶地发现，宝宝长得特别神速，好像一夜之间就长大了，这就是传说中的猛长期。猛长期一般会在这几个时间节点出现：

☆第 7~10 天

☆第 3 周

☆第 6 周

☆第 3 个月

☆第 6 个月

猛长期通常会

每个宝宝的成长速度有所不同，猛长期的表现也因人而异。如果你家宝宝没有在这些时间点快速成长，也是正常的，不用过于担心。

持续 2~7 天。1 岁后，宝宝依然会在特定的时期经历新一轮的猛长期。

猛长期的表现

☆**没完没了地要喝奶**：专家认为，猛长期最明显的表现就是宝宝喝奶的频率突然变高。母乳宝宝会变身成"小考拉"，整天挂在妈妈身上要喝奶。

奶粉宝宝会在喝完整瓶奶后意犹未尽。

☆**变得比平时烦躁**：宝宝烦躁的一个很重要的原因是宝宝增加了夜里醒来喝奶的次数，没有得到充足的休息，所以容易变得烦躁不安。

☆**变得很黏人**：宝宝一直要抱抱，一放下就用哭闹来抗议，妈妈离开一小会儿都不行，真是一种幸福的"烦恼"！

☆**睡得更多、更香**：连续几天的饱餐之后，宝宝可能会比平时睡得更多、更香，这是因为大部分生长激素是在睡眠中分泌的。

猛长期，我们应该这样做

遇到猛长期不要慌，应尽量满足宝宝的各种需求，艰苦的日子很快就会过去。

▌让宝宝好好睡觉▐

处于猛长期，宝宝需要比平时更多的睡眠时间来保证生长激素的正常分泌，所以一定要让他充分休息。白天看到宝宝揉眼睛、打哈欠了，就马上安排宝宝小睡。不要因为担心白天睡太多，晚上会睡不着，而刻意叫醒熟睡中的宝宝。另外，晚上睡前可以多喂宝宝几分钟，以减少宝宝夜醒喝奶的次数，让小家伙睡得更安稳些。

▌保证宝宝的奶量▐

猛长期的宝宝非常容易饿，所以他们总是要喝奶。这时候，一天喂十五六次都是正常的。虽然这对母乳妈妈来说简直太折磨人了，但我们还是要坚持按需哺乳。这样做一方面能让宝宝获得生长所需的能量，另一方面也是为了刺激乳房分泌更多的乳汁，以满足宝宝不断变大的胃口。妈妈们要对自己有信心，千万别在这时随意添加奶粉。如果是奶粉宝宝，可以在每次喂奶时增加一点奶量，让宝宝吃饱。

| 保持好自己的状态 |

猛长期频繁地喂奶、夜醒，还有宝宝暴躁的小脾气，都会让妈妈们感到身心俱疲。很多母乳妈妈还因为担心自己奶水不够而倍感压力。其实，妈妈们这时更应该放松心情，补充营养和水分，保证充足的睡眠时间。自己的身体好，才有更优质的奶源供应给宝宝，也才有更充足的精神和体力去照顾宝宝。

| 请求家人的帮助 |

在这个为宝宝忙得焦头烂额的困难时期，妈妈们要学会求助，别凡事都自己扛着，让家人帮忙分担一些家务。比如早上让老公看会儿孩子，自己补个回笼觉。只有妈妈状态好了，宝宝才能更顺利地度过猛长期。

糕妈说

许多妈妈遇上宝宝的猛长期都如临大敌，本以为终于摸清了宝宝的规律，结果宝宝突如其来的变化还是让妈妈们措手不及。原本可爱的"小天使"在猛长期化身"小恶魔"，要抱抱，要喝奶，要睡觉。猛长期确实非常容易消磨母乳妈妈的意志，我们也因此更要掌握知识、照顾好自己，才能更好地应对，为爱坚持！

没有不肯开口的孩子，只有不会引导的妈妈

有一个会说话、会唱歌、能交流的宝宝是很幸福的事情。小区遛娃，看别家孩子能说会道，为啥自家的娃就是不愿意开口？怎样引导孩子学会说话呢？

语言发展的几个阶段

下面的表格描述了六个月至四岁幼儿的语言发展，供家长们参考。

宝宝语言发展时间表（供参考）

年龄	语言理解能力	语言表达能力
6~9 个月	在环境提示下能理解一些日常用的句子，例如看到奶瓶便知道等会儿有奶吃。	发出没有含义的单音或者连串重复的单音如"ba"或"da、da、da"。
9~12 个月	在手势提示下对熟悉的句子能做出适当的反应，例如听到"拜拜"便懂得挥手。	开始牙牙学语，说一些"太空话"或模仿一些单词。

宝宝语言时间表（供参考）

年龄	语言理解能力	语言表达能力
1岁~1岁半	明白一些常见物品和人物的名称。明白更多日常的对话，如"坐好"，逐渐不需要手势提示。	能说出一些单词，通常是名词，如人物名称"爸""妈"，或常见的物件名称"花""车"，并逐渐加入动词"吃""抱""走"。
1岁半~2岁	能听从简单指示，如按照说话的意思把物件拿给你，指出身体部分等，或可辨认简单的图片。	能说出更多单词（名词和动词，并逐渐加入形容词，如"漂亮""可爱"；开始说双词，如人物＋动作"妈妈抱""宝宝要"，动作＋物件"洗手"，物件＋形容词"花花漂亮"等。）
2~3岁	能明白"是不是""要不要""什么""哪里"等问题。	开始用"你""我"等代名词；运用形容词，如"好可爱"；开始说简单句子，如"我要吃饼干""哥哥给我"。
3~4岁	能跟随较复杂的指示，如"帮妈妈把包里的纸巾拿出来"。	能简单地描述一些事情及自己正在做什么，喜欢问"为什么"。到4岁，孩子通常说话就很流畅了。

图注：表格根据香港卫生署网站内容整理、编辑。

家长应该学会的语言启蒙技巧

▎先学听，后学讲▎

每个宝宝，都是天生的语言学习大师。虽然刚开始还不会说话，但他非常喜欢听大人说话，尤其是妈妈的声音。听得越多的宝宝，开口就越顺利，语言能力越好。所以，让宝宝学会"听话"是非常重要的。柔和的声音、抑扬顿挫的语调会让宝宝觉得很有趣。

在跟宝宝说话之前，要先引起他的注意。你可以试着叫他的名字、轻轻地拍拍他。和宝宝聊聊他正在关注或者感兴趣的事情，比如窗台上有只小鸟，你可以说："宝贝，这是小麻雀哦，小麻雀怎么叫呀？啾啾啾。你看它一蹦一蹦的多可爱呀！"不要觉得宝宝小，这种聊天他听不懂，没有意义。要知道，宝宝就是在这种聊天中，学习发音方式和语言结构，丰富的词汇量也是在这样的对话中一点一滴积累起来的。

因为幼儿的理解能力有限，爸爸妈妈还可以教宝宝一些简单的肢体语言，比如拍拍自己，代表"我"；点点头，代表"好、同意"；挥挥手就是"再见"。

▎抓住生活中的机会，多和宝宝谈眼前的事物▎

低龄宝宝还不能理解自己所处环境以外的事情，他不懂"明天""将来"的事情和现在有什么关联；也无法想象不在眼前的事物是什么样子。所以和他聊天的时候，不要和他谈论明天的计划、远处的游乐园；而是聊聊现在正在做的事情！比如，给孩子洗澡时，告诉他："这个是胳膊，这个是手指。""宝宝把腿抬起来，看看小脚丫子上有什么？脚趾头呀……"

妈妈还可以教宝宝怎么表述动作。比如妈妈洗碗、爸爸扫地的时候，可以告诉他："妈妈在洗碗，爸爸在扫地。"说话的长短要符合孩子的理解能力，意思也要简单清楚。当孩子可以说一些简单句子的时候，可以帮他拓展表述能力和词汇概念。比如孩子看到一群小狗，和你说："狗狗！"你就可以趁机告诉他："是啊，有三只狗狗呢。一只白色的，后面两只是黑色的。"这样，宝宝的语言能力就慢慢得到提升了。

鼓励孩子自己说，并多向孩子发问

想让孩子的语言能力好，就要多给他提供表达自己的机会，耐心聆听和猜想他要表达的意思，不要总是"替"孩子说出来。当孩子想要某种东西时，让孩子先说出要求。当他确实无法表达的时候，你可以教他说出物件的名称。

向宝宝提问题也是刺激他语言能力提升的一个好办法。一开始可以问一些封闭式的问题。例如，吃东西时问孩子"好吃吗"。随着孩子理解能力的发展，可以逐渐问一些开放式的问题，如"喜欢面包还是饼干"等，引导孩子来回答。

孩子说话要及时回应和表扬

三岁左右的宝宝会有很多的"为什么"和"碎碎念"，一天到晚说个没完的。这个时候，可别觉得孩子的问题幼稚就忽视他。想培养他的语言能力，这可是个好机会。专注地聆听宝宝的问题，然后耐心地回应他，会让他更有兴趣去发现，也更愿意把自己看到的、想到的说出来。

这个阶段的孩子虽然能表达自己的意思，但还是会乱用词语，表述方式也颠三倒四的。所以，不要急于要求孩子准确无误地说话，也不要模仿孩子的发音来取笑他。如果他因此感觉受到了打击和伤害，就不愿意再多说话了。

提供其他有启发性的学习或环境

① 安排合适的社交活动，例如带孩子到游乐场玩，参加小朋友的生日会等，让他多接触其他小朋友，学习说话和与人沟通。

② 如果孩子对绘本很感兴趣，父母们可以尝试每天抽时间跟孩子一起

看书，这不但能增进亲子感情，对孩子的语言、想象力和思考能力的发展都极有帮助。

③ 孩子很喜欢一边玩一边描述自己在做什么；扮演某个熟悉的角色，或是把他想象中的情境说出来。你可以跟孩子一边玩，一边对话，以有趣的方式启发他的语言表达。

④ 跟孩子一起听唱儿歌，因为孩子都很有韵律感。家长可以给孩子解说儿歌的大概意思，唱的时候加上动作，孩子就更能享受到其中的乐趣。

孩子开口迟，你摸准他的语言开关了吗？

孩子对父母的声音很敏感，他能听得出妈妈的声音，也会关注大人说话时的音调和声音高低，并进行模仿。除了哭，他还会用声音大小和音调高低来表达情感和观点。稍大一些的孩子嘴里总是嘟囔着什么，其实他是在练习发音。当他发出可以辨别的音节时，要对他重复一遍，然后说些含有这个音的简单词语。比如他恰好说了"ba"这个音，就教他"爸爸""宝宝""抱抱"等。简单有效的语言输入，能让孩子更早开口，发音也会更准确。

▌用语言对话代替动作进行交流▌

等孩子1岁多，你发现他好像什么都听得懂了，也会说一些"鸟语"，结合他的身体语言，你也能明白他在说什么！妈妈们别开心过头，想让孩子进步快，还得学会装傻。就算你知道他要喝水，也要多用问句跟他交流："宝宝是不是要喝水？""宝宝要什么？"这样，宝宝的回答会从"是""不是"进步到"水""车车""看书"。即使宝宝会的词汇量还很少，也要引导他对话。当宝宝发现了语言交流的便利性和准确性，他说话的热情和进步会更大！

|不要强迫宝宝|

当宝宝使用非语言（手势或其他肢体语言）的交流方式表明需求时，要鼓励宝宝说话，"告诉妈妈你想要什么。"如果宝宝还是嘟嘟囔囔或用手指，你可以给出选择："你想要小熊还是小狗？""哦，你想要小狗。"然后递给宝宝。不要因为宝宝说不出物品的名字，或因为他没有说对就不给他。

|小心地纠正|

宝宝刚开始学说话时，很难完美地说出一个词语，而且没有哪个宝宝能像大人一样发音标准。宝宝发音不对时，不要像苛刻的老师一样纠正他。相反，应该使用更巧妙的办法，保护宝宝脆弱的自尊。在宝宝抬头望着天空说："月酿，晶晶。"你应该说："是啊，有月亮和星星。"

开口后，教孩子说有意义的话

宝宝发现语言的魔力以后，会反反复复把"爸爸""妈妈"念上一天。这时候，家长要做的是教会他说有意义的话。

|每种事物都有名字|

在宝宝的世界里，每种事物都有名字，要抓住一切机会告诉他。家长可以跟宝宝玩"眼睛—鼻子—嘴"的游戏；外出散步时，指指小鸟、大树、汽车、阿姨……还可以让宝宝经常说自己的名字，这有助于他自我认同感的发育。

|专注在概念上|

很多你认为很平常的概念，宝宝仍需要学习。

☆**热和冷**：让宝宝摸摸温水，然后摸摸冷水。

☆**上和下**：将食物放在橱柜上，然后拿下来放在地板上。

☆**空和满**：给宝宝演示一个装满水的容器，然后再给他一个空的容器。

此外，还有内和外、站和坐、干和湿、大和小等。

｜解释环境和因果关系｜

"太阳是发光的，所以有光。""打开灯，房间亮了。关上灯，房间黑了。"与学习很多无意义的词汇相比，对环境的意识和理解不断增强，以及对他人的需求和感受的敏感，是宝宝最终掌握语言和阅读的一个非常重要的过程。

｜用成人的语言和宝宝说话｜

用简短的方式说话，有助于宝宝更快地学会正确地说话。"宝宝想要奶瓶？"比"宝宝想要小瓶瓶吗？"更好。对宝宝说"狗狗"或"娃娃"等词是可以的，这样更有吸引力。

｜鼓励宝宝接话｜

使用你能想到的办法，让宝宝有所回应，可以使用词语、手势等。比如问宝宝："你想吃面包还是饼干？"给宝宝挑选的机会，让他用语言表明他的选择。

｜说明和指令要简洁｜

在 1 周岁左右时，大多数宝宝都能开始跟随简单的指令，但仅是单步骤的指令。不要直接说"请捡起勺子递给我"，可以试试"请捡起勺子"。等宝宝做到了，再说"现在把勺子递给爸爸"。在宝宝完成动作时给出指令，可以帮助宝宝享受成功的感觉。简单的指令有助于增强宝宝的理解力，促进语言能力的发展。

｜用数字来思考｜

宝宝可能还需要很长时间才会计数，但他很快会了解一或多的概念。"这里有一块饼干。""看，那棵树上有几只鸟。"……这些都是可以向他灌输的基本数字概念。

帮孩子度过语言发展关卡

你以为孩子开口叫了"妈妈"就万事大吉了？在孩子说话这条路上，还有数不清的障碍，时刻准备着给你来个不大不小的惊吓。

｜语出惊人的宝宝｜

孩子的词汇和经验都不足，说话时就会过分概括。比如家里养了一条狗，他会以为所有四条腿的动物都是狗，这时候你就要教他区分了。宝宝学语言是个过程，需要时间反复体验，才能形成对事物的概念。

｜自言自语的"小话痨"｜

孩子 3 岁时，大都会不停地说话，这时候锻炼的不仅是语言能力，还有思维能力。因为语言是思维的载体。这个阶段，你要抓住一切机会帮他扩充新词来表达自己，也可以用语言帮孩子描述那些难以捕捉的事物和念头。比如说，当他告诉你自己害怕怪兽，你可以问他怪兽很凶还是友好，怪兽是什么颜色的，怪兽有没有朋友等。这样不仅能帮他克服恐惧，还能提高他的思维能力。

着急紧张的小结巴

2~3岁的小朋友说话重复、接不上、停顿犹豫都是很正常的现象，即便是语言能力正常的小朋友，有时候说话急了也结巴。不管是哪种情况，家长心态要放平，忽略孩子说话的不完美，认真倾听；孩子感受到你的鼓励，心情更轻松，说话会更流利。

赶不走的满嘴脏话

想让孩子不说脏话，首先要定下家规，全家人的用语都要规范文雅！同样的，对孩子说脏话也不要过度关注，也许他只是对你们的反应感兴趣。如果脏话激不起你们的兴趣，他自然也会觉得说脏话很无趣。

糕妈说

语言是沟通思想和表达情绪的工具，除了对孩子的认知能力发展非常重要外，也会影响孩子的情绪及社交能力的发展。在养育孩子的过程中，不管是大肢体运动还是思维发展，我们常常会说，无须过多的人为干预，随着孩子长大慢慢都会好的。很多时候是这样的。但就语言发展而言，大人的正确引导和积极的鼓励会让孩子更愿意早说话，并且在与他人的相处中表现出更好的沟通能力。这也会成为孩子智商和情商发展的重要影响因素。

补充说一点，沟通是双向互动的，电视或录像等单向沟通并不能有效帮助宝宝的语言发展，爸爸妈妈们不能偷懒，还是要自己多多陪伴，多多对话。日积月累的语言"轰炸"，才能换来孩子某一日在语言能力上的厚积薄发、突飞猛进。

宝宝能不能学好说话，最关键的其实是听力

妈妈们总喜欢把宝宝开口说话当作是他成长的一个重要"里程碑"。但很多妈妈常会忽视一点，宝宝"说"的能力，其实和他"听"的能力的发展息息相关。

宝宝听力发育"多部曲"

当宝宝还蜷缩在妈妈肚子里的时候，就能听到外界的声音了。但宝宝什么时候能分辨出妈妈的声音？多大才能回应妈妈呢？下面我们就来了解一下，宝宝在不同月龄的听力发展。

① 宝宝出生时，听觉已经发育成熟。1 个月时，他就能识别出一些声音。当你跟他说话时，他会扭头看向你。

② 2~3 个月，当你说话时，宝宝会对着你笑，还会叽叽咕咕发出一些"啊""哦"之类的元音。

③ 4~7 个月，当宝宝听到声音时，会寻找声音的来源；他能根据你的声调分辨你是开心还是生气；当你说话时，他会专注地看着你的嘴巴，试图模仿你说话的声音，开始牙牙学语。

④ 8~12 个月，宝宝会对自己的名字有反应，能听懂一些日常用语。1 岁时，可能会叫"爸爸"或"妈妈"。

提高听力有诀窍

你家宝宝听觉能力与同龄宝宝相比落后了？不要着急，宝宝有自己的发育步调，不一定都要按照育儿标准来。不过，想让宝宝听觉更灵敏些，妈妈

们还是有许多事情可以做。

| 保护是基础 |

宝宝的耳朵还很脆弱、敏感，要避免小耳朵受到伤害。

☆**避免将异物放入宝宝耳中**。可用棉签清洁外耳郭，不要伸进去掏耳朵，以免耳朵受伤损害听力。

☆**不要让宝宝长时间暴露在噪音下，否则听力会受损**。如何确保音量合适呢？你可以观察宝宝是否有不适的反应，比如哭闹。

☆**呵护耳部健康**。对小宝宝来说，感冒、平躺着喝奶都很容易引发中耳炎。所以妈妈们平时要增强宝宝的抵抗力，避免宝宝感冒。中耳炎常常会造成疼痛，如果宝宝扯着自己的耳朵哭闹（尤其在吃奶的时候），或是发现宝宝的耳朵有任何异样，一定要赶紧看医生。

| 多听是关键 |

我们要尽可能地制造机会，让他多接触各种不同的声音。

☆**多和宝宝说说话**。比如告诉他，他现在正在做什么，手里拿的小玩具是什么颜色的，摸起来感觉怎样。不用担心宝宝太小听不懂。

☆**多放音乐（注意控制音量）**。播放音乐的种类可以多元化，你喜欢的音乐也可以放给宝宝听。还可以借助一些器物逗宝宝玩，如摇铃、拨浪鼓、音乐盒。等宝宝大一点，可以引入安全的音乐玩具，比如玩具鼓、玩具琴等。

☆**聆听生活中的声音**。不管是在家里还是外出，当宝宝听到一个声音时，向他解释那是什么东西发出的声音。

☆**给宝宝读绘本，讲故事**。给宝宝读绘本是一件很有意义的事，能帮助他积累词汇、提升专注力、培养阅读习惯等，还能拉近你们的距离，让宝宝更有安全感。

听力受损要警惕

新生儿在离开医院前都会做听力筛查。虽然大多数宝宝的听力不会有问题，但感冒、耳朵感染、听到巨响等很多因素都可能会影响宝宝的听力。所以妈妈们一定不能掉以轻心，要多留意观察。如果宝宝出现以下情况，就说明他的听力可能出现了问题，需要尽早就医。

① 宝宝 1 个月大还不能对大声的刺激做出反应，4~6 个月大还不能转向发出声音的方向。

② 叫宝宝的时候，他总是没有反应。

③ 7 个月大时，宝宝仍没有开始牙牙学语，或者尝试模仿任何声音。

糕妈说

　　宝宝拥有了灵敏的听力，才能在日后的语言学习和人际交往中更加顺利。避开那些会伤到小耳朵的"坑"，同时创造机会，让宝宝多多聆听不同的声音，才能让宝宝拥有两只"慧耳"。

◉ ◉ 宝宝的好视力，是这样练出来的

在宝宝眼里，世界到底什么样？怎么做才能帮宝宝练就好视力？

0~1 岁宝宝视力发育表

0~1 岁宝宝视力发育表	
1 个月内	能看到 20~30 厘米内的东西。 喜欢观察人脸。 喜欢色彩对比强烈或黑白颜色的图案。 会用眼睛跟随在面前移动的物体。
1~3 个月	能跟踪移动的物体。 可以辨别出一定距离内熟悉的物体和人。 开始协调手眼动作。
4~7 个月	视觉完全发育成熟，能分辨所有的色彩和形状。 双眼能够跟踪移动很快的物体。 能够看较远的东西。 具有深度知觉，能感知物体的远近和深度。
8~12 个月	手眼协调能力进一步提高，能用拇指和食指捏起东西。 会爬行，能拉着东西站起来，尝试走路。 能精确地判断距离，准确地扔东西。

图注：资料来源于美国儿科学会和美国视光协会（AOA）。

1~2 岁，孩子的视力会继续快速发育；5~6 岁孩子正常的视力可以达到成人水平；10 岁左右，视觉感受能力达到成人水平。

促进宝宝视力发展的小游戏

|照镜子|

镜子对宝宝来说是件很神奇的玩具。看看宝宝照镜子的反应，肯定特别有趣！一开始可以把小镜子悬挂在婴儿床上，让躺在床里的宝宝自己琢磨琢磨。等宝宝可以抓住东西后，让他自己拿着镜子玩。总有一天他会发现，镜子里的人就是他自己。宝宝玩镜子时，一定要有大人在一旁看管。避免镜子碎了伤到宝宝，或是反射的阳光刺伤宝宝的眼睛。

好处：照镜子不仅能帮宝宝练习眼部聚焦和追随物体，还能促进宝宝社交能力和情感的发育。

|躲猫猫|

小月龄宝宝很喜欢和妈妈玩躲猫猫的游戏。妈妈用双手捂住自己的眼睛，慢慢靠近宝宝，然后快速移开双手，欢快地呼喊："妈妈在这里！"等宝宝可以坐起来了，把他的毛绒玩具藏在枕头、毯子等容易找到的地方。既可以让宝宝自己找到玩具，妈妈也可以把玩具"变"出来，宝宝都会玩得不亦乐乎。

好处：找东西的游戏，不仅能提高宝宝的眼部聚焦能力，还能帮他学习物体恒存的原理。

|鲜艳的手摇铃|

颜色鲜艳的手摇铃，宝宝可以抓，可以捏，可以咬，可以拿到眼前研究，可以双手交换拿，抓着摇晃还会发出"铃铃铃"的声音。

好处：手摇铃是很好的感官玩具。不仅能提高宝宝的手眼协调能力；不同的颜色、质感，动听的声音，还能刺激宝宝感官和大脑的发育。

|玩彩球|

一个装有铃铛的彩色软皮球，玩法可是多种多样。晃着球吸引孩子的注意，等到宝宝爬过来，再把球微微一推，让宝宝调转方向再找。最终，一定要让宝宝抓到球，不然迎接你的可就是号啕大哭了。

好处：彩球的位置改变可以训练宝宝眼神追随物体移动的能力。抓球和扔球的动作能锻炼他的抓握能力和手眼协调能力。另外，用球来引导宝宝练习爬和坐，连大运动能力也一起锻炼到了。

糕妈说

良好的视力，对宝宝的早期运动和认知发育都极为重要。其实，只要妈妈有心，日常生活的方方面面，都能促进宝宝的视力发育，帮他练就一双炯炯有神的眼睛。

另外，家长们平时还要多留心观察宝宝的眼睛，定期带孩子体检。如果发现宝宝眼睛有任何异常，比如经常流眼泪、眯眼睛等情况，一定要马上带宝宝去医院检查。一旦错过了最佳治疗时间，可能会抱憾终身。

0~3 岁的宝宝这样教，轻松变成记忆小达人

宝宝的记忆从在妈妈肚子里时就开始了，虽然我们很难判断，宝宝到底记住了什么。但有意识的刺激和训练，的确能促进宝宝大脑的发育和记忆力的提升。

0~6 个月

|规律的日常程序|

婴儿时期的记忆大多是短暂、无意识的。宝宝能记住妈妈的声音和气味，却记不住几天前见过的面孔。这一时期，为宝宝建立规律的日常程序，在相同的时间吃饭、玩耍、睡觉，不仅能给他带来安全感，还能帮助宝宝记忆。

|感受新的体验|

宝宝需要规律的生活，也需要一些新鲜的刺激和体验。一件新玩具，一本新绘本，或是出去看看风景，都能给宝宝带来全新的感受。但要注意，在引入一种新事物后，要给宝宝一些时间熟悉和适应；过度刺激反而会让宝宝感到不安。

7~12 个月

|多和宝宝"唠叨"|

多和宝宝说话或者给他读绘本，不仅能增进和宝宝的感情，还能让他接

触更多的词汇，促进他语言和认知能力的发展，增强他的记忆力。父母可以多叫宝宝的名字，多描述一些你们正在做的事。除此之外，妈妈给宝宝读绘本的时候，可以多加一些描述性的词语，比如"红红的苹果""温暖的太阳"，这些都会让宝宝的记忆更深刻。

| 躲猫猫、找东西 |

宝宝现在已经有"客体永存"的概念了，明白东西从眼前消失并不等于真的不见，最适合跟宝宝玩的游戏就是躲猫猫或找东西。妈妈可以当着宝宝的面，把他喜欢的玩具藏在他能够到的地方，然后让宝宝找出来。这不仅能借机让宝宝记住玩具的特征（包括大小、形状、颜色、质地等），还能增进亲子间的感情！

1~2 岁

| 变身"问题"妈妈 |

你是不是也有过这种感受：看完一本书，合上书后，却想不起来里面的内容；但要是试着问自己几个问题，就能慢慢地想起来一些了。同样的，妈妈可以向宝宝多提问题。比如在看完绘本后，问宝宝："故事里的小狗今天去哪里玩啦？"和宝宝去动物园玩，问他："今天宝宝见到了什么动物呀？"这样做不仅能帮助宝宝回忆和思考，还能让他学会关注细节，这是能让宝宝受益一生的好习惯。

| 靠节奏和韵律来帮忙 |

节奏和韵律能帮助大脑更好地记忆。妈妈可以给宝宝唱一些朗朗上口的儿歌，如果能再配上简单的动作，宝宝就能发动耳朵、眼睛和身体一起记忆了。另外，在教宝宝一些知识和技能时，如果能和歌曲结合起来，也会事半功倍，比如刷牙歌、字母歌等。

2~3 岁

| 让宝宝来帮你记 |

宝宝都爱"帮忙"，因为这会让他觉得自己很重要。妈妈们不妨利用这一点，让宝宝来帮你记住一些事情。比如去超市时，糕妈会让年糕记两样要买的东西。"宝贝，我们要买你喜欢吃的黄色的香蕉，还有爸爸爱喝的咕噜咕噜的汽水，你来提醒妈妈好吗？"多加一些描述性的词，宝宝会更容易记住。

| 好玩的分类游戏 |

和宝宝一起玩分类的游戏，能帮助他记忆和识别玩具的不同特征（颜色、形状、大小等），还能培养宝宝的专注力。妈妈可以引导宝宝按颜色、形状、大小等来分类，比如"把绿色的积木都放到这边"，"小的汽车都收到这个盒子里"。

糕妈说

这些小方法，不仅能提升宝宝的记忆力，也是增进亲子感情、促进宝宝发育的好方法。我们不求让宝宝变得过目不忘，但一边玩，一边把记忆力、专注力、语言能力都发展了，岂不是一件很好的事情吗？

数学启蒙要从 1 岁开始

数学不是只有干巴巴的 1+1=2，即便妈妈数学不好，也一样可以带宝宝玩转数学。

3 岁前，宝宝对数学的认知

▎数字▎

2 岁宝宝能明白数字"1"和"2"的概念。
2 岁后开始理解计数，能从 1 开始数几个数字。

▎几何形状和空间关系▎

1 岁宝宝能把大小、形状相同的玩具配对。
1 岁后，宝宝能摞起 3~4 块积木。

▎测量▎

1 岁后，宝宝会用水或沙子填满容器，或者把容器倒空。
2 岁宝宝开始学习使用大、小、快、慢、轻、重等有对比含义的概念。

▎模式或推理▎

1 岁后，宝宝能按简单的模式，比如交替颜色的模式穿珠子、排列积木等。
2 岁宝宝能听从指示，按大小顺序挑出积木。
2~3 岁，宝宝能按颜色、形状、大小等给玩具分类。

这样数数，宝宝根本停不下来

从 1 数到 10，也许宝宝能数得很溜，但却理解不了数字背后的含义。

为了避免这种尴尬，我们要让数数变得生动起来。比如给宝宝穿衣服时，可以数"一个扣子，两个扣子……"

这样认识形状，做个生活的小小观察家

认识形状是学习几何的基础，父母可以经常和宝宝玩"找形状"的游戏。这不仅能加深宝宝对形状的理解，培养他的观察能力和发散思维能力，还能成功吸引宝宝的注意力。

这样玩空间感，一点都不抽象

生活中有很多不起眼的游戏都能增强宝宝的空间感。比如夏天的时候，给他两个杯子和一盆水。让他把杯子装满，倒空，或者把水从一个杯子倒到另一个杯子里，小家伙能专注地玩很久。这时妈妈若再加上一些引导，那就更完美了。"宝宝，能帮妈妈装半杯水吗？""哪个杯子里的水更多呀？"这样就把分数和多少的概念都融入游戏中了。

大小、多少、轻重的概念，也可以轻松理解

在超市买东西时，让宝宝一手拿苹果，一手拿葡萄，然后问他："宝宝，是苹果重，还是葡萄重呢？"宝宝回答完，还可以带他去称重的地方验证一下。只要妈妈有心，生活中什么都能拿来比一比、量一量，无处不是数学。

糕妈说

数学不是只有1、2、3，也可以是生活中趣味盎然的小游戏。在宝宝上幼儿园前，带领他感受数学的奇妙吧。能数到10还是100不重要，培养宝宝对数学的兴趣才重要。

如何对孩子进行音乐启蒙

宝宝天生就对音乐很敏感，他一听到音乐就会欢快地手舞足蹈。如果能为宝宝从小创造一个良好的音乐环境，让他多听、多接触，这对培养他的乐感、开发智力等，都会产生深远的影响。

音乐启蒙的好处

音乐除了能培养宝宝的乐感、陶冶情操，还会给宝宝带来许多好处：

① 促进宝宝记忆、想象、语言、推理等能力的发展，让宝宝未来在阅读、数学等方面有更好的表现。
② 一些儿歌会教给宝宝一些知识，如英文字母、数字等。
③ 一些儿歌会让宝宝学会一些生活技能，如刷牙等。

婴儿阶段的音乐启蒙（0~1 岁）

┃唱歌给宝宝听┃

宝宝最喜欢听妈妈的声音，尤其是当妈妈一边温柔地看着他，一边给他唱歌，他会很有安全感。给宝宝唱儿歌时，伴着节奏把他举起放下，或者左右摇摆，不仅能增加亲子互动的乐趣，还能增强宝宝的平衡能力。妈妈也可以自己给宝宝编首摇篮曲。

┃重复宝宝的发音┃

当宝宝咿咿呀呀地发出一些声音时，你可以用夸张一点或者哼唱的方式重复他的发音。稍大一点的宝宝会试着模仿你的声音。

⎮发声玩具⎮

给宝宝准备一些能发出声响的玩具，比如手摇铃、拨浪鼓等，这样他就能自己制造出"音乐"了。注意，要挑选声音轻柔、音量适中的玩具，以免对宝宝的听力造成伤害。

幼儿阶段的音乐启蒙（1~3 岁）

⎮多接触不同类型的音乐⎮

2 岁左右的宝宝就会慢慢跟着音乐唱歌了，这个年龄的宝宝喜欢有惊喜的音乐，比如有各种动物的叫声，或者歌词重复、朗朗上口的儿歌。除了儿歌，妈妈还可以给宝宝播放其他类型的音乐，比如古典音乐、民乐等，宝宝会慢慢形成自己的音乐品位。

⎮把音乐融入日常生活中⎮

妈妈可以把音乐加入到日常生活中，帮助和引导宝宝形成习惯，比如宝宝学刷牙时引入好听的刷牙歌。这样形成习惯后，一放音乐，宝宝就会主动去刷牙了。教宝宝收拾玩具也可以用这个方法。

⎮让宝宝接触不同的乐器⎮

让宝宝接触各种不同的乐器，可以是适合宝宝年龄和尺寸的玩具乐器（如玩具钢琴、玩具吉他、玩具鼓等），也可以是真实的乐器，鼓励他用自己的方式让乐器发出声音，还可以给他一些安全、结实的工具，比如木勺、碗、装水的杯子等，让宝宝敲打它们，他一定会觉得很有趣。

|培养宝宝的节奏感|

这个年龄的宝宝开始对节奏有感觉，妈妈可以挑选一些节奏分明的歌谣或音乐，或者打一段简单的节拍，让宝宝尝试着和你一起拍出来。

|和宝宝一起玩音乐|

和宝宝一起跟着音乐动起来，拍手、跺脚、旋转、踏步、蹦蹦跳都可以，这样的方式能让宝宝更投入。拍手歌、手指歌等，很适合边唱边玩，不仅能提高宝宝的协调性和灵活度，还能拉近亲子关系。

什么时候开始乐器学习

太早让孩子学习乐器容易引起他们的反感，甚至对音乐丧失兴趣，得不偿失。大部分专家建议，让宝宝从 4~5 岁时开始进行专业的乐器学习。不同的乐器有不同的适学年龄，建议家长根据宝宝自身的情况灵活选择。

一些经典的英文歌曲节奏欢快、旋律优美，很适合放给宝宝听，既能"磨耳朵"，又能培养宝宝对音乐和英语的兴趣，一举两得。

糕妈说

不懂绘画的父母
怎样培养孩子的绘画技能

大多数妈妈都会经历宝宝在白墙上、地板上、沙发上，甚至昂贵的衣服上涂涂画画的过程，这就是孩子最早期的"画画"。

儿童绘画经历的几个发展阶段

| 儿童绘画通常要经过以下几个发展阶段 |

① 8个月~1岁，试着模仿涂鸦。

② 1岁以后，随便乱涂乱画，只要是自己能够到的地方，家里的白墙往往是最先遭殃的"画板"。

③ 2岁的孩子，绘画还是以简单抽象的符号系统为主，一条不规则的线段、绕来绕去的麻线团，甚至是一个个的小点点。

④ 3岁以后的孩子，有了运笔意识，不再是用拳头握着蜡笔，而是像大人一样持笔作画。他们可以画出方形、圆形以及其他简单的形状或者随意涂鸦。

⑤ 4岁以后的孩子不再满足对事物轮廓的宏观表现，开始关注细节。这时他的作品已经能看到具体内容了，如人的脸上有两只眼睛、一个鼻子、一张嘴。

⑥ 6岁以后，孩子开始热衷于艺术创作，也开始通过绘画来表达自己对生活、自然、周围发生的事情的真实感受，细节、表现手法都更丰富了。

孩子画画，父母需要给予怎样的支持

不会画画的爸爸妈妈，该如何帮助孩子发展绘画能力呢？这里有 3 个实操的方法。

| 给孩子创造画画的环境 |

给宝宝准备个画板或者大张的画纸，让孩子随时想画就画。不要纠结孩子画画的姿势，趴着画、坐着画、站着画甚至躺着画都行，关键是让孩子觉得画画是轻松好玩的事情。

| 与其教孩子画得像，不如教他观察 |

大部分家长没办法教给孩子绘画的技巧，但可以引导孩子养成观察的习惯，因为画画其实是一个学习观察生活的过程。当孩子提出要画兔子时，妈妈可以找一些兔子的照片和孩子一起分析：小兔子有白色、灰色和黑色的；它的尾巴短短的，耳朵长长的，眼睛是红色的……然后再试着让孩子画，可能就事半功倍。当他下次想画其他自己不熟悉的东西时，他就会习惯自己去观察。

| 耐心倾听孩子的想法，给予支持 |

"天哪，你这画的一团黑漆漆的是什么呀？"尽管有时候我们面对小家伙杂乱无章的"作品"很无语，但千万不要打击他。不妨认真地问问他，他会讲出他的很多想法，让你大吃一惊。

"这是一只小乌龟，他找妈妈，结果迷路了，转啊转啊转啊……"一定要耐心听完孩子的表述，因为绘画是与生俱来表达自我的方式。通过一张画，他会告诉你很多他最近的心情和诉求。同时，要积极鼓励孩子，但不要违心地称赞。与其说"你画得真好"，还不如告诉他"我很喜欢你画的这只小乌龟"。

糕妈说

　　涂鸦是大自然赋予生命的乐趣，而创造力是孩子与生俱来的天赋。宝宝随心所欲地描绘、涂鸦，是一件很幸福的事情。至于进一步的发展，是孩子的事情，家长只需尊重孩子即可。如果孩子有兴趣，可以让他跟随优秀的老师进一步学习；如果孩子对绘画无感，也不要勉强。每个孩子的兴趣不同，能成为画家的毕竟是极少数，但在父母保护之下发展的想象力和创造力，会是孩子一生的财富。

ABC 尽快给宝宝开始英语启蒙

随着宝宝慢慢长大，越来越多的妈妈开始关心英语早教的问题：什么时候让宝宝学英语最好呀？怎样在家给宝宝开始英语启蒙？

培养双语宝宝越早越好

语言的发展主要有两大阶段：0~3 岁的语言准备期，宝宝从聆听到咿呀学语，进行语音词汇储备的基础学习；3~6 岁进入语言发展期，这时候宝宝开始理解抽象词语、掌握语法并灵活运用，尝试用完整有逻辑的句子表达自己的想法。要想培养双语宝宝，就要抓住 6 岁前的语言发展黄金期。尽早让宝宝接触、熟悉并接受英语，会起到事半功倍的效果！

学英语应从倾听开始

语言的学习需要一个过程：大量聆听形成累积，才能唤醒大脑对应的语言区域。宝宝学英语从倾听开始，然后尝试说简单的词语或短句，跟读或重复听到的话，最后才能学会完整表达意思。只要他能听懂并做出相应反应，比如你和他说"sit down"，他能够理解并完成，学习过程就是有效的。

日常篇：让英语无处不在地活起来

|多说、多说，尽可能地多说|

日常的任何对话都是学习英语的好时机，吃饭、穿衣服、和宝宝一起做家务的时候，你都可以尝试和宝宝进行英语对话。告诉他每样东西的名称、喊他起床、请他帮忙……

|适当"磨耳朵"|

关于"磨耳朵"虽然有很多争议，但毫无疑问的是，语言学习一定是建立在大量的听力积累基础上的。选一些活泼简单的儿歌作为背景音乐经常放给宝宝听，他会在无意识中接收到一定的语言信息。对于学龄前甚至更小的宝宝，"磨耳朵"是为了让他能够初步熟悉发音规律，这能帮助宝宝缩短将来英语学习的沉默期。

|闻一闻，尝一尝，摸一摸|

让宝宝调动全身感官去学习：玫瑰花（rose）是红的（red），苹果（apple）是甜的（sweet），公园（park）的树上有鸟（bird）……带他去超市、郊外、动物园，让他去看、去闻、去摸、去感受。所有的地方都可以是教室，所有的感知都可以用来学习，这个有趣的过程会让宝宝印象深刻且乐此不疲。

学习篇：让英语学习充满趣味

|过家家（角色扮演）|

你可以和宝宝一起做厨房游戏、假装去医院看病或者去超市购物。角色扮演游戏本来就是孩子学习社会能力的一个过程。将英语学习运用其中，能够极大开拓宝宝的语言环境，让他学到更多词汇和用语。

|让宝宝"看到"英语|

学龄前宝宝的记忆方式仍然以直观画面的印象为主。只要控制好宝宝观看电视节目的时间，利用大量优秀的原版英文绘本、英语节目、情景动画，都能让宝宝爱上英语。

┃用音乐开启全脑┃

语言和音乐都充满了节奏和韵律，音乐能刺激全脑记忆的开发。所以英文儿歌的学习能让宝宝印象深刻。

┃让阅读更有效┃

亲子阅读是最有效的学习方式，用英语给宝宝念绘本、讲故事，逐渐尝试让他跟读。朗读是加强大脑活跃的有效方式，所以和宝宝一起，响亮地读出来吧！

┃让学习动起来┃

蹦蹦跳跳的动作和形体记忆能对大脑形成良性刺激。听儿歌的时候，可以让宝宝先跟着唱，再和宝宝一起编排简单的舞蹈动作。讲故事的时候，妈妈也可以根据内容做出各种动作，比如讲到兔子，就和宝宝一起把手指举过头顶蹦蹦跳。

英语启蒙，会影响孩子学说话吗？

18 个月 ~2 岁是对宝宝进行语言启蒙的关键期，宝宝的词汇量会呈爆发式增长。3 岁之前，学习双语的宝宝好像总是问题百出，比如发音的时候把一种语言的音素和语法套用在另一种语言中；或者一种语言说到一半的时候，调用第二种语言去填补；甚至会出现语无伦次、颠三倒四的情况。不少家长觉得这是因为宝宝接触了不同语言，所以"混淆"了。其实，这只是宝宝语言学习过程中的"小插曲"。经过一段时间的运用，宝宝会发现这两种语言的细微差别，并根据它们的不同点进行归类，发现它们是独立存在的两种语法体系。

美国双语教育研究专家巴巴拉·祖瑞尔·皮尔逊博士的研究显示，弱势语言的引入不会影响强势语言。换句话说，外语和母语一起学，并不会影响母语的正常学习。双语宝宝在学习初期，大脑需要同时接收两种语言的输入，所以，每种语言的词汇量会比单语者要少，但是词汇总量并不少。经过两三年的积累、运用，两种语言都可以被很好地驾驭。跟单语宝宝相比，双语宝宝语言的熟练度和说话的连贯性没有太大的差别。

到 3 岁之后，大部分宝宝就会结束这段"语言思维混乱期"；到 4 岁左右，宝宝就能熟练掌握两种语言了。

糕妈说

英语启蒙的要点总结起来就是"语境丰富、轻松愉快、耐心坚持"。不要因为自己的英文水平有限而犯愁，我们的目的是引导宝宝的学习热情，并且和宝宝一起学习成长。

另外，顺着宝宝的爱好来。比如年糕特别喜欢汽车，我们就教给他一些与交通工具相关的单词，小家伙很欢乐地就跟着学了！

独立自信的宝宝，
1 岁就开始做家务了

小时候常做家务的孩子，长大后更容易被社会认可。这是因为做家务让他们有更多机会遇到问题，面对和解决问题，通过家务的完成获得肯定和成就感。同时做家务还能提高宝宝的自理能力，培养他的责任感和家庭观念，这些益处都会伴随宝宝一生。

教宝宝从小学会归置物品

‖扔纸尿裤‖

这算得上是宝宝人生的第一件家务事了。只要宝宝能完成捡、走、丢的动作，就可以让他开始尝试做这件事。给宝宝换完纸尿裤后，教他把纸尿裤丢到垃圾桶里。一开始妈妈先带着宝宝丢几次，很快他就能记住要丢到哪里了。

‖把脏衣服放进篮子里‖

在宝宝的房间里放一个小篮子，专门用来收集宝宝的脏衣服。你可以在洗完澡后问他："宝宝，你的脏衣服要丢到哪里去呀？"然后教宝宝把脏衣服丢进篮子里。同样的，也可以教宝宝把干净的衣服放回自己的抽屉里。

‖收拾玩具‖

给宝宝准备一个方便收纳的箱子，用游戏的方式吸引宝宝收拾玩具。你可以对宝宝说："玩具陪宝宝玩了这么久，要休息啦，我们一起送它们回家吧。"也可以和宝宝比赛，在一首歌的时间里，看谁收拾的玩具更多。还可以教宝宝把玩具放在固定的地方，玩一样拿一样。想要换一件玩具玩时，先把原先的玩具放好后再拿。这样，玩具就不会一团糟了！

清洁大作战

让宝宝做一些安全、力所能及的工作，他会玩得不亦乐乎，还能学到很多有趣的事情。

| 灰尘除光光 |

擦家具的时候，让宝宝和你一起动手。你可以在宝宝的手上套一个袜子，然后让他去矮柜、茶几上找灰尘。确保这些家具的表面是安全、光滑的，不会弄伤宝宝。如果袜子太大容易掉下来，可以在手腕的位置扎一根皮筋或用绳子固定。

| 擦桌子 |

吃完饭或点心，可以教他用抹布把桌子擦一擦。这样下次宝贝再把桌子弄脏，就能自己清理干净了。

| 拖地 |

这个年纪的宝宝最爱模仿了，看到妈妈在拖地，他也会跃跃欲试。给他一把轻便的、拧干的拖把，然后教他从左到右或者从里到外按顺序拖。不要在意细节，更不要代劳，让宝宝自己折腾吧。

我是厨房小帮手

等到宝宝大一点，就可以让他进厨房帮忙了！

|准备餐具|

晚餐前，妈妈烧菜，宝宝可以跟爸爸一起准备餐具。分筷子、摆碗、拿餐巾纸……这些都是宝宝可以胜任的工作。还可以给他一块抹布擦桌子，别忘了夸奖他哦。

|厨房小帮手|

做饭是宝宝最喜欢的环节，特别是家里包饺子或是烤蛋糕，小家伙会迫不及待地想要露一手。这时不如给他分配一些任务，比如让他帮你搅拌面糊、装饰蛋糕等，没准儿他的创意会让你感到惊艳。

|摆放物品|

从超市回来，可以让宝宝和你一起摆放买回来的物品。给他一些不易损坏的、轻便的东西，比如纸巾、盒装麦片等。哪些是要放到冰箱里的，哪些是要放在橱柜里的，一边聊天，一边把分类的方法教给宝宝。不知不觉中，宝宝就会学到很多生活技能。

糕妈说

让宝宝从小参与到家务劳动中来，不仅能培养他的责任感和自信心，还能让他更懂得感恩。说起打扫，很多家长会觉得宝宝是在捣乱、帮倒忙。其实，凡事都是从"帮倒忙"开始的。放手让孩子去做，帮着帮着，他就长大了！

让宝宝自己玩会儿，大人、小孩都受益

随着宝宝年龄的增长，注意力集中的时间会逐渐延长，对绘本、益智类玩具的兴趣也会增加，能自己玩的时间也会变长。但是如果宝宝从来没有跟自己玩过，妈妈的引导还是很重要的。有的妈妈觉得，不是说亲子陪伴很重要吗？让宝宝一个人孤孤单单地玩，他会不会觉得妈妈不爱他了？

让宝宝自己玩的好处

宝宝一个人玩时，能更专注地探索周围的世界；能更自由地观察和思考；能随心所欲地尝试各种可能而不被打扰；能学会自娱自乐，不再因为父母的短暂离开而不安……这对培养宝宝的专注力、创造力、独立性和自信心都很有好处。而且，宝宝自己玩的时候，一整天"陀螺转"的妈妈可以歇会儿了！

让孩子自己玩的"小心机"

▍布置一个安全又舒适的小天地▍

可以在客厅铺上一块爬行垫，用围栏围起来。确保游戏区域的安全，避开桌角、电源插座、容易坠落的物品、宝宝容易吞食的小物件等。同时，要保证孩子在家长的视线范围内。

▍挑选玩具的"小心机"▍

给宝宝准备一些简单但有多种玩法的玩具，比如积木、纸箱、橡皮泥、有趣的绘本等，也可以是稍微复杂点的玩具，比如有按钮、魔术贴、拉链的玩具，不仅能激发宝宝的想象力和创造力，还能让他玩得更久。看到宝宝快玩腻的时候，可以鼓励宝宝继续玩，或者给他换个东西玩。

Tips

给孩子挑选玩具一定要注意玩具使用的年龄段。

▎剑走偏锋，投其所好▎

有的妈妈会说，宝宝对玩具没兴趣吧？其实，总有一些是宝宝感兴趣的，特别是那些我们不让他玩的，比如化妆品，厨房的锅碗瓢盆，抽屉里的衣服，等等。其实没有什么不可以的！给他一个干净的粉扑，洗干净的盒子，塑料或木头的餐具……宝宝会一个人玩得很开心。

▎加入每日程序▎

要让宝宝习惯一件事，最好的办法就是把这件事变成习惯。就如同洗澡、睡觉一样，把独自玩也加入宝宝的日常程序。每天在固定的时间，比如吃完饭或者洗完澡后，把宝宝放在游戏区，让他挑选一件玩具，然后鼓励他自己玩。坚持几天后，他会知道这个时间就是自己玩的时间了。

分离是逐步完成的

宝贝不习惯自己玩，只要妈妈一起身，就放下玩具不让妈妈走怎么办？妈妈不要心急，先陪他玩一会儿，等他慢慢投入进去了，妈妈再悄悄起身或坐远一点，但要让宝贝看得到你，这样宝贝可以玩得更安心。妈妈对宝宝独自玩的时间要有一个合理的预期，10~15 分钟对于 1 岁的宝宝已经是很不错的表现了。不同年龄和性格的宝宝，独自玩的时间也会有所不同。最重要的是妈妈要看到宝宝一点一滴的进步。

取得家人的支持

老人多数都比较宠溺孩子，觉得宝宝一个人在地上待着没人管，很可怜。年糕还小的时候，纵然糕妈苦口婆心，外婆依然觉得孩子一个人待着好可怜，奶奶也总是忍不住要问："宝宝要不要吃点水果？"要想取得家人的支持，沟通的时候，一要出于对孩子有利；二要体现对老人的关心："妈，你一天到晚不容易，坐沙发上歇会儿，宝宝一个人待着挺好的。"好好说，多说几回，还是会有改观的。

糕妈说

"自己玩"不仅针对大点儿的宝宝，也适用于很小的宝宝。让宝宝自己玩，留给他独立观察、思考、学习、锻炼的时间，这对于孩子的运动发展、早期启蒙、习惯养成是很重要的。千万不要觉得整天抱在手上才是对孩子好，也不要随便给孩子贴上"可怜"的标签。妈妈自己多"偷偷懒"，保持一个快乐、放松的状态，才是给孩子最好的正面影响。

规则与管教

家是教养的起点

父母的管教，对孩子日后的成长起着至关重要的作用。每个父母都希望通过自己的教育，让宝宝变得更优秀。然而只有愿望是远远不够的，教养孩子也是有诀窍的。如果父母过多采取强制、批评、惩罚、溺爱等不恰当的方式，反而不利于孩子日后的成长。正面管教的态度是温和而坚定，让孩子在温情与爱中，成为一个自律、独立、性格好、情商高的人。

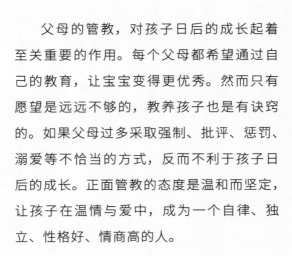

不急不吼不生气，
聪明妈妈这样对宝宝说"不"

我们平时对孩子最常说的话是什么？想象中应该是"宝宝乖""妈妈爱你"……但实际上，我们对孩子说的最多的是"不"！其实，说"不"不用那么生硬，教养孩子也是有诀窍的！

为什么你说"不"，孩子听不进去

｜嘴上说"不"，行动上并没有阻止｜

如果大人对孩子嘴上说"不"，行动上却没有阻止，会让孩子觉得做了也不会有什么后果。次数多了，孩子自然会无视大人的阻止，继续我行我素。

｜总是预计孩子会犯错｜

当孩子还没有做出不当行为的时候，我们就提前警告他不要犯错误，会让孩子觉得自己不被信任。这种不好的感觉会驱使孩子去做大人不允许他做的事。另外，当孩子听到"不能吃""小心别摔跤""不要尖叫"这些话时，他的脑海中会浮现关于"吃""摔跤""尖叫"的画面，这反而像是对宝宝的一种提醒。比如宝宝本来只是想捡起地上的树叶好好看看，却在我们"不能吃"的提醒下，把树叶放进了嘴里。

| 乞求孩子 |

"拜托啦，乖一点，不要乱跑了！""求求你了，我的小祖宗！安静一会儿不行吗？""看在妈妈这么辛苦的分上，别再把房间搞乱了。"在孩子面前流露出自己的无助和伤心，偶尔用一次或许会让孩子有所触动，暂时变得听话，但用的次数多了，却是后患无穷。所以不到万不得已，千万不要用这种方式去跟孩子交流。

| "马后炮" |

"我跟你说过多少次了……"这句父母教训孩子的口头禅，除了表达自己的怒气，增加孩子的怨气外，没有任何积极的作用。因为这句话本身就宣告了我们的"耳提面命"每次都以失败告终。与其反复唠叨，不如事先定下规矩：食物只提供给手洗干净的人，然后坚决执行。当孩子没洗手就上餐桌时，妈妈可以果断移开餐盘。真正改变孩子的行为，行动绝对比语言更有效。

换种方式对孩子说"不"

| "不准吃糖" VS "妈妈知道宝宝爱吃糖，但吃太多对牙齿不好，我们一起喝酸奶吧" |

宝宝都爱吃零食，特别是一些不健康的零食。要怎样劝说宝宝少吃零食，糕妈的办法是简单解释一下零食对身体的害处，然后给孩子提供一些健康的零食供他选择，比如酸奶、水果、自制薯条等。

｜"不准乱扔食物"VS"食物是吃的，不是扔的"｜

宝宝喜欢玩食物，多半是因为他不饿。当他把饭菜丢到地上时，如果你的反应是生气或斥责，宝宝可能越玩越带劲。因为他已经成功吸引了你的注意，并"控制"了你。你可以平静地告诉他："食物是吃的，不是扔的。如果你已经吃饱了，妈妈就把餐具收走了。"如果宝宝继续扔食物，那就立即坚决执行。几次下来，宝宝就知道妈妈是认真的了。

｜"不准打人"VS"我们用嘴说，不用手打人"｜

很多时候，宝宝打人只是无意识行为。对宝宝大声喝止"不准打人"，或者强迫他道歉，这类简单粗暴的做法通常都是无效的，还可能会伤害到宝宝。你首先要制止这种行为，然后平静但坚定地告诉宝宝："打人是不好的行为，妈妈知道宝宝的玩具被抢走，让你不开心了。我们可以用嘴说出来，但不要用手打人。我们去和小朋友和解吧，问他能不能把玩具还给我们，和我们一起玩。"

｜"不要大喊大叫"VS"你这样说话妈妈听不明白，用平时的声音好吗"｜

宝宝有时因为不擅长表达，所以只能用喊叫的方式吸引你的注意，希望你能帮助他。你可以用温柔的语气和正常的音量告诉宝宝："这样说话妈妈不明白。你能用平时的声音告诉妈妈你遇到了什么困难，需要妈妈如何帮助你吗？"教宝宝学会用正确的方式沟通，要比用更大的声音让他安静更重要。

"不要玩妈妈的手机"VS"宝贝，把手机给妈妈，你玩这个好吗"

当宝宝抢走你的手机或其他东西时，要说服他还给你是很难的。如果拿一样有意思的东西跟他换，就会容易很多。要是手边没有什么吸引他的东西，那就试着和他一起做些什么。比如，讲故事、玩游戏等。

不要只是简单地下命令："不要！""不准！""不可以！"换一种轻松的口吻，解释一下原因，同时告诉他"你可以做什么"或是"我们一起做什么"。

糕妈说

其实，和宝宝说话没有这么难，你要做的就是多一句解释（为什么不行），多一句建议（可以做什么），做他的盟友（我们一起做），而不要做上帝（我不准你做）。如果宝宝比较执拗，那就采取迂回的方式转移、分散他的注意力。这样他很快就会忘了自己刚才在坚持什么。

不斥责不溺爱，
挫折教育到底应该怎么做

成长的路上免不了会遇到挫折，由于挫折而产生的无能感和愤怒会令宝宝很痛苦。那么，如何让宝宝在遇到挫折时少发点脾气，学会积极应对呢？

理解万岁，帮孩子说出感受

当宝宝努力拿着勺子，想把食物送进嘴里，可每一次都以失败告终，宝宝有苦说不出。这时妈妈的理解非常重要。你可以拉着宝宝的手，看着他的眼睛，然后说出他此刻的感受："宝宝努力想自己吃饭，可是饭菜总是掉出来，所以你觉得很生气，对吗？"这样做不仅能让宝宝平静下来，感觉不那么糟糕，还能帮助他认识情绪，进而学会表达和管理情绪。

妈妈还可以再给他一些鼓励："自己吃饭确实挺难的。妈妈小时候也练习了很久才学会呢。我们再试一次好吗？"这会传递给孩子一个信息：失败是正常的，多多练习就能成功。这样宝贝就能从挫败感中走出来，专注在吃饭这件事情上了。

做一半，留一半，这样帮忙恰到好处

宝宝什么都想自己来，却时常高估了自己的能力。这会让妈妈们陷入两难：帮他，会让宝宝失去成长和锻炼的机会；不帮，那就得坐等"火山爆发"了。其实，还有一种办法，就是做一半，留一半。帮孩子完成超出他能力范围的那部分，剩下的由他自己完成。最后的收尾工作一定要让孩子自己来，这是提升他自信心和抗挫能力的绝佳机会。

指派任务，让宝贝"刷一把存在感"

妈妈正在切菜，宝宝也想要拿刀，这显然是不能妥协的。这时，我们可以给他指派一些其他任务，比如搅拌沙拉、摆放餐具等。这样不仅能成功转移宝宝的注意力，还能让他参与其中，"刷一把存在感"。其实，孩子并不是无理取闹，也不是非切菜不可，他只是想帮妈妈的忙，证明自己是个有用的孩子。这时只有满足宝宝想要参与和贡献的愿望，他们才会乖乖听话。

放弃也是一种选择

宝宝遇到困难时，除了理解和鼓励，我们还要懂得尊重他的意愿。如果他真的想放弃，也没什么不可以。"宝宝今天很努力呢，妈妈看到了你的进步。一次不成功没关系，我们改天再一起试一次，妈妈相信你一定会做得越来越好的。"理解他此刻的心情，并建议他改天再尝试。这种无压力的环境，父母无条件的陪伴、支持与信任，会让宝宝更有信心，更愿意尝试。

给宝宝定个可以达到的小目标

如果宝宝总在挑战不可能的任务，不断失败的经历只会让他看不见成功的希望，失去信心。父母要做的就是帮助宝宝制定一个可以达到的小目标。如何帮宝宝设定小目标呢？比如，我们可以根据穿衣的难度给他设置几个小关卡：

① 把手伸进对应的袖子里。

② 能自己穿上宽松的套头衫或运动裤。

③ 能自己从上往下系扣子。

每次"闯关"成功，都会给宝宝带来很大的成就感。妈妈还可以通过奖励贴纸的方式，让宝贝的成功可视化。

糕妈说

　　宝宝的成长需要挫折，但更需要我们的爱、包容、理解、支持。只有在爱的土壤里，挫折才能变成孩子成长的养分，而不是压垮他的稻草。

给孩子最好的礼物，
是教他过有准备的人生

考试前临时抱佛脚，出远门前一晚才收拾行李，最后忘东忘西……连孩子也被这样的我们"带跑偏了"：孩子还不会自己穿衣吃饭，一拖二拖，就拖到上学了；生活中碰到问题了，孩子一点自己的想法都没有，因为总有父母在一旁教他这样做、那样做。永远没有准备好出发的孩子，未来又将怎样去面对自己的人生？从来都没有表达出自己的观点，又怎能具备必要的人生竞争力呢？总不能一路走来，都是毫无头绪，磕碰着受教训吧，这样挫折只会越来越多。

趁着时间还早，趁着孩子还小，先让孩子做好准备吧！当爸爸妈妈不在身旁，他也能活出独立的自我，有底气和勇气面对未来的生活。那么，到底怎么帮助孩子做准备呢？"授人以鱼不如授人以渔"，我们要教给孩子的不仅仅是面对问题时能够保持独立思考的能力，更重要的是在碰到难题时，能够用一套日常生活中就已经熟悉的行为来应对。只有这样，孩子才会有面对未来生活的坚实"盔"甲。

独立思考并不难，关键看你怎么听、说、做

俗话说："思想决定行为。"学会独立思考的孩子则是在思想上搭建起了一个牢固的堡垒。在面对难题时，他会有路可循。孩子的独立思考意识该怎么培养呢？爸爸妈妈们不妨从听、说、做来入手。

┃这样听，孩子才愿意表达┃

倾听孩子的想法很有必要，但倾听不是沉默，更不是帮孩子做决定，而是在情感上对孩子做出积极的回应。当孩子哭着跟你说："家里的小金鱼死

了。"你别急着安慰他："别难过了，宝贝。"更不要自以为是地补偿他："不就是一条小金鱼吗？再买一条给你。"

孩子可能只是想告诉你自己很难过，父母要学会读懂他这句话背后的情绪。你不如试试这样说："是啊，真没想到小金鱼死了。妈妈看到你真的很伤心呢，看来你真的很喜欢这条小金鱼。"只有当爸爸妈妈们学会了耐心倾听，孩子才会愿意表达自己的想法。

▎这样说，让孩子更懂什么是真正的"我"▎

大一点的孩子对事物逐渐形成了自己的看法，可以鼓励他"开口说"，这种鼓励是不夹杂大人的情绪、想法，或者带有判断性的语言。比如对孩子说："我希望知道你的看法。""对这件事，你似乎有话要说。"小月龄的宝宝还不善于表达自己，家长可以引导、尝试着说出他的感受。比如对宝宝说："宝宝是不是肚子饿了，是的话你就点点头。""宝宝是不是想要这个玩具，是的话就走过去把它拿过来吧。"当孩子表达出自己的感受，他才会慢慢塑造对自我的认知，了解一个真正的自己。

▎这样做，孩子才会懂得独立思考的意义▎

我们常常陷入一种"怪病"——自以为是地帮孩子做决定，美其名曰"为了他好"。比如，让孩子自己挑衣服，却又在孩子挑了我们认为不好的款式之后"善意"地给出建议。久而久之，孩子在碰到各种事情前，哪里还会有自己的想法？聪明的父母会尊重孩子的意见，并且让孩子按照自己的想法去做。这样孩子才会逐渐学会独立思考。

训练孩子的能力，可以坚持以下"三手抓"

"纸上得来终觉浅"，想的再多也不如实际操作一回。在做准备这件事上，不妨让孩子多练习。反复的练习不仅能让孩子学得快，还能在面对挫折时更有自信！

帮助孩子分解行为的难度

我们自己学新东西时，总是嫌老师教得太快，消化不了。可是当我们变成老师，教孩子穿衣、吃饭时，也常常犯同样的错：讲得太多、太快，没有给孩子消化和练习的时间。比如教孩子穿衣服，我们可以一个礼拜只教他如何把头和手放进对的洞里面。等他能熟练穿套头衫了，再让他挑战开襟的衣服。教的时候一次只演示一个步骤，让孩子能跟着妈妈一边学一边做。一步一步地分解动作，其实就是鼓励孩子，慢慢、稳稳地向前走。

让孩子在轻松的氛围下练习

面对孩子不够熟练的动作，爸爸妈妈们要学会给予孩子更多的耐心，不责备，少纠正。总是关注孩子的错误，不仅让我们很焦躁，还打击了他的热情和自信——"怎么做都不对，我不想学了"。在学习新技能时，会遗忘和出错本来就很正常，大人也不是一下子什么都能记住，别用不可能达到的标准去要求孩子。

孩子进步要表扬，让孩子树立信心

当孩子进步时，及时进行表扬，能让他的内心产生更大的信心去坚持这件事。我们还可以给宝宝制作一张练习进度表，每完成一项练习，就让他亲自贴上一枚贴纸（集齐 7 枚就能兑换一个小礼物等），这样宝贝就能更直观地感受到练习带来的进步和成就感。

糕妈说

有了孩子的我们，从内心深信"要把最好的东西给孩子"这样的说法，但我们却常常误读了"最好"这两个字的含义。物质上最大限度的美好，在孩子碰到困难时及时伸出援手，并不是"最好的"。而是要让孩子成为一个从容不迫、知道自己要做什么、该怎么做的人，从而活出自我的人生。

亲爱的宝贝，你不能什么都想要

宝宝看到什么都想要，如果坚持不给他买，就会从哭变成闹、撒泼、打滚轮番上演。而对这种情况，很多家长往往会选择妥协。但是，妥协又怕对孩子的成长不好。父母该如何巧妙应对呢？

宝宝的任性不懂事，可能是博取关心的方式

有时宝宝任性的"想要"，可能是他想要获得父母的关注。"爸爸不肯给我买，是不是不爱我？""为什么小明可以有，我却不能有？"孩子对于物质的认知，在很大程度上取决于父母处理的方式。

请记住，爱是无法购买的

不论你给宝宝买什么东西，都不可能赢得额外的亲情，反而会让宝宝的内心生长出贪婪的"小恶魔"。所以，要让宝宝逐渐意识到：并不是想要什么就能有什么，爸爸妈妈是因为爱才会在某个时候给他买礼物。面对一个想要通过物质来证明自己重要性的宝宝，最好的方法就是给予他足够的爱和关注，告诉宝宝"我爱你"，让他从内心深处得到爱的满足。

不妥协，也是一种爱的方式

一味地对宝宝妥协，他就会变本加厉，想要更多、更好的，甚至超出父母承受能力的东西。但通过父母的妥协而得来的礼物，也就缺少了爱的温度。所以宝宝收到东西时不会有惊喜，得不到东西时却会哭闹得更加厉害。所以，一旦你决定了不买，就不要妥协。你的坚持，是在帮助宝宝树立正确

的价值观，为他长大以后能管理好自己的"小任性"做好准备。

有效的沟通、疏导，是化解"想要"的不二法宝

父母的情绪会直接影响孩子，当宝宝发脾气时，一定要让自己先平静下来，用温柔的语言进行安抚。等宝宝慢慢安静下来了，才会听你说话。告诉宝宝，你知道他很想要这个东西，让孩子觉得你理解他。怎么哄都不行时，可以尝试快速转移宝宝的注意力。下一次购物前，可以先和宝宝说好买哪些东西。在购物的过程中，还可以找点事情让他做。

糕妈说

每个人都有什么都想要的阶段，宝宝处于这个阶段时，父母做好正确的引导是非常重要的。引导的过程可能非常漫长，会有反复，需要我们再三的耐心和努力。但是请相信，宝宝的改变会验证"一分耕耘，一分收获"。成功的养育，关键就在于生活中的一点一滴。

不想孩子被欺负，
从小就教他做个"谈判专家"

父母处理孩子间的矛盾时往往简单粗暴，要么教孩子不能吃亏，要么让孩子凡事忍让。其实，这两种极端做法，不仅没教会孩子解决问题，还容易造成他们或霸道、或懦弱的性格。父母要教给孩子化解冲突的方法和技巧，这样当他们再次遇到同样的问题时，才能依靠自己的力量去解决矛盾，赢得尊重。

表达感受和需求

当小朋友之间发生不愉快时，要鼓励宝宝说出自己的感受和需求。"毛毛，我不喜欢你说我'小气鬼'，我只是自己还没有玩够。"小朋友天性善良，如果能有话好好说，很多不当行为（打人、推人、扔玩具等）都是可以避免的。如果孩子说出了自己的心声，却遭到了拒绝，开导他不用难过，尊重别人的决定。我们可以转移孩子的注意力，带他玩点其他有趣的游戏，"我们家的小火车也很有趣呢。"这样他会更容易接受。

换位思考，培养孩子的同理心

"毛毛，小琦不让你骑车，你觉得不高兴了对吗？但小琦的脸被划破了，一定很痛，他的心情也会变糟糕。你被别人弄痛的时候是不是也会很生气呢？"让孩子回忆下自己遭遇类似情况时的心情，他会更容易理解别人的感受，真正认识到自己错在哪里。为了加深和延展这样的同理心，父母平时可以和孩子做些角色扮演游戏。如果你的孩子老是抢别人的玩具、推人骂人，那么在游戏中让他扮演一下"受害者"——被骂、被推、被抢玩具，从中体会自己不好的言行给别人带来的痛苦。

教给孩子"谈判"的技巧

孩子不能很好地表达自己的意愿，你可以试试让他们用下面这些技巧去解决冲突。

☆**换着玩**——"小琦，我用我的小火车换你的脚踏车玩一会儿好不好？"

☆**轮流玩**——"这里只有一个秋千，我们三个轮流玩，一人荡十下，没轮到的帮忙数数，好不好？"

☆**一起玩**——"我有木铲，你有桶子，我们可以一起堆一座城堡，你觉得怎么样？"

☆**按规则玩**——"我们得想个办法，让大家在滑滑梯时保证安全。如果有人喊'等一下'，大家就别动，看看滑梯下面有没有人，你们同意吗？"

大人以身作则，树立榜样

父母平时对待孩子、处理问题的方式，对孩子是一种无形的教导。想要孩子有好的行为，父母得先做出示范。尊重别人，冷静地处理矛盾；自己做错了，就真诚向对方道歉，并想办法弥补。只有这样，孩子才会在遇到矛盾时，不用暴力或眼泪解决问题。

糕妈说

当孩子与小伙伴产生冲突时，其实也是培养孩子情商的好时机。可以引导孩子认识自己的情绪，并学会控制情绪；同时理解别人的感受，在表达自己需求时，也要尊重他人。

当这种机会来临时，很多父母却没有教会孩子如何解决冲突，而是第一时间为孩子摆平所有事。然而，一个永远躲在父母背后的人是没法真正成年的。

孩子受欺负的时候，
你如何优雅地"插手"

宝宝受欺负了，妈妈又心疼又气愤，到底该直截了当地站出来，还是碍于面子忍气吞声呢？如果宝宝还小，家长要毫不犹豫地制止这一错误行为。因为 3 岁以下的宝宝，并没有自己处理这种事情的能力。如果家长不出面干预，只会导致事态升级，闹得双方更加不愉快。

忍气吞声会让孩子习惯忍受欺负

碍于情面的"优雅转身"，只会给孩子错误的示范，会让孩子觉得受到不公正的对待是合理的。教孩子用逃避来解决问题，只会让他更容易成为被欺负的目标，久而久习惯于忍受欺凌行为。当孩子习惯被欺负，却又无处发泄自己的负面情绪时，这些负面情绪就会沉积在心底，然后像滚雪球一般越滚越大。有些人终其一生都无法摆脱阴影；而有些人会在某个时刻爆发，酿成抑郁、报复社会等悲剧。

0~3 岁：需要大人及时介入

大人要及时介入，果断指出错误行为。如果"肇事"小孩没有改正，则需要让对方家长参与进来，共同解决。倘若遇到不明事理的家长，那就果断带孩子离开。爸爸妈妈对欺凌行为的零容忍和实际行动，会让孩子明白：没有人能随便欺负他，他也不用害怕受欺负。

3 岁以上的孩子：授之以渔

从幼儿园开始，孩子就有可能被欺负。离开了家长的保护，受欺负了，孩子必须学会自己应对这些社交问题。父母可以这样做：

☆**避免过激反应**：许多孩子受到欺负，第一反应就是大声哭喊。这反而极大地满足了欺负者"看好戏"的心理，导致孩子成为长期被欺凌的对象。教孩子学会"酷一点"的冷处理，淡定地一笑置之。

☆**建立自己的朋友圈**：平时多鼓励孩子结交小伙伴。孩子一旦有自己的朋友圈，底气足了，被孤立和欺负的概率就会降低。

☆**做家长的要更细心**：多留心学校里其他小朋友的情况，比如大部分孩子怎么穿衣，都参加些什么活动等，让孩子"看起来跟其他人一样"很重要，可以确保孩子不会"莫名其妙"地受到孤立或排挤。

☆**永远做孩子坚实的后盾**：有时候孩子被欺负，并不是因为他没用，而是确实遇到了"恶霸"。当情况严重时，一定要让孩子知道，遇到困难，向父母、老师、朋友求助才是正确的做法。

☆**练得火眼金睛**：有些孩子受了欺负不敢告诉家人。爸爸妈妈要多注意孩子的表现：衣服是不是有拉扯的痕迹，孩子的情绪是否低落，引导孩子说出自己的真实感受。发现孩子确实受到欺负时，先和他商量用什么方式解决，并尊重孩子的决定。如果需要和老师、学校联系解决时，一定记得要跟进整个过程，因为一场谈话无法从根本上解决问题。

糕妈说

孩子受欺负了，确实是令家长十分揪心的事情。每个孩子都是全家的宝贝，我们努力给他营造一个阳光、正面的生活环境，希望他健康成长。但总有一天，他会离开我们独自生活。在保护他的同时，教会他保护自己，为的就是当孩子离开我们后，同样能生活得积极而乐观。

想让孩子更自信，光说"你真棒"可不够

不管孩子天生性格是内向的，还是外向的，都可以是个自信的孩子。怎样培养孩子的自信心，除了夸奖，妈妈能做的还有很多！

夸奖要真诚

称赞是让孩子更自信的不二法宝，同时，适度和真诚也很重要。不要因为他本来就能做好的事情夸奖他，也不要只提结果不提过程。要多称赞孩子为之付出的努力，这样他会明白努力是一件值得肯定的事。夸奖要具体，比如看孩子画的画，不要简单地说"孩子真厉害，画得真棒"，而应该说"天空的颜色很漂亮"，或者"爸爸的发型画得特别像"，这样孩子就知道你真的认真在看他的画，以后画起来就更卖力了。

不要事事代劳

家长如果代劳太多，不仅会限制孩子各方面能力的发展，还很容易让他变得"玻璃心"。家长可以鼓励孩子从小自己做事情，比如吃饭和穿衣服。一开始可能会多花些时间，需要家长更多的耐心，但孩子能从中学到各种经验，提高自己的动手能力。而且孩子学东西很快，不用多久，他就能做得又快又好了。多给孩子机会尝试，失败了也没关系。要让他知道失败是很平常的，成功是需要付出努力的。父母犯错的时候可以示范着轻松面对，这对孩子也是一种很好的"身教"。

告诉孩子人无完人

让孩子知道世界上没有完美的人，每个人都有自己的优缺点。妈妈平时不要拿孩子和别人家的孩子做比较，这样很容易伤害孩子的自尊心。当孩子觉得自己不如别人好时，妈妈要及时开导孩子，告诉他每个人都是独一无二的，爸爸妈妈的爱不会因为任何原因而有所改变。

不要给孩子"贴标签"

当孩子发脾气的时候，妈妈要控制好自己的情绪，冷静指出孩子的错误，并给出具体的改正意见。千万不要一生气就口不择言，说出伤害孩子的话。妈妈不要轻易给孩子下定论、"贴标签"，批评建议要对事不对人。可以说某种行为是错误的，妈妈希望你如何改正，但不要说"你怎么这么调皮？""你怎么就是不听话"。经常给孩子"贴标签"，不仅会让孩子受伤，还会强化孩子和这种缺点的联系，让孩子更难改正。

让孩子自己做决定

给孩子做决定的机会，他会从中获得自信，也能慢慢学会选择和判断。最好是给孩子两三个选项，让他从中挑选一个。比如不要简单地问他午饭想吃什么，而是让他在面条、米饭和馄饨中选一样。同时，也要让他知道有些事必须由他自己来决定，没有商量的余地。比如吃饭的时候不能边吃边玩，也不能中途离开。

培养他的兴趣

让孩子有机会接触各种活动；当他找到自己的兴趣时，要多多鼓励。孩子总会对自己喜欢的事充满热情，也容易做得更好。对于害羞内向、不善交际的孩子，兴趣爱好能让他们更自信，更容易和其他小朋友建立友谊。

鼓励孩子自己解决问题

当孩子遇到问题时，鼓励他自己解决。妈妈可以适当地引导，但一定要忍住替他摆平一切的冲动！比如，在和其他小朋友玩耍时被抢了玩具，你可以先让他自己想办法。也许他还不能很好地解决问题，但至少能让他养成爱思考的好习惯，同时培养了他直面问题的勇气。

多帮助他人

当孩子觉得自己能发挥作用时，他们会觉得自己更有存在感和价值感。妈妈们可以根据孩子的年龄和能力，给他分配一些适合他做的家务，比如爸爸回家时帮忙拿拖鞋。这样不仅能提高孩子的动手能力，还能增加他的自信心和责任感。

糕妈说

要让孩子变得自信，就需要给他一个充满爱的环境，尊重他的天性，让他多尝试、多探索。妈妈要少干涉、少指正。经历得多了，孩子自然就有勇气和智慧了。此外，爸爸多参与带娃，会让孩子更自信！

难以启齿的性教育，再不开始就晚了

关于性，不要认为孩子长大了自然就懂了，对孩子的性教育是父母绕不开又非常重要的教育内容。那么，何时开始、怎样进行，才能既科学地教育，又不会引起负面效果呢？

为什么要进行性教育

我们很容易误把"性教育"等同于"生理卫生"或"性交教育"，事实上不止如此。孩子的性别认知、正确的如厕姿势、安全隐私教育等都是性教育的内容。性教育作为严肃的生命课题，除了正确认识生理构造，也是为了让孩子学会接纳自己的身体、性别以及社会角色，更好地适应社会规则。不要把教育的责任推给未来的学校；爸爸妈妈科学的引导，能确保他信息获取渠道和内容的正确、安全。幼年正确的性启蒙，更大价值在于能够教会孩子在成长的过程中，懂得如何保护自己，规避风险。

儿童性教育的各个阶段

怎么解释问题，对相关的行为如何对待，这要根据孩子所处发展阶段和行为特征来决定：

▎婴儿期：0~2 岁▎

学会认识包括生殖器在内的身体部位；能运用性别标签区分男女，比如"爸爸、妈妈""男生、女生"。

▎儿童早期：2~6 岁▎

明白性别是无法改变的，性别分化加强，对具有性别特征的游戏和玩具出现偏好；懂得生育的一些基本知识，比如生孩子需要男女共同完成，孩子在妈妈的子宫里长大；明白身体是自己的，不可以让其他人触摸"私密部位"，要拒绝不合适的接触。

▎儿童中期：6~8 岁▎

对两性关系有了基本的了解，明白了爱与性的关系；懂得并形成对隐私、裸体和他人关系的尊重；对于即将到来的青春期有了知识准备；初步理解了人类生育的意义，对性交有了一些简单认识。

你应该这样对孩子进行性教育

▎平静应对，不要回避▎

忽视或回避会给孩子造成"这件事和问这件事都很可耻"的错误印象。妈妈要了解孩子想知道的究竟是什么：生殖器的名称，男生女生的差异，或者其他。

▎按照孩子的理解能力回答▎

这个阶段的孩子不需要深入复杂的解释，顺应他的思维简单作答即可。

▎科学、正确、简单地回答▎

直接告诉孩子阴茎、阴道、精子、卵子这些正确术语，采用委婉、隐晦的说法只会让他更糊涂。只针对他的问题作答，不需要展开更深入的内容。正确积极的回应会让孩子觉得自己的提问是被允许的，并能够得到正确答案，从而建立他对父母的信任和依赖。以后遇到相关的问题，他就会首先向父母寻求帮助。比如孩子问怀孕的问题，你可以说："我们想要一个孩子，爸爸就会把他的精子放到妈妈的身体里，妈妈肚子里有个特殊的'房间'叫'子宫'，小孩子就在这里长大。"没必要趁机给他讲关于生育、分娩甚至性活动等内容，解释太多反而容易让孩子陷入困惑。

妈妈最困惑尴尬的问题

┃孩子自慰怎么办？┃

孩子对私处的探索一般都是源于好奇，可能偶然无意的触碰让他感觉很舒服。但这并不是性行为，也不是早熟。就像他努力把脚放到嘴里一样，只是孩子成长过程的一部分，这个行为更多代表着他开始意识到身体是自己的。这件事值得重视的原因在于，孩子必须及早明白"私人"和"公共"场所的区别。如果在家发生，妈妈可以尝试用游戏转移他的注意力；如果在公共场合就要告诉他不可以，最好悄悄地提醒或拉住他的手，在他能克制自己的时候表扬他。

┃孩子对生殖器特别感兴趣怎么办？┃

4~5 岁的孩子开始意识到男女在生理结构上的差异。妈妈可以平静地回答孩子的问题，在孩子洗澡或者其他合适的时候，引导他正确地认识包括生殖器在内的身体的每个部分，同时开始培养孩子的隐私安全意识。

┃做爱被孩子看到怎么办？┃

这可能是最尴尬的一个场景。不过对于孩子来说，他还不明白你们在干什么。父母要先确定孩子看到了多少以及他的反应。如果孩子没什么特别反应就顺其自然，他可能很快就忘记了；如果他向你询问，可以告诉他爸爸妈妈喜欢对方就会用亲亲抱抱来表示，这是大人特殊的表达方式。

糕妈说

　　无论是日常生活中的教导还是对尴尬问题的应对，妈妈都要根据宝宝实际发展阶段和性格特质科学引导。原则是：战略上引起重视，战术上保持轻松。对这个阶段的宝宝来说，能够认知性别、形成隐私观念、触发安全意识、懂得向父母求助，就是性教育要达到的目的。

打不得，讲不听，
如何管教爱发脾气的孩子

　　管教发脾气的孩子不是一件容易的事，但掌握一些原则之后，其实并没有那么难。孩子 1 岁之后，开始学习哪些行为可以被接受，哪些行为是父母所禁止的。这时家长开始为他们设定一些规则和界限，可以防止以后出现更大的问题。"孩子还小不用定规矩"是完全错误的。

孩子发脾气的时候，家长一定要保持冷静

　　孩子发脾气的时候，家长一定要保持冷静，尝试理解孩子为什么发脾气，比如，是因为搭不起那块积木，还是因为拿不到他想要的东西，然后"对症下药"，合理安抚。如果孩子只是发发脾气、跺跺脚，不会对自己和其他人造成威胁，那么家长可以不对孩子表现出关注，确保他在你的视线范围内就可以了。如果孩子发脾气时会伤害自己或是其他人，应立即把他带到安静并且安全的地方。

　　孩子发脾气时，千万不要用他想要的东西（零食、新玩具等）来哄他。这只会让他觉得发脾气很管用，可以让他得到他想要的东西。当他克制了情绪之后，可以用语言表扬他。

让孩子少发脾气

孩子1岁之后发脾气是很正常的事，因为孩子明白的事比能表达的要多。他们常会因为无法表达自己的需求而感到沮丧。但发脾气毕竟不是一件令人愉快的事情，家长可以帮助孩子少发脾气。

☆**在说"不"之前重新审视孩子的需求**：孩子提的要求真的不能接受吗？如果还好，倒不如在保证安全的前提下满足他。

☆**给孩子一定的自由**：在你限定的范围内，让小朋友来做选择。比如，"下午的点心，你想要吃苹果还是香蕉？"

☆**给孩子足够的关注**：确保孩子不是单纯地想要引起大人的注意才调皮捣蛋。当孩子表现好的时候，可以奖励他。

☆**了解孩子的状态**：不要在孩子该睡觉的时候陪他玩，孩子累了的时候就不要勉强他陪你去超市。

☆**尊重孩子的情绪**：当孩子不开心时，我们不要总说"没关系""不要紧"，试着替孩子说出感受，这样能教会孩子认识情绪，将来他才能更好地调节和处理情绪。

☆**如果孩子想哭，那就让他哭一会儿**：哭泣是情绪的需求。当孩子哭泣时，我们只要静静地陪在他身边，给他一个温暖的拥抱就好。

☆**拿出纸和蜡笔，让孩子把坏心情画出来**："告诉妈妈，你现在有多生气。"他可能会拿蜡笔在纸上乱涂一通，或者把纸撕成碎片，这都是释放情绪的途径。平时，我们也可以给孩子读一些有关情绪的绘本，让他能更好地认识和面对自己的情绪。

┃不要让他太受挫┃

提供一些适合孩子年龄的玩具，难度逐渐增加。

几个有用的管教法则

☆**说到做到**：说到管教，很重要的一点就是"说到做到"。只说不做或是定规矩时半途而废的家长，是肯定管教不好孩子的。"吓唬式"的空头威胁会降低你的威信；要么说了就做，否则不如不说。

☆**不要打他**：小孩子不太可能把行为和体罚联系起来。在你打他的时候，传达出的信息是"生气的时候可以打人"，他就会效仿。家长也可以趁机修炼一下自己；你越能控制好自己，就越能有效地管教孩子。

☆**减少冲突**：孩子天生自带无穷的好奇心，想要探索和研究这个世界；与其等着冲突发生，还不如尽可能地减少诱惑。把你不想让他动的东西，通通收起来！

☆**平静中断法**：对付孩子做错事的最佳方法是将孩子暂时隔离，不关注他，不给他玩具，不跟他玩。一般来说，孩子几岁就设定几分钟隔离。隔离时间短一些可能是有效的，不建议太长时间的隔离（不容易做到且效果不好）。

糕妈说

发脾气这件事情，家长们不用把它当成是洪水猛兽，无论是大人还是孩子，都需要情绪的宣泄。但若是听之任之，很可能你会养出一个让人讨厌的孩子。

孩子打人，很可能是因为你的管教方式有问题

爸爸妈妈都希望孩子能多和别的小朋友一起玩，学着多交朋友，成为一个受欢迎的孩子。可如果自己的孩子总是爱打人，那麻烦可就多了。

一言不合就去推、踢别人；看上的玩具直接抢；有时候明明玩得好好的，突然就伸手要去"碰"别人一下……每次都批评教育让他道歉，他说好"再也不打人了"。下次带他出去玩，老毛病还是改不了。明明知道孩子没有恶意，可他就是改不了怎么办呢？

"打人"是孩子的正常表达方式

孩子到了 1 岁左右，手部运动能力有了很大发展，他能支配手腕到上臂的力量，做出"打"这个动作，就像我们学会了某种技能一样，会开心地不断试验。这是很正常的行为，而不是成年人心目中的"暴力"，更不能以此来预测孩子未来的行为。

孩子和其他小朋友因为一个玩具拳脚相向，是很正常的。孩子的自我意识开始萌发，凡事都以"我"为先，别人抢"我"的东西"我"自然不肯让对方得到，此时"打"就是一种拒绝他人、解决问题的方式。在孩子眼里，这只是表达情感的一种方式而已。在这种情况下，妈妈带着孩子一起向被打的小朋友道歉并表示关心，效果反而会更好，因为父母的能给孩子做出正确的示范。

正确引导，不要以暴制暴

小朋友的想法就跟小动物一样，他并不知道什么是恰当的行为，需要家

长用正确的方式来引导，教会孩子有情绪的时候应该怎样表达。当孩子打妈妈的脸时，妈妈要平静而严肃地告诉他："这样会打痛妈妈，会让妈妈不开心。"同时，妈妈要握住他的手，让孩子感受到轻轻的抚摸，他才会安静下来。这样的引导，可能需要做很多次，孩子才能真正理解。

自己的孩子"打"了别人，妈妈要表现出对孩子的理解："妈妈知道你不是故意的，你只是喜欢那个东西，那个小朋友也喜欢，不想分享，所以你生气了，但我们不能打人哦。"讲道理要简短明确，但不能批评、指责。记住，千万不要用武力，如果你打了孩子，就是亲身示范了"可以打人"，孩子正值模仿能力强的时期，他会模仿你的行为，导致这种行为被强化。

减少孩子打人的方法

|避免不良示范|

我们跟孩子在一起玩的时候，常常会开心地捏捏或者拍拍他的小脸蛋，有时候还会开玩笑或吓唬他"妈妈要打你啦"。家长们觉得是很亲昵的行为，其实是给了孩子不好的示范，让他觉得捏脸、拍脸是一种表达喜爱的行为，但孩子效仿的时候不分轻重，就演变成了大人眼中的"打人"。所以家长不妨采用别的方式来表达爱意！

|多给宝宝关注|

孩子天生就有被爱、被关注的需求，如果父母太忙，孩子觉得被冷落，就会想办法吸引大人的注意力。给他足够的关注，以免孩子以打人的方式吸引家长的注意力。

用好绘本，让孩子学会表达情绪

孩子 1 岁以后，自我意识开始逐渐萌芽，也开始感知到自己的情绪。当他不高兴却不知道该怎样表达的时候，就会演变成发脾气、打人。家长可以通过读绘本和做游戏，演绎不同的表情，让孩子知道，不高兴是一件很正常的事情，他可以告诉妈妈，妈妈会带他去做一些开心的事情。

适当的"打闹"，可以让孩子自己解决

小朋友之间打闹是再正常不过的事，有时候可以静观其变，可能过一会儿他们就已经和好如初了。最忌讳家长一上来就急着判定谁对谁错，或者不分青红皂白认定大的欺负小的。对于有表达能力的孩子，可以先听听他们的理由，然后引导孩子该怎么做，尽可能让他们自己找出解决矛盾的方法。这样宝宝解决问题的能力也得到了提升，下一次再遇到类似的问题就不用再求助大人了。

糕妈说

我们教育孩子，不是为了让孩子变成"恶霸"去主动攻击，也不是让孩子做一只温顺的"小羊"默默忍受一切，关键在于教会孩子"什么是正确的事情"，既要让孩子树立自我保护的意识，又要培养孩子自己解决问题的能力。

宝宝爱咬人，父母该怎样引导

很多家庭都有像小狗一样爱咬人的宝宝，打不得骂不得，讲道理又没啥用，怎么办？

宝宝咬人原因大盘点

|宝宝可能在长牙|

长牙期的宝宝牙床痒痒，为了缓解出牙的肿胀感，会出现咬人的情况，特别是咬大人的手。这时候也许磨牙胶可以帮上忙，让我们免受宝宝的"迫害"。

|纯粹好玩而已|

你是不是有过这样的经历：和宝宝玩游戏时被咬了一口，我们的表情和反应越夸张，宝宝笑得越开心。对他来说，这就是一款好玩的游戏，被咬的人反应越过激，越滑稽，下次宝宝就会继续咬！这种行为在不知不觉中被强化了。

|宝宝探索世界的方法|

咬，是宝宝探索世界的方式之一。妈妈的脸是不是像看起来的那样软乎乎？爸爸妈妈的肩膀味道一样吗？咬咬，尝尝，从体验中获取经验。

|宝宝表达情绪的另类途径|

宝宝生气、沮丧的时候，可能没有办法用语言明确地说出来，只能求助于肢体语言，咬人就是他表达、发泄情绪的途径之一！如果平时对孩子要求过高，令宝宝产生逆反心理，也会导致咬人行为的出现。咬人也可能只是他寻求关注的小伎俩，咬你、烦你、吵你，都是为了让你注意到他！

全面攻克宝宝咬人的难题

宝宝咬人肯定有他的原因，但这并不代表孩子变坏了。这种行为本身会给他人造成一定的困扰，也不利于宝宝和别人的交流，甚至被大家嫌弃。作为妈妈，不妨试试以下几招：

┃不要以暴制暴┃

宝宝咬人了，当妈妈的又急又恼，想着我也咬你一口，或者我轻轻打你一下，总该长点记性吧？答案是：No，这样做没用，甚至更糟糕！你的一举一动都可能被宝宝记住并模仿。虽然我们只是做个假咬或者假意惩罚的动作，但宝宝会误以为被人咬了是可以咬对方的，或者可以打人！如果做了错误的示范，以后再讲多少大道理都于事无补！

┃不回应，不忽略┃

不回应是指收起我们的过度反应。大发脾气或怒吼"宝宝怎么可以咬人"，宝宝不是被吓到，就是以为你在跟他玩呢！当然，适度反应并不代表不在意，当宝宝出现咬人的行为时，我们需要立刻制止，并且温和而平静地告诉他："咬人是不对的，妈妈会很疼。"如果有必要，及时带宝宝离开"案发现场"，避免进一步伤害。当然，妈妈还可以迅速用玩具、儿歌之类的东西转移他的注意力，把宝宝从咬人的状态中解放出来。

┃疏导为主，同时寻找替代物┃

如果宝宝是通过咬人来宣泄情绪，那当妈妈的必须要对宝宝表示理解，多和他说说话，动之以情，晓之以理！同时，鼓励宝宝用语言来表达需求或当下的情绪。凡事都要一步步来，若是宝宝就想咬，不妨先找个替代物，这样起码能不伤到别人。

｜给予宝宝更多的关心｜

除了吃喝拉撒睡，宝宝的情感需求也是不容忽视的。每个宝宝都是独一无二的，清楚自家宝宝的性格特点，不强迫孩子做超出他们的承受能力的事，及时发现和疏解宝宝的小情绪，才能做个懂宝宝的好妈妈。

糕妈说

宝宝咬人的行为绝不是万恶不赦的。对于宝宝的大部分负面行为，我们要清楚了解背后的原因，温和而果断地制止，告诉他什么是正确的表现。如果有必要，让他知道后果（比如必须停止游戏）。

怎样调教整天乱扔东西的"熊孩子"

不同年龄段的宝宝都会有"扔东西"的问题,这是让不少妈妈都头疼困惑的事情,到底该如何解决呢?

扔东西是个好事情

很多妈妈对于宝宝扔东西这件事情很头痛,其实,扔东西对于宝宝来说是个好事情!

▎是发育良好的信号▎

大概从 3 个月起,宝宝就会将手张开又握起,在他手心放一个小东西,他会立刻握住。渐渐地,宝宝可以控制自己的手指,能将捡到的东西再松开。在没有学会其他技巧,比如拆、装的时候,宝宝可能会一遍遍地重复"捡—放"的练习,随着力量的增强,就会演变成扔、抛、砸。

▎是实验和学习的机会▎

4~5 个月时,宝宝就能更好地理解一个重要的概念——因果关系。他会发现移动、摇动、敲打,或者把东西扔到地上,都有可能让东西发出声响,同时引发家人的一连串反应,比如惊讶的表情、滑稽的笑声……不久,宝宝可能会开始故意扔东西,就是为了看你把它们捡起来。

▎是游戏也是乐趣▎

8~12 个月,当宝宝学会自如地松开手指后就会变本加厉,兴致勃勃地扔东西。其实,这也是宝宝在探索物体消失与出现的过程。当宝宝学会走路之后,扔东西的范围又扩大了。他可能会翻箱倒柜,把所有能找到的物品都拿出来,胡乱地扔在地上,对宝宝来说这是非常有意思的探索游戏。

是发泄情绪的途径

宝宝有时候扔东西，借以发泄自己的怒气。宝宝并不善于处理自己的情绪，当他发现这样的行为能让自己感觉好受一些，就会在遇到坏情绪时重复这样的行为。这种情况，体罚或只是简单地告诉他"不可以"，反而会让宝宝很迷茫，甚至会更愤怒。好的处理方式是为宝宝提供安全的、大家都可以接受的宣泄方式，比如拍打枕头，或者到室外去跑一跑、跳一跳。

调教秘诀

不要阻止，尽量给宝宝提供安全的可以扔的东西

尽可能地给宝宝提供各种各样可以扔的东西，鼓励他实践，但要注意，给他的东西一定是不易打碎、很轻而且不能是太小的（以免被宝宝误吞）。在游戏时间，所有符合以上规则的玩具都可以用来给宝宝扔。

逆向思维，玩"捡东西"的游戏

若只是一味地在宝宝屁股后面跟着捡东西，恐怕妈妈真的会失去耐心而变得暴躁起来，所以也要教会宝宝"扔完了捡起来"。对于宝宝来说，捡东西肯定没有扔出去那么好玩，所以妈妈要把"捡东西"也变为一种有趣的游戏。

糕妈说

"扔东西"这件事，之所以会成为众多妈妈的烦心事，可能是因为我们总觉得"扔"是一种不礼貌、粗鲁的行为，还有可能会吵到别人，砸坏物品，伤到自己和旁人。但"扔东西"只是宝宝"玩"的一种方式而已，如果我们希望宝宝越玩越聪明，就一定要容忍他"什么都要玩""搞得乱七八糟"。

对付大喊大叫的"熊孩子"，
光靠比嗓门儿可没用

尖叫，对宝宝来说其实是很常见、很正常的举动。即便是内向的孩子，也有失控的时候。那么，为什么宝宝会热爱尖叫呢？

确定宝宝尖叫的原因

宝宝尖叫时，父母要做的第一件事不是制止，而是第一时间去了解他为什么尖叫，是不是有什么异常状况，再决定应该怎么做。

▎喊叫，是宝宝语言发展的一部分▎

小朋友在刚刚学习发音的时候，可能整天都重复一个音，甚至连着几天都只发一个音。1岁之后，宝宝已经开始会说简单的语句，但他还是会时不时地尖叫，这往往出现在宝宝不知道该怎么表达的时候。

▎尖叫，有时是宝宝的娱乐项目▎

如果宝宝发现，他能够发出某种声音，他会尝试发出各种各样的声音，而且越来越大声，当周围人对此表现出较为明显的反应时，会让宝宝感到很自豪。尖叫对于宝宝来说是正常的，但我们需要帮助宝宝明白，需要顾及其他人的感受，特别是在公共场合，需要遵守一定的规则。父母绝对不要简单粗暴地用"不要叫"这三个字来管教宝宝。

绅士（淑女）养成记

|轻柔地和宝宝说话，做个好示范|

如果宝宝常常在我们面前尖叫，并以此为乐，那家长可能需要反省自己平时的行为：你是不是常常企图用大叫着"别喊了"来阻止宝宝？你是不是在心情烦躁的时候对着你的另一半大喊大叫？父母的一举一动，宝宝可都是会模仿的！

|教会他如何表达|

如果孩子有特别着急想要的东西，大家又一时没领会他的意图时，他也会大叫。这时最好的办法就是帮助他说出来，这样宝宝既感觉到自己被理解了，也更新了一次词库。

|多关注宝宝，别等他尖叫才有所反应|

大声吵闹是宝宝吸引别人，尤其是父母，最快捷、最好用的方式之一。当宝宝觉得父母忙于其他事而不管他时，他就要做点什么来引发关注了。

|宝宝音量过高的时候，不要高声喝止|

宝宝开始大叫影响别人的时候，不要高声喝止，也不要发脾气，对他做一个"嘘"的动作，然后认真地看着他，低声跟他说："不可以这么大声，会吵到其他人。"多重复几次，你一做"嘘"的手势，宝宝就知道怎么做了。

糕妈说

小朋友在公众场合尖叫是很让人难堪的，而且很多时候，他的行为完全在我们的意料之外。尽力管住孩子，给周围的人们一个含有歉意的微笑，但也不用过度自责。

整天缠着妈妈的宝宝，
可能是分离焦虑在作怪

宝宝黏妈妈，让人很有幸福感。这一刻，你会觉得自己就是孩子的全世界！但这种"黏"一旦过了头，就成了甜蜜的负担。

与"分离"紧密相连的黏人现象

5~6 个月大的宝宝有时会因为养育者的离开或突然遇到陌生人而大哭，这是因为他正在对养育者产生非常亲密的依恋感，宝宝将妈妈和自己的幸福联系在一起。7~8 个月，由于分离焦虑症，宝宝可能会变得很黏人，特别是非常"黏"妈妈，这种状况通常在 10~18 个月达到顶峰。从认知的角度来看，宝宝开始认识到物体都是独一无二的，世界上只有一个妈妈，无可替代。加上宝宝此时对时间没有太多的概念，他无法预知你是否会回来，什么时候回来，一旦妈妈离开宝宝的视线，他会非常不安、惊慌失措、哭闹不已。

从宝宝意识到"妈妈"与"我"是两个独立的个体开始，最初的亲子分离就开始了，虽然他会表现出前所未有的"黏人"，但从发展的角度来看，事实上宝宝正变得更加独立。在宝宝自主行动，或爬或走，去探索世界的时候，妈妈的及时出现（或是始终在他可以听到、看到的范围内），这会给他极大的勇气和安慰。只有得到足够的安全感，宝宝才能安心地、无所畏惧地进行更多的探索，乃至渐渐走向独立。

遭遇宝宝"黏人"的时刻，妈妈应该怎么做？

┃多和宝宝待在一起，给予他足够的安全感┃

每天多花些时间和宝宝在一起，抱抱、亲亲，让宝宝坐在大腿上……这会让宝宝很有安全感。小时候与妈妈越亲密的宝宝，长大之后越独立。

在关注的前提下，鼓励宝宝自己玩

如果我们总是待在宝宝身边，或多或少会妨碍宝宝的独立。但无论宝宝多么"黏人"，他对玩的兴趣总是浓厚的，妈妈可以在保证足够关注的前提下，多鼓励宝宝自己玩。

允许宝宝按照自己的步伐调整"黏人"程度

有些宝宝天性偏内向，进入新环境或面对陌生人时会表现得比一般孩子更"黏人"，就是要抓着你的手，躲到你怀里。千万别强迫他脱离你的怀抱，这只会让内向的宝宝极其没有安全感。最好的办法就是允许孩子按照自己的感觉行动，多给他一些时间与耐心，让他慢慢地适应新环境或陌生人。你可以尝试从怀里轻轻放下宝宝，改成握住他的小手，让他在你的陪伴之下渐渐变得勇敢。

确保自己不会过分黏着宝宝

有时，妈妈也很享受宝宝对自己无条件的信任、全身心的依恋，如果不懂得适时放手，从心理上无法成长、毕业的妈妈，是无法调教出优秀、独立的宝宝的。当宝宝已经能够安心地从你的怀抱中走出的时候，你需要了解自己在宝宝独立的过程中所要扮演的角色，确保自己不会迷恋被需要的感觉。

糕妈说

一般宝宝 2 岁之后，随着独立意识的逐渐发展，宝宝的"黏人"现象就会明显缓解。母爱是一场分离，当宝宝不"黏人"的时候，妈妈也不要跟在孩子屁股后面"求关注"。

孩子注意力不集中？
其实是你误会了他

你家是不是也有这样一个娃：当你摊开绘本打算声情并茂地给他讲故事时，他却游走在沙发边手里还抓了玩具？别急着考虑是否应该"强迫"他坐好，你以为的注意力不集中，可能是对孩子的误解。

误会 1：用成人的标准要求孩子

如果以成人的标准——超过 30 分钟专注在某项工作上，孩子显然做不到。正常情况下，孩子能专注多久呢？

2 岁以下：以无意识的注意为主

2 岁：约 7 分钟

3 岁：9 分钟

4 岁：12 分钟

5~6 岁：15 分钟

6 岁以上：逐步由 15 分钟过渡到 30 分钟或更久

误会 2：认为一心多用就是不专注

你给孩子读书的时候，他一边走来走去，一边不停地东看西摸，这不表示他什么都没听进去。有些孩子在走来走去的时候，注意力是集中的，他只是开启了多种模式来处理信息，他能同时注意多件事，并且选择重点来专注。

正确出招，提升孩子的专注力

孩子生下来就拥有专注力，但在生活中，往往是家长自以为是的"热心"不经意间破坏了孩子的专注力。那么，非要让孩子"一心一意"地做一件事吗？我们需要为他屏蔽掉周围的一切声音吗？不，矫枉过正可不好。试试以下方法，可以帮助孩子专注的时间更久。

▏减少让孩子分心的环境因素▕

与成人相比，孩子更容易接收到周围环境中的声音，也更容易被无关紧要的事物所吸引，从而转移注意力。我们可以把那些让孩子分心的环境因素减到最少，以培养孩子的专注力，比如不要在他自己"忙活"的时候逗引他，跟他打招呼，让他吃这吃那的。

▏不要给孩子提供太多的玩具▕

当孩子身处眼花缭乱的玩具堆里，我们又怎么能要求他专心玩？玩具箱或玩具架是很好的辅助工具，便于将孩子过多的玩具收纳起来，每次让他挑一样，在一个相对整洁的环境里玩。

▏找到孩子的兴趣所在▕

兴趣是最好的驱动力，如果你的孩子对某款玩具不感兴趣，摸两下便抛置一边，别勉强他，更不要给他贴上不专心的"标签"，暂时收起来，过阵子再拿到他面前。当孩子向你展示他喜欢的东西，可能是一本快被翻烂的绘本时，请务必耐心地陪伴他再阅读一次，这才是关于专注力的良好的示范和引导。

| 加入他的活动，鼓励他 |

有时孩子放弃某事，并不是没兴趣了，也不是不够专注，而是遇到了困难。这时候，家长瞅准时机加入他玩的过程中，非但不会破坏孩子的专注力，还能延长孩子专注的时间。

| 让某一件事变得更能吸引孩子的注意力 |

围绕着一个主题，可以有很多好玩的方面，我们要做的是帮助孩子找出更多能吸引他注意力的点。比如搭积木时，我们可以引导孩子尝试多种搭法，让他更喜欢玩。

糕妈说

> 陪伴孩子的时候，不要像"贴身保镖"一样时时刻刻在孩子身边，时不时搭个讪："宝宝你在玩什么呀？""这个应该这样玩才对呀。"这样的爱，并不是对孩子的保护，反而会破坏孩子自己探索、发展专注力的机会。

宝宝害羞、怕生怎么办

宝宝不喜欢陌生人，那不是很正常吗？我们不也更愿意和熟悉的人在一起吗？

宝宝害羞的原因

在宝宝 6~12 个月的时候，妈妈会惊奇地发现，以前见谁都自来熟的宝宝突然开始怕生了，而且变得特别"黏"妈妈，这其实是"陌生人焦虑症"。处于这个时期的宝宝，除了爸爸妈妈和长时间照顾他的人，其他人不管是曾经亲近的爷爷奶奶，还是朋友、邻居，只要过于靠近宝宝，他就会大哭或是尖叫、吵闹。这种情况并不能说明孩子胆小，只是他有了一定的记忆能力，能记住那些熟悉的面孔。对小家伙来说，熟悉的才是安全的。

除了害怕和恐惧外，宝宝抗拒陌生人的另一个原因通常是讨厌被打扰。当我们自认为是在友好地逗弄宝宝，对他来说，这不是惊喜，而是惊吓。所以，宝宝才会用最本能、最自然的方式表达抗议。

如何缓解"陌生人焦虑症"

大部分宝宝都会患"陌生人焦虑症"，但每个宝宝的严重程度会有所不同，这跟妈妈怎么引导、安抚也有很大的关系。无论你的孩子是什么性格，妈妈要做的第一件事情一定是接纳。因为性格都是天生的，无论你怎么努力，也很难发生彻底的扭转。如果想教会孩子在社交场合更自如地与人互动，妈妈需要付出更多的努力。

提前打"预防针"

在宝宝不太熟悉的亲戚朋友到访之前，妈妈可以先给宝宝看看他们的照片，熟悉一下面孔，最好是你和他们的合照，然后温柔地告诉宝宝这是谁。

除了给宝宝打"预防针"，也要提前告诉客人宝宝可能会有些紧张，请给宝宝留点适应的时间和空间。如果对方很想和孩子一起玩，可以让他陪宝宝玩宝宝最喜欢的游戏。

给宝宝足够的时间

亲友聚会的时候，鼓励家人和朋友与宝宝互动。告诉他们宝宝只是有点害羞，比较慢热，需要一些时间来观察和适应。他或许不想成为聚会的焦点，但尝试着去场地里溜达一圈还是可以的。

抱着宝宝，成为他坚强的后盾

让宝宝坐在自己的腿上，给予宝宝支持，这会让他觉得与陌生人接触是安全的。宝宝会根据妈妈的反应来决定自己对陌生人的态度，妈妈可以主动介绍陌生人给宝宝认识，再观察宝宝的反应，这样宝宝就不会那么抗拒了。家长还可以鼓励他分享自己的玩具，或者带着其他小朋友一起玩宝宝平时喜欢的游戏，当他玩得高兴起来，就会放松戒备。

多带宝宝出门

多带宝宝出门，亲戚家、超市、商场、动物园等都是不错的选择，目的是让宝宝多与人接触。记得把宝宝最爱的玩具或安抚物带上，有熟悉的东西在身旁会让宝宝安心不少。如果在街上偶遇宝宝不认识的熟人，你可以抱着宝宝和熟人聊会儿天，全程面带微笑。

别勉强孩子

当你急于让孩子跟其他朋友打招呼，急于让他介绍自己，急于让他融入其他小朋友的时候，或许孩子的感受是无比糟糕的，没有人愿意在社交场合被胁迫，不是吗？

发现宝宝的优点

内向的孩子通常有更敏锐的观察力和学习能力。他们在外人面前很少说话，但回到家里的时候，很喜欢跟父母念叨刚才发生的事情，或者不断重复自己新学会的词语。也许他们并不热衷于招待家里的客人，但能沉浸在自己的绘本和游戏世界里，玩得特别认真、特别投入。

糕妈说

很多父母可能会觉得外向的孩子是更受欢迎的，进入社会也会更如鱼得水。我们有时很想让宝宝做出一些改变，会想着法子鼓励他成为一个收放自如、八面玲珑的孩子。但不是所有的人都要戴上"活泼"的帽子。相信孩子，他终会在他自己的人生里，找到适合的社交圈和他觉得最舒服的状态，描绘属于他自己的人生蓝图。

让宝宝学会快乐地分享

有很多妈妈会有这样的烦恼：有时家里来了别的宝宝，让他把玩具给小朋友玩一会儿（哪怕是他小时候的玩具），小家伙就是不愿意。

妈妈心里的愿望是：宝宝能早点学会分享，能大大方方地分享，做个人见人爱的宝宝！

对宝宝来说，分享意味着失去

在大人看来，宝宝有那么多玩具，让小伙伴玩一下有什么关系？但这种"分享"对于小家伙来说就意味着"没了"。宝宝认为，让别人拿走属于自己的东西（即便是"借"）就是失去了，没有了，不再是"我"的了！

不愿分享是宝宝的天性，父母要尊重他

你可能会发现：宝宝1岁前对待别人很大方，会非常愿意把自己的东西分享给别人。可突然从某天起，他变得很自私，什么都不愿意给了。有时候把玩具给别的小朋友，对方真的收下了，他又会非常沮丧。遇到不爱分享的宝宝，妈妈别沮丧，说明你家宝贝长大了！宝宝1岁后，会渐渐形成"所有权"概念，"分享"就变得艰难起来。为了保护自己的地盘和玩具，宝宝会表现出防备和不愿意，但这并不是自私、小气。这个阶段会持续至3岁，有的宝宝甚至会持续到6岁。

不愿分享是宝宝的一天性，父母要尊重他，不要用哄骗的方式让他分享。这种态度会让宝宝有安全感，同时会鼓励他变得大方起来——因为他不用带着"可能被骗"的猜忌心来守护自己的东西。

做好这两点，能帮到你家的"小气鬼"

▌尝试用交换来向宝宝解释分享▐

2~3 岁以后，宝宝的自我意识逐渐完善，会开始顾及他人的感受；能学着排队等待轮流玩；也愿意跟其他人分享玩具。虽然不是每次都能做到，那些他特别在意的东西，依然会在独占"区域"。不过，此时父母可以开始让他有分享的概念了。当他看上了别人的玩具，父母鼓励他用自己的玩具去换。交换能使分享变得不那么难以接受，宝宝自然就会逐渐愿意"把我的给别人"。

▌让宝宝明白"借"与"还"的行为▐

在宝宝同意的情况下，向他借走某个玩具，几分钟后还给他；也可以反过来，让宝宝从你那儿借走某样东西，过会儿你再要回来。当然，不要忘记及时表扬他。当宝宝与同伴相处的时候，尽量为每个宝宝提供足够的玩具，并时刻准备着去做调解员。随着宝宝们交流的增加，他们会开始"借"和"还"，这就是分享的开始。如果宝宝们能和平分享玩具，或是表现大方，一定要给予他鼓励。

糕妈说

朋友带着孩子来访，自家孩子却死活不肯分享玩具，这确实有点尴尬。但作为父母，你要理解孩子，这样会让宝宝放心，并试着克服对分享的犹豫态度。对孩子来说，这是很难做到的一件事情，所以父母要多给孩子点时间和鼓励！

试着问问孩子，他是怎么想的，有什么解决的办法；问他如果别人不愿意分享时，他是不是很失望；告诉他有时候一起玩更有趣，以此来鼓励他迈出分享的第一步。

等待，是宝宝人生的必修课

　　等待，对宝宝来说真的很难。宝宝对时间的认识很有限，作为爸爸妈妈，一定要记住：宝宝是活在当下的，当他提出要求后就是马上、立刻，1分钟也不能等！到 2 岁多，宝宝能做到口头答应"等一会儿"，3~4 岁的宝宝才真的可以稍微等一会儿。总的来说，学龄前的宝宝都不太擅长等待。他们还没认识到，很多东西是需要等待才能得到的。

让宝宝的等待变得简单些

|等待时，用消遣代替无聊|

　　宝宝"1 分钟都等不了"的时候家长是不是觉得简直像灾难？其实，"等不了"的宝宝也很容易分心，所以"转移注意力"这一招基本上百试百灵。当宝宝表现出不耐烦的时候，请立即从包里拿出绘本或者贴纸给他玩。

|从成功等待中获取好处|

　　如果宝宝明白等待是值得的，那么，他也会变得越来越有耐心。比如，让宝宝选择是玩不用等待的游戏项目，还是他特别想玩但需要排队的游戏项目，相信大多数宝宝愿意花时间等一等。

给宝宝一些"时间概念"

"宝宝，我们要等 5 分钟哦！"可是，宝宝没有概念，就算答应得好好的，也做不到！只需一个小沙漏、定时器，或者是手机里的"倒计时"功能，就能简单又直观地让宝宝理解要等的时间。他盯着沙子漏下或数字跳转的过程，会让等待变得可观看、可控制。

> 需要父母带着娃等待的项目，可以看作是一次很棒的亲子陪伴。和宝宝一起唱儿歌，或者蹲下来和他聊聊天，还可以一起看沙漏，没有其他娱乐项目的时间，就是展现你的魅力的最佳时刻。

宝宝难带、不听话，可能是因为过度奖励

父母带娃的生活中，总有各种意想不到的挑战。当宝宝不配合的时候，我们最常做的就是用奖励收买孩子。但是家长也要注意，也许因为你的过度奖励，正在让宝宝变得贪心、爱计较、难满足、不听话。

过度奖励的危害

宝宝会认为，做任何事都要有回报

总是用奖励来换取宝宝的配合，这会让宝宝认为，奖励是理所当然的。如果没有好处，他就不配合。长此以往，宝宝会形成"凡事都要有回报"的观念，这对他今后的成长显然是不利的。那些不给奖励就不写作业、不干家务的孩子，都是这样培养出来的。

不能帮宝宝养成好习惯

很多时候，我们希望用奖励来换取宝宝的好习惯，比如让他好好吃饭、乖乖洗手。但奖励无法给宝宝带来持续的满足感，还会淡化行为本身的意义。如果妈妈不给奖励，而是告诉宝宝，打针是为了不生病，不怕吃药、不怕打针是勇敢的表现，这样宝宝就会愿意配合，因为他知道生病了会不舒服，他希望成为妈妈眼中勇敢的小战士。

会让宝宝感到不幸福

奖励会让宝宝只关注奖励本身，体会不到好的行为原本能带给他的快

乐。比如宝宝能用勺子吃饭了，这件事本身就能带给他成就感。如果妈妈再适时地肯定和夸奖，宝宝是有动力做好这件事的。如果妈妈只是用糖果来奖励宝宝，宝宝就感受不到妈妈的信任和自己的进步，也不会认为只要自己努力，就能做好很多事。

不用奖励也能让宝宝听话的方法

▎解释：告诉宝宝为什么要这么做▎

当宝宝不愿意打针或刷牙时，用他能理解的方式告诉他为什么要这么做，比如刷牙是为了不长蛀牙。让宝宝知道，做这些事是为了他自己。同时，让宝宝感受到妈妈能理解他为什么不想这么做。"打针是会有一点痛，妈妈小时候也不喜欢打针。但是，我们只要痛一下子就好了。"让宝宝知道他是被理解的，而且这个困难他能克服。

▎夸奖：给宝宝持续的动力和满足感▎

当宝宝有好的行为时，我们需要去强化它。比如用描述性的语言来夸奖宝宝。"宝宝能主动洗手了，还洗得很认真、很仔细，这样就不会把脏东西吃进肚子里了，妈妈真开心。"这样的夸奖能让宝宝知道，洗手这个行为是好的，宝宝就更有动力坚持洗手了，而且能让宝宝感受到被尊重、被肯定，获得持续的满足感。同时，宝宝还会从父母的夸奖中学会肯定自己，积蓄自己的内在力量。

▎感谢：比奖励更温暖▎

有些时候，宝宝需要的不是奖励，而是感谢。比如宝宝今天帮妈妈一起收拾了房间，从头到尾都很卖力。如果妈妈只是拿一根棒棒糖当作"酬劳"，宝宝会想："原来我努力的回报只是一根棒棒糖，那下次，妈妈会奖励我什么呢？妈妈有没有感受到我想帮她分担的心情呢？""宝宝，谢谢你今天帮妈妈的忙。你和妈妈一起铺了床单，把枕头放在该放的位置上，还帮妈妈拿东西，让妈妈轻松了不少，宝宝真是妈妈的好帮手。"虽然没有任何物质奖励，但宝宝还是会觉得很开心。因为妈妈看到了自己的努力和心意，这比任何物质奖励都更有温度，更有价值。

糕妈说

宝宝表现好的时候，我们确实会打心眼儿里想奖励他，冒出"给他吃个棒棒糖"的想法。小小的奖励确实有用，能换来一时的省心。但是，在孩子小时候父母不怕麻烦，才能换来长大后宝宝的不麻烦。看起来特别乖的宝宝，背后一定有妈妈的用心和耐心。

如何应对"树懒"宝宝

大多数情况下，宝宝都是活在当下的，相对于大人来说，他表现得更没耐心、更着急，但是，大概从 2 岁起，宝宝慢吞吞的情况开始凸显。

起床：睡眼惺忪的宝宝揉揉眼睛、抓抓头发，拉过一件衣服找了半天袖子才穿进去，然后对着天花板发呆。

吃饭：吃进嘴里的每一口饭，好像都要经过非常漫长的咀嚼过程，很多时候宝宝只是含在嘴里，并不下咽。

走路：走着走着，小家伙就落得很远，还蹲在地上对着蚂蚁看老半天，一路走走停停，平时 5 分钟的路程可以走上半小时。

……

这些场景很容易让父母抓狂，特别是我们赶时间的时候。我们要知道，宝宝并不是故意的。

宝宝慢吞吞的原因

① 宝宝的能力有限，就拿穿衣服来说，宝宝很想自己来，但他的小手还不能灵活到迅速地穿脱衣物。

② 宝宝的注意力容易被转移，真的没办法目不斜视地跟着你一直往前。

③ 宝宝缺乏时间观念，也许你计划好用 20 分钟吃早餐，之后要赶着去上班，可宝宝并不知道 20 分钟是多久，慢慢吃或吃吃玩玩对他来说就是常事。

如何让宝宝跟上你的时间计划

▎调整你的原有计划▎

很多时候，宝宝的"慢"是由于你期望"快"。需要赶时间的时候，我们就应该把宝宝的"磨蹭"列在计划中，宝宝的可用时间变多了，他能按时完成。

▎减少让宝宝分心的因素▎

你想让宝宝专心吃饭，就把玩具、绘本都收起来。规则是：想玩，吃完了再去。当然，我们还应该关闭电视，放下手机。如果你自己一边吃饭一边看手机，显然给宝宝做了错误的示范。

▎为简单的任务设置定时器▎

无论是小沙漏，还是你手机中的"倒计时"功能，都可以帮助宝宝在他的能力范围内更快地完成简单的任务，比如刷牙、穿衣服、洗脸等。把定时器放在宝宝能看到和听到的地方。当然，设置定时器的时候，请确保为每个任务预留了足够的时间，以便宝宝成功地完成任务。如果宝宝做到了，下一次就可以设置稍短的时间。

▎列个简单易懂的时间表▎

不要企图教宝宝看懂时钟并遵循它，为他做个纯手工的时间表会更靠谱：拍摄宝宝每天早上穿衣服、刷牙、吃早餐的生活照，然后按顺序贴在空白的大表格中，宝宝完成一项就画一个星星，这样更能让他专注地完成"任务"。

适当地用一些奖励

当宝宝不拖拉的时候,一些小的奖励可以有效地鼓励他下次做好,比如可以和宝宝约定:"如果我们在小沙漏漏完前穿好衣服,就可以多读一个故事哦!"

设置合理的期望

别用兔子的做事速度来要求树懒的做事速度,站在宝宝的立场来做"快"或"慢"的期待更合理。不要和宝宝唠叨他的动作太慢,而是在宝宝按时完成任务时多给予正面的表扬和鼓励。在时间不那么赶的时候,比如周末无计划的一天里,就让宝宝慢悠悠地做吧,张弛有度,才能做得更好。

糕妈说

动作的快慢很多时候是天性,宝宝做事往往有自己的节奏,作为妈妈,要善待宝宝的天性与节奏,别用你的标准去衡量宝宝,更不要轻易给宝宝"贴标签"。

如何应对宝宝说谎

一提起"说谎"这个话题，气氛就变凝重了。仿佛宝宝说谎了，就不再是父母眼中天真无邪的"小天使"了。孩子说谎，说明他的智商已经很高了，而且，有时小孩子说谎真的没有我们想的那么严重。

2~3 岁的宝宝：我不是说谎，只是分不清幻想和现实

这个年龄段的宝宝有很丰富的想象力，常常一不小心就把幻想和现实搞混了。比如宝宝把牛奶打翻了，他害怕妈妈会生气，希望牛奶根本就没有被打翻。所以当妈妈问他时，他会极力否认，好像这样愿望就会成真。有时宝宝也会因为记性不好而"说谎"。比如明明是他先动的手，却只告诉妈妈别人打了他。如果看到了事情的经过，妈妈一定会责怪宝宝说谎。但有可能是他太激动，所以忘了自己打人这件事。很多 2~3 岁的孩子根本就不知道自己在说谎，也不明白为什么不能编故事，所以责备和惩罚都是没有意义的，甚至会起反作用。

4~5 岁的宝宝：虽然我说谎了，但我没有恶意

宝宝 4 岁后就能分清什么是真话，什么是谎言了。但他们还是会说谎，目的是想逃避惩罚，害怕让父母失望，想得到某样东西。其实，在 5 岁前，宝宝说谎都是没有恶意的，或者说他们不知道说谎是坏事。

Tips

当宝宝说谎时，家长的确需要采取措施，但没必要站在道德的高度去指责，甚至惩罚他们，更不能因此就给宝宝贴上"小骗子""谎话精"的"标签"，这对他们来说太沉重了，结果也只会促使宝宝努力提升说谎技巧而已。

宝宝说谎了，妈妈怎么办

▎妈妈心平气和，宝宝才能卸下"心防"▎

宝宝说谎了，妈妈会很着急。但要知道，我们的目的是想让宝宝今后都不说谎，而不是拆穿这次的谎言。聪明的妈妈会保持冷静，用平静甚至轻松的口吻把看到的事情说出来。"我看见牛奶洒得到处都是，能告诉我发生了什么吗？"用这种陈述事实的方式，不要咄咄逼人，也不要把宝宝默认为破坏者，宝宝反倒能轻松地把实话说出来。粗鲁地拆穿宝宝的"小伎俩"，宝宝会被吓得不敢说出实情，还可能让他的谎言升级。

▎教宝宝弥补错误，他就不用遮遮掩掩▎

宝宝不小心犯错时，内心是很愧疚的。他不想让爸爸妈妈失望，所以才会选择说谎。如果我们能专注于事情本身，教会宝宝改正错误的办法，不仅能减少他的内疚感，帮他重拾自信，还能让他在下次犯错时，想到的不是消极逃避，而是积极弥补。比如宝宝打翻了牛奶，妈妈可以说："我看到牛奶被打翻了，我们一起把桌子擦干净吧！"当然，事情不会总是那么轻松，当宝宝把玩具弄坏，或是打了别的小朋友时，我们要教他学会承担责任。比如用零用钱请人把玩具修好，向小朋友道歉等。这样宝宝犯了错不会挨骂，自然就不会说谎了。

▎这样言传身教，搞定宝宝说谎▎

要让宝宝诚实，家长首先不能说谎，其次告诉宝宝为什么要诚实。除了给他读一些关于诚实的绘本外，还可以和宝宝分享自己的童年经历。有位妈妈就和孩子分享了自己小时候说谎的故事：那时自己偷偷摘了邻居家的葡萄，邻居跑来告状，可妈妈却很坚定地维护自己，因为她告诉妈妈自己没有偷。妈妈的信任让她觉得好愧疚，于是她选择向妈妈坦白，并且以后再也没有说过谎。

糕妈说

　　我们总是把宝宝说谎看得很严重，可对宝宝来说，说谎只是一种自我保护的本能：害怕让父母失望，害怕受到责备和惩罚……其实，在宝宝笨拙的谎言背后，藏着一颗脆弱的心。发现宝宝说谎，千万别去指责，选择温柔、迂回的方式，心平气和地解决问题就好。我们越平静，宝宝就越放松，也就越不容易说谎了。

你"尊重孩子"，只是挂在嘴上

　　刘女士是一名大学老师，也是一个很爱学习和思考的妈妈。她讲过一个故事："今天太尴尬了。晚饭前，带宝宝从公园回家，途经一个面包店，娃立刻指着要买面包。本不想给他买，但架不住他哭闹，就带他进去。他自己拿托盘和夹子选了一个牛角包，我想起来没带钱包，就让他把面包放回去。结果娃完全无法接受，在店外声嘶力竭哭喊了至少 10 分钟，中间被无数人围观！门口一对老夫妇还帮我哄他，甚至想帮忙买一个，我婉拒了他们的好意，结果娃闹得更厉害了。我索性心一横，就由着他哭，看他能哭多久。我决定以后也这样，不管他怎么哭闹，不能给的坚决不给。"

　　隔了一段时间，刘老师又讲了一件事："后来，我又在晚饭前应娃的要求买过两次面包，我发现孩子要求买面包根本不是为了立刻吃，而是很享受自己拿盘子、夹子，挑选面包，拿钱包帮忙付款，乖乖拿着回家的过程。于是我特别感慨，有多少次我们大人都是以自己的揣测（多数是恶意的、具有防护性的，源于对孩子的不信任）而误解了孩子！"

　　我们嘴里喊着尊重孩子，但我们的内心是不是真的给了他足够的尊重？在他专心做自己的事情的时候，我们是不是强行中断，"要出门""要吃饭""要睡觉"，而不是做事情之前提前告知，让他有一个思想准备和预期？我们总说要信任孩子，但大多数情况下，我们是不是还是当他是个孩子，忍不住替他做判断、做决定？当他下定决心要做一些尝试和改变的时候，我们是不是总在喊着"不可以"，而没有提供一个安全、可靠的环境让他探索、发展？我们有多少次都是打着"为他好"的旗帜，忽略了他的感受？

很多时候，我们都太累了，在管教这种事情上，我们没有那么多精力去思考、去研习，不知不觉地倾向于简单粗暴。没有一个妈妈是全能的，也没有哪一段亲子关系是完美的。但忙碌和琐碎不是我们停止思考的借口，有一些事情，做起来并没有那么难。

① 陪孩子的时候，就静下心来，不想其他事，也别玩手机，用心倾听他的需求，给他同理心。

② 当他想做一些"出格"的事情时，不要急着阻止，先观望一下（但应严密监视）。

③ 孩子很不情愿的时候，不要只是觉得他"不听话"，想一想他为什么这么抗拒。

④ 给他一些（有限的）选择，让他挑选自己喜欢的衣服、绘本。

⑤ 尽力去理解孩子的世界，而不是以成人的标准去做判断、"贴标签"。

糕妈说

跟娃在一起"斗智斗勇"的时候，我们是不是常常都在"仗势欺人"？学了一大堆的管教理论，我们在本质上是不是依然延续了那种"只管吃饱睡好"的陈旧理念？

把孩子视作一个成熟、有思想的个体，像对待一个平等的成人一样和他相处，我们可以做得更好。

抛下偏见，让"糟糕的 2 岁"变成"了不起的 2 岁"

因为听了太多关于"terrible two"的传言，身边的过来人也忠告"2 岁之后很难带"，因此，不管宝宝有没有到 2 岁，我们对"糟糕的 2 岁"的到来都心生恐惧，怕和宝宝的成长发生冲突，怕无论怎么应对都是错的，怕宝宝的争权会导致亲子关系的疏离……面对宝宝的不听话，我们越发地无可奈何又无计可施，于是一律将之归纳为"因为 2 岁到了嘛"。可是，你知道 2 岁的宝宝究竟想干些什么吗？

喜欢表达自己

2 岁是宝宝语言能力发展的一个"里程碑"，他能用词语组成句子，还会开始使用"我""你""我们"等代词，"我"的概念越来越清晰。他非常喜欢表达自己，并努力用语言向你描述他的需求和欲望。"我要这个！""我要那个！"这些话背后表达的是孩子的成长、独立。多倾听、多理解，是为人父母的必修课。

热衷于自己做决定

2 岁，可能是宝宝最以自我为中心的阶段了，他热衷于自己做决定，并总是试图让你听他的，希望自己能被你当成一个独立的个体来看待。宝宝叫嚷着"不要""我的"，他是在跟我们宣告：我长大了！我们应该高兴，他开始迈向了自己的人生，他开始为自己做决定了！

活动能力显著增强

随着行动能力的增强，宝宝对探索世界的渴望更强烈了，而且有能力尝试更多的冒险。他热爱户外活动，即便在室内也是一刻都停不下来，跑跑跳跳、踢东西、攀爬。宝宝精力旺盛，体力充沛，无时无刻不在发展自己的运动技能。宝宝积极探索这个世界的同时，还可能会做出危险的举动！但这是他走向独立的第一步，耐心陪伴他，保证他的安全，陪他看世界。

总是帮倒忙

这个年龄的宝宝对自己最感兴趣，但在生活中却常常模仿他人的举止和活动，当父母在做什么的时候，宝宝会积极地参与进来。宝宝这个阶段的运动和认知能力可以保证他完成简单的任务，但对于很多他没法完成的事情，他也总想着"插一脚"。"宝宝是帮忙，不是添乱。而且，他是在学习。"如果能这样想，宝宝那些叫人头疼的行为瞬间就变得可爱起来了，和他一起忙前忙后的亲子时光也变成了享受的时光！

除了让人头大的"不要"，还有些神奇的变化

2岁前你没日没夜地爱着他，而现在宝宝会转过身来询问你的感受，而且通常会表达很丰富的感情，"我爱你"这样的语句常常会挂在他的嘴边。因为宝宝正在树立比较完善的自我意识，他开始确定自己的情感。当宝宝对你主动表达爱意时，别不好意思，认真地回应他："我也好爱你。"然后给他一个大大的拥抱，亲亲他。这真是成为父母之后最棒的体验！

糕妈说

很多时候，我们获取的信息越多，就会早早预设越多的可能，担忧、困扰也随之而生。因为知道宝宝到了2岁可能会"糟糕"，我们就会先入为主地对孩子2岁的到来心生畏惧。可是，我们怎么能只看到那些让人头疼的问题，而忽视宝宝的成长呢？

模仿是宝宝探索世界的途径

小朋友生来就是小模仿家，通过模仿，他从什么都不会到可以自己拿着牙刷刷牙，用小毛巾擦脸，开水龙头洗小手……有一种宝宝终于长大了的感觉！然而，模仿也有"雷区"，宝宝可不会只挑好的学，只有经过妈妈正确的引导，宝宝才能避免"踩雷"，更好地探索这个世界。

模仿是一把"双刃剑"

模仿是宝宝学习的一种方式，他们通过观察身边的人学到了许多新技能。比如，说"再见"的时候会挥一挥小手，不喜欢某个东西的时候会摇头，等等。宝宝的小脑袋里有一系列完整的步骤：观察看见的人，听他们说的话，处理这些信息，最后试着模仿，有时还加上一些自由发挥。其中，宝宝最爱模仿的是家庭日常活动。"过家家"游戏中的炒菜烧饭、穿衣打扮，不就是宝宝在模仿大人们的日常生活嘛！

模仿是个好技能，但宝宝还没有分辨的能力，他们把看到、听到的不管是好的坏的信息一股脑儿全吸收了。这就要求父母做好宝宝的引路人，让他通过模仿变得更优秀。某天，你从宝宝的嘴里听到了粗俗难听的话语，此时妈妈的内心是崩溃的，但你忘记了一些细节。你和他爸吵架，或者遭遇堵车时，不经意间脱口而出的脏话，宝宝一下子就记住了。还有，现在的电视节目鱼龙混杂，宝宝难免会接收一些负面信息，比如暴力、争吵、虚假宣传的广告，等等，这些负面信息可能会让还不具备分辨能力的宝宝盲目模仿。

模仿的正确"打开方式"

|正确的模仿需要大人的引导|

宝宝的语言能力渐强，经常会模仿爸爸妈妈说话，妈妈可以把重点放在

"请"和"谢谢"这些礼貌用语上。许多幼儿电视节目中包含了大量的教育信息，但宝宝根本不会注意，这时候妈妈们不妨提醒一下宝宝，比如，"猫咪帮小刺猬摘了苹果之后，小刺猬说了什么呀？是谢谢。"

为宝宝创造安全的环境

当宝宝兴致勃勃地模仿时，随之而来的危险也越多。比如，宝宝看到妈妈拿刀切菜，也会去拿刀，如果妈妈没有及时发现，宝宝就可能会伤到自己。为了避免发生危险，这些物品必须放在宝宝够不到的地方。无论多忙都要保持警惕，不要让宝宝在你的视线之外搞"小动作"。

让宝宝参与到家务中来

学习基本的生活技能很重要，妈妈可以让宝宝做一些像扔纸尿裤、收拾玩具、擦桌子等没有危险性的小家务。宝宝在做家务的过程中不仅可以增强责任感，还可以发展精细动作，提高认知能力。

向别人家的好孩子学习

宝宝的小伙伴或是大哥哥、大姐姐都可以成为他最好的榜样。看到大姐姐在扫地，宝宝也会吃力地拿起扫把跃跃欲试……要注意的是，妈妈可以称赞别人家宝宝的好行为，但是别拿自家宝宝和他们做比较。

糕妈说

父母是孩子的启蒙老师，而单纯可爱的宝宝也像一面镜子，映照出我们所有不自知的优点、缺点。人都有情绪不佳需要发泄的时候，但一时没忍住的脏话，下一秒钟就被宝宝学会了。父母要时时反省自己的行为，成为宝宝最好的榜样。

到底是孩子无理取闹，
还是家长不明真相

妈妈群里只要一聊起宝宝的"强迫症"，根本就停不下来。

A宝：喝水就要用那个杯子，吃饭就要用那个碗，你想给他换个新的，可人家就是不领情！

B宝：从外面回来，甭管家里有没有人，一定要宝宝先敲门，才能开门。要是谁不守规矩先开了门，对不起，关上门再来一遍。

C宝：吃饭时，每个人都得坐在自己的（宝宝指定的）位置上，就算是有客人来，位置也不能变，否则一言不合宝宝就发脾气，搞得大家好尴尬。

D宝：每晚睡前都要读同一本书，作为"复读机"的妈妈表示想吐了。

其实，这些"强迫症"是宝宝的秩序感，父母不要轻易去破坏它，因为它对宝宝很重要。

秩序感对孩子有多重要

|秩序感带来安全感|

在宝宝的世界里，一切都是大人说了算。早饭吃什么，几点睡午觉，待在家里还是出去玩……我们总是愉快地帮宝宝决定了一切，却忽略了他们的感受，所以宝宝才需要依赖熟悉的物品、规律的作息，甚至是有些荒唐的"仪式"，来给自己制造安全感。一旦这些规则被打破，宝宝就会焦虑不安，不知所措。

|追求秩序感，让思维变得有条不紊|

宝宝通过对外部环境的观察、触摸等，将这些感觉到的印象转化为知觉、认识，逐渐建立起内在秩序。外在环境的有序或者混乱会直接影响他内在思维的条理性。如果宝宝的成长环境杂乱不堪，或者大人做事没有头绪，很容易就会复制出一个"邋遢大王"或者做事"东一榔头西一棒子"的宝宝来。

▎童年的秩序感奠定了一个人的基本品格和素质 ▎

孩子维护秩序的行为，带给家长的不一定只有头痛、无奈。引导好了，有很多好处。比如，垃圾必须扔进垃圾，桶里；过马路一定得等绿灯亮了才能走，别人的东西必须物归原主……有序地做事可以给孩子带来平和和满足感，还能培养他们良好的自制力。秩序变成习惯，习惯变自然，一个懂文明有教养的"天使"宝宝就在父母的尊重和引导中诞生了。

如何帮助宝宝培养良好的秩序感

▎保持生活环境整洁有序 ▎

有序的外在环境可以帮助孩子形成良好的内在秩序。给孩子提供一个干净整齐的生活环境很重要，父母要定时清除家里所有不必要的东西，分门别类整理物品。像抹桌擦地、收纳玩具、整理衣物这类活动可以让宝宝参与进来。

▎建立有规律的常规程序 ▎

为孩子有意识地制定一套常规程序（每天在相同的时间吃饭、休息、外出散步，晚上的入睡程序保持一致），让一天的生活井井有条。当宝宝知道接下来该干什么，需求何时能得到满足时，他会更安心。在有秩序的反复实践中，他的执行能力和独立性也会得到更好的提升。

怎样保护宝宝的秩序感

▎不要去随意破坏宝宝的秩序感 ▎

当宝宝一再提醒你，让他先出电梯门的时候，你有没有忽视孩子说的话？当你讲错故事情节，宝宝一次次要求从头讲的时候，你会不会失去耐心甚至火冒三丈？也许宝宝的某些追求秩序的行为让人感到无奈，但是大人随意打破宝宝的秩序感，是对他们心灵的伤害，而我们常常不够重视这一点，甚至直接用权威来强迫宝宝按照我们的习惯去做事。这样的经历多了，宝宝内在的秩序感就会逐渐被权威取代，于是因惧怕而服从，丧失安全感。

提前告诉宝宝计划，再给他一点选择权

通常，对付有"强迫症"的宝宝的最佳策略就是顺着他。不然小家伙发起脾气来，谁都招架不住。可生活总爱给我们出难题，比如家里来客人了，咱总得给人家个位置坐吧。所以，我们要把功课做在前头，提前告诉宝宝计划，让宝宝亲自安排座位，这样宝宝开心还来不及，自然不会出现客人没地儿坐的尴尬场面了。

世界那么大，多带宝宝去看看

宝宝都有好奇心，只是因为缺乏安全感，才不愿意轻易改变。所以我们要创造机会，让宝宝多多接触新事物：带宝宝逛逛动物园，一起去书店选书，尝试一些新的活动、运动项目。接触的事物多了，眼界开阔了，宝宝自然会变得包容起来。

糕妈说

当孩子出现维护自己想要的秩序时，爸爸妈妈就尽量满足他的小小要求吧。如果事情已经发生，重来一遍宝宝还是生气，那就耐心陪伴他，允许他把心中的恼怒和情绪都发泄出来，学会接受已发生的事实。最重要的是，当我们对孩子的需求不够了解的时候，那就心怀敬畏，给予他尊重和自由吧！

你一定不知道，
宝宝竟生活在这样的压力中

压力并不是只有成年人才体会得到，当我们还是个吃吃睡睡的小婴儿时，压力就存在了！小时候压力越大，长大后就更容易焦躁、有压力。回想一下，宝宝是否有这样的表现：爆发性发怒（且不易安抚），哭闹频率莫名提高，忽然变得"黏人"，甚至饮食作息不规律等。当宝宝出现反常行为时，首先要判断他是不是生病了。排除健康因素之后，如果他依旧反常，很可能是宝宝处于压力之中！

压力来源 1：父母传递

妈妈某日工作不顺，被老板批了一顿，回家抱起宝宝，无力地笑笑，就让宝宝跟着奶奶玩去了。老公回来，三言不合，又大吵一架。晚上本该呼呼大睡的小人儿却在怀里翻来覆去，哭闹不止。你忍不住对孩子喊："你怎么回事啊？都几点了还不睡！"小家伙却泪眼汪汪地说："妈妈凶！"宝宝如同敏感的雷达，通过肢体语言和语气就能探测到父母的压力。我们的负能量，很容易直接传递给宝宝！

☆**抗压对策：努力当个"压力绝缘体"。**人难免会有压力，作为成年人，要学会释放压力，收拾好自己的心情，回家尽量给宝宝营造一个无忧无虑的小世界。

压力来源 2：教养者的过高期望

宝宝突然表现出莫名烦躁，尤其是学上厕所的时候，甚至抗拒上厕所。究其原因，很可能是宝宝还没准备好，父母过早对其开始了如厕训练。

☆**抗压对策：耐心引导，静待成长。**早点学如厕，早点识字……为什么总要早一点？我们可以先灌输"大小便要在厕所进行"这个观念，再慢慢引导。等宝宝心情好了，生理上也准备好了，很快他就能学会上厕所了！

压力来源 3：分离焦虑

妈妈产假结束刚重返职场的那阵子，宝宝是不是哭哭啼啼叫人心碎？这是宝宝从"分离"中感知到压力的表现。原本日夜陪伴的妈妈离开了，宝宝不习惯，没安全感，即便有其他人陪，也总是在说不清道不明的压力中烦躁着。

☆**抗压对策：坚定地离开，按时回来。**如果确实需要和宝宝短暂分离，妈妈就不要太愧疚，因为你的情绪会直接影响到宝宝。但妈妈也不能偷偷溜走，要用解释和安抚帮助宝宝建立安全感。当然，说到也要做到，时间一长，宝宝就明白离别是正常的，压力自然会随着安全感的增加而减少。

压力来源 4：不经意的惊吓

宝宝夜间突然开始大哭，没发烧没出汗，也不是饿了，可就是哭个不停，宝宝到底怎么了？安慰了半天，宝宝才断断续续地蹦出几个字："怕……怕……树树……"妈妈一听，恍然大悟，想起白天带娃去商场玩，大屏幕里放着动画片，里面有棵会说话的树，当时宝宝就哇哇大哭，在我们看来很萌很正常的事物，却是宝宝受到惊吓的元凶。

☆**抗压对策：接触新事物不要超过宝宝的认知力和承受力。**带宝宝接触新事物是好事，但可以预热一下，比如看电影之前，先让宝宝看看卡通人物的图画，看看宝宝的反应。如果宝宝一时无法接受，也别勉强他，慢慢来，适应新事物也是需要时间的。如果真的遇到宝宝不能接受的画面，要及时带宝宝"撤离"。

糕妈说

　　宝宝的压力有些是自己探索世界时遇到的，有些却是我们在不经意间强加的。妈妈对宝宝的变化和感受最敏感，我们应该努力为孩子减压。轻松愉快的成长环境，才是我们给宝宝最好的礼物。

不要为了眼前小利，
让孩子失去人生格局

有一次培训时，讲师讲了一个案例，让糕妈印象十分深刻。

有一次，他带孩子去坐摩天轮。游乐场规定超过 1.2 米的孩子要买半价票。前面有位妈妈在排队时就不断提醒孩子："等到了检票口，走路的时候半蹲着走，能混过去就混过去，混不过去要量身高的话，膝盖记得弯一点。"结果过检票口的时候，检票员一眼识破孩子的身高，让家长买票。孩子妈妈直说："不可能啊，我家孩子前几天才量过，才 1 米 1 多一点……"量身高时，孩子磨磨蹭蹭走过去，缩着肩膀弯着腿，还是超过了 1.2 米。

赖不过的妈妈只能掏钱买票，像领小狗一样把孩子领进了检票口，边走边教训他："你怎么这么笨啊，100 块啊，蹲蹲就过去了！"

或许这个妈妈觉得这 100 块的门票钱花得冤枉。但对孩子来说，在他缩肩弯腿的时候，在被妈妈当众责骂的时候，他觉得在妈妈心里他的尊严连 100 块都不值！我们一直认为，守护孩子的尊严，培养孩子健康阳光的独立人格，是为人父母一生的使命。当妈妈教孩子蒙混过关，或者为了 100 块"冤枉钱"大声呵斥孩子"蠢""没用"的时候，付出的代价是孩子最珍贵的诚信、自尊、豁达的人生格局！

糕妈说

盼望孩子健康、快乐地长大，是每个家长的心愿。但在孩子衣食无忧、物质丰富的时候，千万别忘记了，心灵的健康同样重要。

♡ 爱孩子就要正确地发泄自己的情绪

难以管理自己的情绪，是所有妈妈都深感困扰的问题。虽然我们努力学习和宝宝的相处之道，可一旦情绪上来，理智就没了。等我们发完脾气，看到哭成泪人的宝宝，又会陷入深深的自责。妈妈应该有脾气吗？

做妈妈有情绪是正常的

有了孩子以后，我们总在试图扮演一个好妈妈的角色，温柔、体贴、聪明、能干，而且永远不会生气……这是个不切实际的幻想。身为一个正常人，尤其是妈妈，怎么可能没情绪呢？面对做不完的家务和不听话的孩子，生气的机会只会多，不会少。

有情绪是正常的。当你绞尽脑汁，变着法儿地给宝宝换菜，他却把勺子往地上一扔；当你一遍遍地催促宝宝洗澡，他却自顾自地玩游戏，对你置之不理……这些时候，妈妈不用纠结自己到底该不该生气，这本来就是最自然的情绪反应。在孩子面前真实地表达自己的情绪，不必感到内疚和羞愧。孩子们也经常会因为一些挫折产生愤怒（搭好的积木被撞翻了，玩具被小伙伴抢走了）。忍耐愤怒就像在水中屏住呼吸，迟早会憋坏的，父母和孩子都应该学会接纳自己内心的情绪！

妈妈不用对孩子的快乐负责

我们总是小心地照顾着孩子的情绪，生怕他受到一点伤害，结果不仅搞得自己很累，对孩子也未必是好事。再说，好妈妈就得让孩子永远快乐？父母的责任从来都不是取悦孩子，而是帮助他们成长。孩子需要体验难过、沮丧、失望、生气等这些负面情绪，并从中学习如何面对困难和挫折。不要孩子一哭就急着安抚，觉得无聊就马上陪他，遇到困难就急着出面搞定一切，凡事都顺着孩子不仅会让我们崩溃，也会让孩子变成不堪一击的"瓷娃娃"。

太勉强的爱，孩子承受不起

妈妈都想给孩子最好的。自己省一点没关系，辛苦一点没关系，吃得随便一点没关系……但是，孩子的快乐永远不该建立在妈妈的痛苦之上，否则这样的爱就是卑微的、有毒的，是孩子承受不起的。

虽然妈妈努力想给孩子最好的，但因为太过勉强，结果对双方都是一种伤害。委曲求全，终究会有爆发的那一天。不如多留点爱和时间给自己，不开心就大声说出来。你真的开心了，孩子才能真正快乐地成长。而且，当我们爱得太勉强、太辛苦时，就会不自觉地增加对孩子的期待。我们辛苦地给孩子做辅食，就希望他用好胃口来回报；买昂贵的门票带孩子去海洋公园，就希望他用好好玩来回报；花大价钱给孩子报培训班，就希望他用好成绩来回报……一旦孩子达不到我们的要求，我们就会放大自己的失望，这对孩子来说其实很不公平，不是吗？

妈妈应该如何表达自己的情绪

|直接告诉孩子你很生气|

告诉自己，愤怒并不是什么洪水猛兽，如何表达才是最重要的！表达愤怒最基本的原则是：不要把愤怒转化成带有攻击性的语言和行为。最简单的方式是：用以"我"开头的句子，用正面的语言说出自己当下的真实感受。还可以再解释一下生气的原因，以及希望对方怎么做。比如："我看到你打妹妹，还说了脏话，我很生气。""我觉得你躺在地上哭并不是个好办法。你可以直接跟你的小伙伴说：'这是我的玩具，请你还给我！'"这种方法不仅可以释放我们的怒气，同时也给孩子上了重要的一课：愤怒不等于"拳头"和"毒舌"，我们可以通过正面的语言，平静地表达愤怒。不要因为生气而伤害任何人。

｜"优雅"地发泄怒气｜

做一些有破坏性的事，比如摔东西，也许能暂时发泄怒气，但不是个好方法。如果孩子耳濡目染的都是这类粗暴的发泄方式，很可能会增加他们内心的敌意。其实，我们可以更优雅地安抚愤怒的孩子。

☆ **"找树洞"吐槽**："说出来"才是治愈心情的良药。妈妈感觉自己要抓狂的时候，找老公或闺密吐吐槽是比较好的发泄方式。对于孩子来说，他心爱的宠物、玩具，或是想象中的朋友，更容易让他们敞开心扉。

☆ **"吹泡泡"静心**：调整呼吸有助于缓和情绪。感觉自己快忍不住时，做做深呼吸，一遍不够就多做几遍。孩子对深呼吸也许没啥概念，你可以教他用吸管在水杯里吹泡泡。到后来可以不借助工具，只是做深呼吸，吹泡泡。在任何地方都可以用这种方法来平息愤怒。

☆ **远离"生气源"**：无计可施的时候，在卧室里待几分钟，或是出门散散步，会比你在孩子面前大喊大叫更合适。不过离开的时候，你一定要明确告诉孩子自己为什么离开，过多久会回来（保证有其他家人照看孩子）。可以给孩子设置一个"冷静角"，让他发脾气的时候有地方一个人静一会儿。

角色扮演，让沟通更有效

妈妈陪孩子的时候，可以和他玩一些角色扮演的游戏，在玩乐中学习如何管理自己的情绪。妈妈和孩子可以进行角色互换，甚至可以事先写个简单的剧本。

比如：妈妈（扮演孩子）把玩具扔得满地都是，孩子（扮演妈妈）被一辆小车绊倒，"哎哟"一声摔倒在游戏垫上。

孩子："我被小车绊倒了，摔得好痛啊。看到门口都是玩具，我好生气，我担心爷爷奶奶进门的时候也会被绊倒。"妈妈："对不起，妈妈，我以后会在游戏区玩，不会乱扔玩具了。妈妈，你还疼吗？我帮你揉一揉。"

像这样的角色扮演游戏，孩子从中可以体会父母为什么生气，父母也可以了解孩子犯错误真正的原因和想法。孩子的同理心，在这样有趣的互动中慢慢建立起来。

糕妈说

要说孩子让人抓狂的事儿，那真是数都数不过来。可是，你越是对孩子暴跳如雷，他越发来劲儿，或者干脆对你的大喊大叫充耳不闻。当我们平静下来，严肃地看着他，认真地说"妈妈生气了"的时候，他倒是瞬间"懂事"了。所以，不要低估孩子感受情绪的能力。你真实地表达感受，孩子会听进去。如果你一直在孩子面前以合理的方式表达愤怒，那么他以后都将以你为榜样。

每天都对孩子说的这 5 句话，你真的说对了吗

在教育孩子的过程中，家长需要慎言。有些话，我们在孩子面前很容易脱口而出，而且觉得没什么不对，然而它们给孩子带来的影响却可能超出我们的想象。

"不哭，不哭，不要哭"

孩子哭闹，是父母最常遇到也是最手足无措的时刻了。哭，是他最简单的语言和最直接的表达方式。孩子哭了，父母正确的处理方式是理解他。孩子摔跤或撞到什么了，你也许会说"不痛不痛哦"，听起来是在安慰孩子，实际上却是否定了孩子的感觉。你可以抱着他，表达对他哭泣的原因的理解："妈妈知道你很痛，妈妈在这里。"随后平静地说："没事的。"然后转移他的注意力，这样孩子自然就会逐渐停止哭泣。

"快点快点，来不及了！"

"快点快点，来不及了！"当孩子正在慢悠悠地做某事，而你又非常着急的时候，就不由自主地脱口而出了，这样很容易破坏孩子做事的专注力。孩子磨磨蹭蹭的时候，正确的处理方式是你事先告诉孩子你的安排，并合理地为他留出足够的时间。在必要的时候，可以轻声对孩子说"我们需要快一些"，如果孩子实在来不及，可以适当帮助他完成当前的任务。

"小心点"

孩子在外面奔跑，我们生怕他摔了，就大喊："当心，别摔跤！"往往话音刚落，孩子就会摔倒，把妈妈心疼得不行。其实，当你用担忧又慌张的语气说"当心"的时候，无形中是对孩子的暗示——"你一定会摔倒"。在一声声"当心"中，孩子会越来越没有安全感，也越来越胆小，因为他会变得和我们一样"担心"，甚至凡事都会先看到不好的一面。担心孩子出状况，正确的处理方式是我们首先把焦虑藏在心里，而不是写在脸上。其次，要做好更周全的防护措施，为孩子减少安全隐患。最后，别把事情看得太糟糕，比如孩子在尽情奔跑的过程中，摔一跤也不碍事。

"你真棒"

这到底是怎么个"棒"法？如果我们不说清楚，这样的表扬其实是无效的。夸奖不走心，孩子就不会买账。当我们要表扬他，就要真诚大胆地说出来，让孩子能够感受得到。想表扬孩子，正确的处理方式是夸奖孩子的行为。你当然可以以"你真棒"为开头或结尾，但不要只说这几个字，比如："哇，孩子吃完饭会帮妈妈收拾碗筷了，你好棒啊！"听了这样的话，孩子下次还会很有动力地来帮忙，表扬就有效强化了孩子的良好行为。

"不要相信陌生人"

我们带孩子出门遇到熟人的时候（对孩子来说是陌生人），会鼓励他打招呼。而当孩子真的单独面对陌生人时，如果那个人对他主动示好，给一些好玩的玩具之类的，孩子可能很容易就接受他。想教育孩子有防备心，正确的方式是用模拟情景的方式做安全演习。观察孩子，如果有不认识的人给他糖果、玩具，或是 iPad，他会怎么办。给孩子解释他做得好的地方和不妥的地方，引导他用更妥当的行为来对待陌生人。

糕妈说

　　总有一些妈妈看到这样或那样的育儿准则，就会觉得特别焦虑，担心自己做错了什么。其实，学习一些必要的育儿准则和"按你喜欢的方式来带娃"并不矛盾，不能做对每件事，也是每个妈妈都要面对的现实，所以我们才要多多学习。

你自以为是的唠叨，
其实会害了孩子

你身边一定不缺这样的妈妈：她们爱孩子胜过爱自己，孩子的一切都要操心，每天心里想的、嘴里说的、手上做的无一不是为了孩子。可是，面对妈妈如此无微不至的爱，大部分孩子却并不领情，因为这类妈妈有一个共同特点，那就是爱唠叨。唠叨真的是为了孩子好，还是我们自欺欺人呢？

唠叨不是关心，而是对孩子的不信任

回想一下，宝宝做每件事，我们是不是都要给出很多意见，指手画脚一番？宝宝玩积木，本来就有无限创意，可大人非得规定把大的放下面，小的放上面。宝宝刚开始接触绘本，培养兴趣最重要，可大人非得坚持书要正着拿，书得一页一页翻。规矩这么多，宝宝都没兴致了。

扪心自问，这些唠叨到底是关心，还是对孩子的不信任呢？诚然，我们比他们懂得更多，也经历得更多。作为父母，在孩子的成长道路上给他们帮助和指导既无可厚非，又十分必要。但过多地插手孩子的事，凡事都按大人的标准和喜好来，就不是在帮助孩子成长，而是在限制他们的发展。很多时候，孩子需要的不是我们的一己之见，而是父母的信任和尝试的机会。如果连我们都不相信他们能够做好，他们又哪来的自信和勇气呢？所以，少给点意见，多留点空间，孩子会成长得比你想象的更出色。

唠叨是苛求完美，会打击孩子的自信心

为人父母，总是望子成龙，望女成凤。所以我们常常不自觉地就用完美的标准来要求孩子。"怎么这么不小心，饭菜都撒到桌子上了，多脏

呀！""玩完玩具怎么又不收拾呢？丢得满地都是，每次都要妈妈帮你收拾。"在妈妈看来，孩子吃饭不能掉饭菜，玩完玩具要立马收拾，回家后要马上洗手，换下来的衣服要随手叠好，在家里要永远保持学习的状态，作业做完还要检查、复习，时刻不能松懈……要想让妈妈满意、不唠叨，真的是难于上青天。其实不是孩子不够好，而是妈妈只看到孩子的缺点和不足。这样的唠叨不仅不能让孩子进步，还给他们贴上了各种负面"标签"，严重打击了他们的自信心。

人都是不完美的，妈妈要做的是挖掘孩子的闪光点，帮助他们成长，而不是紧咬着孩子的缺点不放。对孩子少一点苛求，多一点鼓励，他们会更努力地成长。

唠叨是让孩子充耳不闻的罪魁祸首

妈妈最爱说的一句开场白就是："跟你说了多少遍了，你怎么就是记不住呢？"比如，孩子回家后没洗手就直接拿东西吃，妈妈通常会这样开始唠叨："跟你说了多少遍了，回家以后先洗手，怎么就是记不住呢？知道手上有多少细菌吗？万一病从口入怎么办……"要是由这件事再扯到其他事情上，没个一时半会儿根本停不下来。

妈妈说了这么多，孩子到底听进去了多少呢？估计也就是最开始那几句。原因很简单，妈妈这样没完没了地唠叨，信息量太大了，孩子根本抓不住重点，说了什么早就忘了；而且妈妈的唠叨里有太多的埋怨和指责，负能量满满，真正有用的话又没几句，孩子自然会有厌烦、抵触的情绪；既然不能让妈妈少说两句，索性他就充耳不闻。

试想一下，如果唠叨有用的话，孩子早就变得听话了。既然没用，那我们是不是该换个策略呢？简单有效的方法就是少废话，讲重点，就事论事。要让孩子洗手，坚定地说"洗手"这两个字，显然要比长篇大论简洁、有力得多。关注事情本身，不对孩子做负面评价，孩子不容易有抵触情绪，自然更愿意听妈妈的话。

糕妈说

　　身为妈妈，要忍住唠叨真的好难。为了孩子的成长，少一些唠叨，多一些放手，孩子反而能成长得更独立、更自信。

怎样给孩子立规矩

怎样给孩子立规矩？老一辈的教育方式中最常见的是以下这样的。

☆**命令、控制**。"不管你怎么想，现在必须立刻关掉电视去写作业！"

☆**说教、教育**。"我这都是为了你好，现在还小，等你长大了还这样可怎么行？"

☆**羞辱、嘲笑**。"只有笨孩子才不会自己吃饭，聪明的小朋友都是自己动手的。"

☆**威胁、恐吓**。"再不听话，小心我把你关进房间一天不让你出来！"

……

怒火上来的我们一旦控制不住，还会对孩子"狮吼"，甚至动手好让孩子"长记性"。但这些做法却存在着很多问题：孩子也许会觉得家长很烦，也许根本听不进去，还可能会被羞辱而失去自信，更甚者会被激发出叛逆心。给孩子立规矩的正确做法是：应该事先让孩子知道界限在哪里，然后再坚定地执行它。这个过程不仅需要我们尊重孩子并寻求孩子的合作，同时也需要我们做到对决策坚定地执行。

明确规矩的底线

立规矩的第一步，是对危险事物明确说"不"的底线。过马路不能闯红灯，刚烧开的热水壶不能用手触摸，不能把手放到宠物的嘴巴里……对于一些会影响孩子身体健康甚至生命安全的事物，要告知孩子其中的危险，并将它们列为绝不可以触碰的"高压线"。在另外一些事情上，家长要想清楚，是真的不能让孩子做，还是说孩子一哭闹就可以做。设置好底线，明确地告诉全家人，我们还可以让孩子一起参与规则制定的过程，这不仅是对孩子的尊重，同时也能让他通过自己的决定来约束自己。

坚定地执行规则

你有没有这样的感受：对孩子立规矩时态度强硬，然而在强硬过度后对孩子心生愧疚，又将规则放宽了，甚至想着这次就算了吧。这些态度和行为可能会让孩子对父母产生抗拒或不信任的心理，并且让孩子对于规则的界限感到模糊。所以，一旦有了规则，每一次都要坚定地执行。

以尊重孩子为前提

执行规则时，应该以尊重孩子为前提，我们不能趁机对孩子的人格、脾性进行点评。有些家长甚至因此动手打骂或者是羞辱孩子，这是在教训、惩罚孩子，起不到长远教育的目的。所谓"对事不对人"，父母对孩子行为的管教，不能让孩子觉得自己受到了羞辱或是恐吓。

有的爸爸妈妈就纠结了，不能打也不能骂，那孩子破坏规矩了我该怎么办呢？俗话说"对症下药"，对破坏了规矩的孩子而言，父母先要搞清楚他为什么这么做，他是想引起父母的关注，还是在挑战父母的权威？然后我们才能更好地去引导他。规则的建立和维持，本来就是孩子和家长之间的博弈。其实，对于孩子和家长来说，破坏规则也不全是坏事，至少它为我们提供了一次从错误中学习的机会。正是这样的"不完美"，才让我们有机会用正确的态度一步步引导孩子怎么做，告诉他什么才是正确的方式，最终让孩子找到正确的方向。

糕妈说

让孩子遵守规矩，首先就要求我们身体力行做给他看。"立规矩"是一场长期的战役，它需要给孩子时间去消化、成长，同时也需要给我们自己时间去学习如何更好地教育他。只有不断地实践，并且在执行过程中始终饱含着对孩子的尊重和爱，他才能让品行"长"在自己身上。

打骂是父母最无能的表现，还会拉低孩子的智商

孩子难管不听话，打他就能真正让他听话吗？扪心自问，打孩子真的是为了他们好吗？打孩子除了能让我们出一口气，其他一点好处也没有。美国儿科学会反对任何形式的体罚。因为用打来管教孩子不仅无效，还会危害孩子的身心健康，甚至让他们更不听话。

打孩子时，究竟发生了什么

▎让孩子失去了反省的机会▎

我们总以为，孩子被打后应该知道自己哪里做错了，并且以后不会再犯同样的错。对孩子来说，被父母打骂以后，要么满心恐惧，惊魂未定，要么愤愤不平，想着什么时候再闯个祸气气父母。害怕和生气的感觉占据了孩子的身心，拉低了他的智商，他又怎么能听进你的教诲？结果孩子白白受了皮肉之苦，还是不知道错在哪儿，该怎么做。

父母或许想不到，体罚不但起不到教育的作用，还会减轻孩子的愧疚感，让他们觉得自己已经受了苦、赎了罪，所以下次又能心安理得地犯错了。反倒是很多妈妈，打了孩子后会陷入深深的自责中，结果变着法儿地补偿孩子。早知如此，何必当初呢？

▎让孩子学会以暴制暴▎

父母是孩子的第一任老师，真正影响孩子的往往不是我们说什么，而是我们做什么。当我们靠打骂来教育孩子时，他们不会明白咬人是不对的，也

不会知道高兴和生气要怎么表达，只学会了生气可以打人，一言不合就用拳头说话。

美国儿科学会的一项研究显示，经常被打的孩子今后更易出现攻击性行为。生活经验也告诉我们，打孩子只有短期效果，打得多了就没用了，而且这种不正确的教育方式还会"遗传"，小时候被打骂的孩子长大后也更容易用同样的方式对待子女。

｜拉低孩子的智商和情商｜

俗话说不打不成器，但新罕布什尔大学的一项研究表明，打孩子会拉低他们的智商。体罚会给孩子造成巨大的心理压力，让他们无法集中注意力。很多被打的孩子都生活在焦虑、不安和恐惧中，总是疑神疑鬼，担心有不好的事发生，又怎么能专心探索和学习呢？此外，体罚还会降低孩子的情商。被打的孩子往往感受不到来自父母的爱和肯定，容易对自己产生怀疑。不管表现出来的是懦弱，还是叛逆，他们的内心都是极不自信的。这不仅会破坏亲子关系，造成孩子安全感的缺失，还会影响他们未来的人际交往和个人发展，严重的还会导致抑郁。

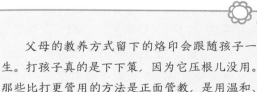

糕妈说

父母的教养方式留下的烙印会跟随孩子一生。打孩子真的是下下策，因为它压根儿没用。那些比打更管用的方法是正面管教，是用温和、坚定的方式来教养孩子。

老人太宠孩子，
你定的规矩怎么办

宝宝作为长辈的"宠爱收割机"，一直以来都是要风得风要雨得雨。面对那隔代爱，我们给孩子定的规矩该怎样执行呢？

理解万岁，无须时刻严防死守

带孩子不容易，长辈也倾注了很多心血，但由于教养方式的不同，仍然会存在宠坏孩子的情况。我们总希望长辈理解我们，其实我们也应该给予他们理解。宠爱并不会对任何一个阶段的宝宝产生严重的影响，所以，父母不需要在每个阶段都严防死守。

宠爱要看阶段

在宝宝蹒跚学步之前，长辈及时、恰当地满足他们的需要其实不能算宠。当宝宝的记忆范围有所扩大的时候，就要将长辈宠爱好好地进行分析、审视了。如果他们的宠爱不是特别过分的，如给宝宝买一些父母不会买的玩具，或者是同意宝宝因为玩耍不睡午觉等，这些都是可以被接受的，也比较容易帮宝宝纠正。但如果长辈的宠爱破坏了我们精心设立的规则或者是触碰到自己的底线，我们就要好好思考下如何坚持自己的原则和底线。

坚持自己的原则和底线

父母在一些关于宝宝健康或安全的大问题上，仍然要坚持自己的底线，而且要站在同一条战线上。比如宝宝不愿意坐安全座椅，或者是要玩一些危险的小游戏，这些都是存在安全隐患并且会让身体不舒服的。这时候，千万不能任由长辈宠着孩子，而是要坚持自己的原则。如果长辈越过了你爱孩子、宠孩子的底线，或者是忽略了你精心设下的规则，那么就应该和配偶一起，态度平和地与长辈交流关于疼爱和约束孩子的看法，告诉他们你愿意在哪些问题上灵活处理，哪些问题仍要坚持，并且告诉他们你坚持的原因。如果在一些性命攸关的问题上意见不统一，就应该和他们强调这些问题的严重性，解释一下潜在的风险和对宝宝健康的危害。我相信，只要好好交流，大多数长辈都会通情达理，问题都能得到解决。

肩负起养育孩子的重任

当孩子被宠得无法控制时，就尝试自己带孩子，然后在养育的过程中逐渐纠正孩子的那些坏习惯。但是在纠正的过程中，不要一味地抱怨长辈，毕竟，他们给你带孩子是爱，而你自己带孩子是责任。我们要以这种责任约束自己，肩负起养育的重任。

糕妈说

父母与老人产生育儿纷争，每个家庭都有。我们要做的是在互相尊重的基础上，求同存异，家庭的和谐不能因为养育孩子而受到很大的影响。毕竟，养育孩子应该是一件幸福的事情，看着孩子长大，变得更好，是家庭中每一个人的心愿。

谈什么起跑线，
先养个不让人讨厌的孩子再说

很多时候，我们会在公众场合里遇到一些带着孩子插队、违反秩序的家长。难道带着孩子就可以不守秩序？孩子还小，就不用懂道理、讲规则？让人讨厌的"熊孩子"就是这么带出来的。

别让溺爱破坏了孩子的耐心

现在很多家长都说自家孩子是急性子，一部分孩子确实天生比较心急，但很多都和后天的家庭养育有关。一些家长，尤其是爷爷奶奶这辈人，他们会无条件地满足孩子。可对宝宝而言，大人们经常对他有求必应、百依百顺，他们的头脑中会逐渐形成"我要什么马上就能有什么"的思维定式。所以，"冲奶慢一点就哭""要什么没有马上给宝宝就耍赖皮"等都是因为宝宝觉得想要的东西没有立刻拿到手、吃到嘴，然后无法控制自己的情绪造成的。这样的溺爱会破坏宝宝的耐心，让他变得越来越贪心，甚至任性无理。

孩子需要接受"延迟满足"的训练了

家长看到孩子有需求或者寻求帮助的时候立马满足，生怕让孩子受委屈，这是"即时满足"。相反，家长不立刻满足孩子的需求，而是用安慰、鼓励、支持的语言或方法让孩子耐心地等待一小会儿，就是"延迟满足"。

1岁左右的孩子，自我意识开始萌发，脾气开始变得越来越急，如果你发现一旦无法满足孩子的需求的时候他就大哭大闹，一小会儿也等不了，就可以考虑让他开始"延迟满足"的训练了。

这样等一等，才会不着急

让孩子学会"等一等"并没有想象中那么难，几个小方法帮助家长训练有方。

▎不要被宝宝的哭声控制▎

其实，孩子哭的过程是他和父母心理较量的过程。如果父母习惯于将孩子的哭声当成命令，那么孩子也会习惯把哭当成解决问题的首选方法。

▎具体量化"等一会儿"▎

有妈妈说："我也会跟孩子说'等一会儿'，可是孩子好像听不进去。为什么？"因为宝宝还太小，对时间的认识很有限，他不太明白"等一会儿"的含义。

① 1 岁以内的宝宝，家长可以通过转移他的注意力延长等待时间。

② 1~2 岁的宝宝，已经能大概明白大人说的一些话了，所以一边告诉他们等待，一边可以用简短的语言解释为什么这样做。

③ 2~3 岁的宝宝，家长可以借机给他渗透时间观念，这段时间里，家长可以和孩子一起数数，看钟表、沙漏。

▎巧借绘本建立孩子的耐心▎

通过一些好的绘本中的故事家长可教会孩子耐心等待，理解做事情的顺序。有个绘本就是讲培养排队等候的好习惯，书中每个小动物都乖乖排队，站在那里安静地等，玩滑梯、荡秋千、骑木马、开小汽车、坐小火车甚至连上厕所都排队。你可以告诉孩子，小朋友们也一样，玩滑梯或者荡秋千都不能推、不能抢，一个接一个地玩。慢慢地，孩子就会听进去。

| 说话算话，让孩子能"等到"|

家长用能做到的事情教育孩子学会等待，孩子如果做到了，就用他想要的东西作为鼓励。对于不能满足的事情，家长温和坚定地告诉他"这个不可以"。不要用"过会儿我们就去"来哄骗孩子，久而久之，你的谎言就会被孩子识破，家长的公信力下降，孩子会用更强烈的不配合来反抗。

宝贝，人生需要忍耐

20 世纪 60 年代，美国斯坦福大学心理学教授沃尔特·米歇尔（Walter Mischel）设计了一个著名的关于"延迟满足"的实验。研究人员找来数十名上幼儿园的孩子，孩子们可以选择马上吃到 1 颗棉花糖，或者等到研究员回来（15 分钟之后）吃两颗棉花糖，大约三分之一的孩子成功延迟了自己对棉花糖的欲望，吃到了两颗。

十几年后，米歇尔又对当年的孩子们进行了调查，发现那些无法等待的孩子，无论是在家里还是在学校，都更容易出现行为上的问题，分数也较低，他们通常难以面对压力、注意力不集中而且很难维持与他人的友谊，而那些可以等上 15 分钟再吃糖的孩子在学习成绩上比那些马上吃糖的孩子平均高出 210 分。

任何好习惯的养成都不是一朝一夕的，这需要家长和孩子的共同努力。我们之所以要让孩子学会"等一等"，就是要让他们把有期限的等待看成是很自然的事情，知道耐心等待一段时间，最终将会得到自己所期盼的东西。有时候，因为孩子心中有了一份小小的期盼，迟到的收获反而更能让孩子欣喜若狂。

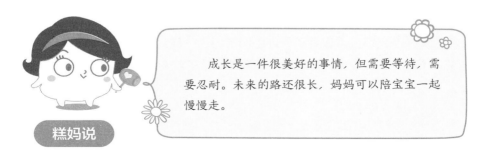

成长是一件很美好的事情，但需要等待，需要忍耐。未来的路还很长，妈妈可以陪宝宝一起慢慢走。

糕妈说

老人带娃并没有那么糟

你身边是不是也有这样的妈妈：总担心老人过度溺爱会把孩子带坏，孩子出了什么问题都是老人的错。糕妈只想问："那你和孩子爸爸在干吗？"

我们并不比老人知道得多

和父母那一辈人相比，我们这一代有机会接受更好的教育，也更容易获取资讯。所以很多时候，我们在父母面前会有一种莫名的优越感。因为我们的育儿知识更科学、更权威，而他们只是凭经验，所以我们一定是对的。

老人要给宝宝多穿件衣服，我们会制止，说："穿太多容易生病！"（完全忘了上次自己带娃出去玩，回来就感冒了。）老人看宝宝吃得又累又慢，忍不住要喂饭时，我们会纠正说："喂饭对宝宝不好，让他自己吃！"（完全忘了自己没耐心的时候也是赶紧给孩子塞几口。）我们就是多读了几本书，多看了几篇文章，请问优越感从哪里来？

爱孩子，别忘了感恩父母

我们总是以自己的标准来评判老人带娃科学与否，其实，我们没有指责他们的权利。老人辛苦了大半辈子，把我们拉扯大，他们原本可以安享晚年，拥有自己的生活。跳跳广场舞，组团旅旅游，哪个不比带娃轻松呢？但为了最爱的我们，他们甘愿付出。可是很多时候，我们非但没有感激，还总是挑剔。

我们看不到老人早起带娃，只为让我们多睡一会儿，却嫌弃他们不会给宝宝念绘本。我们看不到老人辗转菜场、超市，扛回大包小包我们爱吃的食物，却埋怨他们给宝宝买零食。正是父母对我们的爱和包容，才让我们一边享受着他们的付出，一边还对这一切百般挑剔。

让老人"背锅"，是我们最好的借口

我们常把孩子的毛病归咎于老人错误的育儿方法。

"宝宝长蛀牙了，都是奶奶偷偷给他买糖导致的。"

"宝宝不爱看书，都怪爷爷天天给他看电视。"

"宝宝任性、爱发脾气，都是外公外婆给惯坏的。"

孩子的问题，不是应该由父母来负责吗？如果你坚持每天给宝宝刷牙，他就不会长蛀牙。如果你每晚都坚持给宝宝读绘本，他也能爱上阅读。在你的能力范围内，多陪伴宝宝，用正确的方式管教他，他就不会这么任性胡闹。

自己带娃

老人带娃真有那么糟吗？追着喂饭，买零食给宝宝吃，任由宝宝发脾气，的确不是最科学的育儿方法，但问题是养育孩子本来就是很累的事情，如果不肯花时间去了解和陪伴孩子，即使做了全职妈妈，也不见得就能带好孩子。到那时，我们又能责怪谁呢？

糕妈说

隔代育儿观的比拼，每家都是存在的。说不过的时候就自己做，老人看到你的成效自然会默默认可。世上既没有完美的父母，也没有完美的育儿方法。我们带孩子，一样会走很多弯路，然后在错误中学习和成长。对老人多一份感激，少一份苛求；对自己多一点要求，少一点借口。

二宝时代，育儿观念大比拼

生二胎可不只是多了一个孩子这么简单，而是多了一个孩子的吃喝拉撒，多了两个孩子间的"宫斗大戏"。如果再加上不靠谱的亲戚、邻居天天叨叨"你妈妈不喜欢你，喜欢二宝了"，两个孩子闹起来，妈妈分分钟就会崩溃。然而，对这种鸡飞狗跳的二胎生活，绝大多数妈妈并不后悔，甚至庆幸生了二宝。其中很大一部分原因，是二宝真的很像天使！

睡眠篇

┃大宝那时候┃

当家里有一堆成年人和一个孩子时，哄宝宝睡异常艰难。一哭就换人，每个人都感觉自己才是宝宝哭闹终结者，然后跃跃欲试。结果一家子轮遍了，大宝也被折腾醒了。

┃二宝这时候┃

换人抱？有人抱就不错啦！更多的时候，大宝喊着要妈妈讲故事，二宝只能被扔在床上一个人哼哧哼哧地做运动，然后就哼哧睡着了。

┃糕妈点评┃

孩子睡觉前会发出睡眠信号，这个时候的孩子大多比较安静、迷离。如果家长没有理解宝宝的睡眠信号，甚至一味地换人抱，最终会把孩子累得崩溃，就更难睡着了。二宝的时候，在他发出睡眠信号前就已经在床上了，不至于很疲倦时却还不能睡。

糕妈觉得还有一个很普遍的原因，有的人在宝宝睡着后就不敢发出声音了，说话就像情报接头似的，结果但凡有点动静宝宝就惊醒了。到了二宝的时候，由于大宝淘气，于是家长就放开了正常交流，这样反而让二宝不容易被外界声音打扰。

母乳喂养篇

|大宝那时候|

很多新手妈妈羞于在众人面前宽衣解带，再加上自己的母乳喂养理论知识和实战经验不足，导致大宝的母乳喂养之路艰辛无比。

|二宝这时候|

宝宝饿的时候，妈妈可谓轻车熟路。周围人多，身上盖块小毯子就是母婴室，所以能及时地安抚二宝。

|糕妈点评|

很多新手妈妈的母乳知识不足甚至很欠缺，就算母乳知识很丰富，在实际操作过程中也会多少有些书本上没有提到过的突发状况。但随着对大宝的喂养渐渐上手，妈妈的理论知识和实践水平也会有突飞猛进的提高，第二次当妈妈时甚至可以称为母乳专家了。母乳喂养本来就是一场游戏，有了信心后，母乳喂养之路自然越走越顺。

辅食篇

| 大宝那时候 |

新手妈妈每天拿个小研磨碗、研磨棒，甚至都磨上瘾了。更好笑的是，家里每个人都互相不服气，觉得自己研磨的食物更细腻，等孩子要吃切碎的食物了，又比谁切得更碎……

| 二宝这时候 |

哪有那么多工夫做辅食？研磨棒用了没几次就搁置了，还是用刀切的效率高。没多久之后，妈妈发现二宝想自己上手抓了，食物也不切碎了，直接煮熟了切成块状就给二宝拿着啃了！

| 糕妈点评 |

有"闲情"的家长喜欢过度精细地喂养孩子。其实，从顺滑的筛滤食物过渡到粗泥的未筛滤食物，在尊重辅食添加规律的基础上，宜早不宜晚。因为这样既有助于宝宝咀嚼能力的发展，还能让宝宝在未来几个月更容易接受新的食物。而且糕妈觉得，在让宝宝自主进食这件事上，妈妈们的观念也在发生转变，以前妈妈们不能容忍的宝宝吃得嘴上、衣服上都是污渍的情况，在能省点事面前，都是"浮云"。

语言篇

| 大宝那时候 |

几个大人围着一个孩子转，孩子渴了，还没说出"水"这个字，大人就把水杯递过去了。

从婴儿期开始，二宝就能用"婴语"和妈妈对话了。等二宝开始学说话了，大宝像个小唐僧一样在家里叨叨叨，恰好给了二宝一个良好的语言环境。比如，大宝对着妈妈叫"妈妈"，比妈妈对着宝宝叫"妈妈"，更容易让二宝理解妈妈是谁。

┃糕妈点评┃

宝宝的语言发展其中一个要求，就是要有有效的语言环境。在使用语言前，宝宝都需要先理解语言。因为大宝这个小话痨的存在，通过大宝和父母间的对话，正好给二宝提供了有效的语言环境。二宝也能结合大宝和父母间的互动，去理解他们说的语言的意思。

糕妈说

大家总说"一胎照书养，二胎当猪养"，还有很多"过来人"都说二胎宝宝很像天使。其实，宝贝们都是可爱的，只不过有了养育大宝的经验，二宝带起来更熟练而已。我们把宝宝们带到这个世界上，是想他们有个一辈子可以彼此照顾的亲人。大宝、二宝都是我们的宝贝，不是吗？

6
CHAPTER

陪 伴

珍惜有限的亲子时光

　　孩子难带、闹情绪，或是调皮捣蛋，很可能是想获得父母的关注和陪伴。父母的陪伴在孩子的成长过程中，是其他人或玩具所不能代替的。如果父母整天在孩子身边，心里却想着其他事情，他反而会感觉不安。父母陪伴时应全身心投入和孩子一起静享亲子时光，这是你们生活中最美好的事情，也是父母自我成长的过程。

给孩子读绘本，培养阅读好习惯

给孩子读绘本是非常好的陪伴方式，能提高宝宝的社交能力和思考能力，增强他的语言能力，培养阅读好习惯，还能增进父母和宝宝之间的亲密关系。

促进宝宝社交能力的发展

当你给宝宝大声读书时，会用到很多不同的表情和声音。同时，共读的过程中，宝宝也会用眼睛看，用手指书上的画，还可能做出一些简单的回应，这些都会促进宝宝社交能力和思考能力的发展。

帮助宝宝掌握更多词语，提高语言能力

听故事能帮助宝宝在大脑中建立起丰富的词汇库，你给他读的故事越多，他接触到的词汇越多，将来他的语言能力就会越强。宝宝还会通过模仿声音、识别图像、学习单词来提高语言能力。

读书还会帮助宝宝学习和巩固许多概念，例如形状、色彩、天气、动物等。家长为宝宝挑选相关的书，指着图片说出名称，多试几次以后鼓励宝宝自己说出来。

掌握基本的读写技能，为独立阅读打下基础

多给宝宝读书，能为他日后的独立阅读打下基础，帮助他掌握一些基本的读写技能，例如掌握一定的词汇量等。如果宝宝经常在快乐、亲密的气氛中听父母讲故事，他们就会慢慢把书和快乐联系起来，这样一个潜在的小读者就诞生了。

帮助宝宝增加勇气，战胜困难

成长中的宝宝会遇到很多挑战，比如学习刷牙、独自睡觉、自己上厕所等。给宝宝读相关的绘本，告诉他其他小朋友是如何克服困难的，可以帮助他增加勇气，战胜困难。

增进亲子之间的亲密关系

尽管宝宝在不断成长，渴望探索和了解这个世界，但他最需要的是你的关心和陪伴。经常进行亲子共读可以使你们保持亲密的亲子关系，让宝宝感觉安心、愉悦和舒适。

糕妈说

给宝宝讲 10 分钟的睡前故事，对他长远的发展大有益处。研究显示，父母对宝宝讲话越多，宝宝理解词汇就越快，这能帮助他们在学校学习更好，将来可能帮助他们获得更好的工作、幸福的婚姻等。

如何给不同年龄段的宝宝选书

如何让宝宝参与到"共读"中来，并完成一些你给他布置的任务呢？这就要求你挑选的绘本一定要适合他的年龄和能力，并且能激发他的兴趣。给 0~3 岁小朋友选书的基本原则是：文字简单、重复或押韵、色彩鲜艳、字少图多。

适合 0~1 岁宝宝的绘本

4 个月以下的宝宝还不明白绘本上画的是什么，但他们会专注在这些画上，尤其是人脸、鲜艳的色彩或是有鲜明对比的图案。此外，当你给宝宝念童谣或是唱儿歌的时候，宝宝会被你的声音和表情逗乐。

4~6 个月的宝宝会开始对书产生兴趣。他们会从你手里抢书，然后用力地抓住它，还会毫不犹豫地又舔又咬，玩上一阵子再把书扔掉。

6~12 个月的宝宝慢慢开始明白书上的图画代表物体，他们会在你读书的时候做出一些回应。

当宝宝开始学习抓东西时，可以给他准备不易撕破的纸板书或布书。当他开始咿咿呀呀学说话时，挑选一些有简单的词汇或短语的书，让宝宝跟着你读。

 Tips

布书、触摸书、立体书、翻翻书都很适合这个阶段的宝宝，塑料书或布书能让宝宝带去任何地方，甚至是浴盆里。

适合 1~2 岁宝宝的绘本

在这个阶段，你可以给宝宝选择不易撕破的纸板书，主题可以和宝宝的日常生活有关，比如关于宝宝吃饭、洗澡、睡觉的书，或是打招呼、说再见等这些教宝宝礼仪的书。另外，能让宝宝的小手动起来的翻翻书、洞洞书，以及不同材质、不同触感的触摸书也是不错的选择。这类书读起来有很大的发挥空间，可以让你和宝宝有更多的互动。而且，折页、洞洞以及不同触感的书能带给宝宝一些想象的空间，宝宝一定爱不释手。

适合 2~3 岁宝宝的绘本

这个阶段，宝宝已经可以自己翻页，也不会撕书和啃书了，是时候引入纸板书以外的书。这个时期的宝宝喜欢重复性强、容易记住的内容，这样他们就能一直读下去。你还可以根据宝宝的兴趣来挑选适合他的绘本，比如男宝宝一般比较喜欢车子，女宝宝更喜欢玩具熊和洋娃娃，而以儿童、家庭和动物主题的书则适合大部分的宝宝。

糕妈说

亲子共读是一种非常美好的体验。有些妈妈说不知道该给孩子读什么书，市面上的中文书参差不齐，原版外文书又太贵。我推荐妈妈们选择杜莱纸板书、地上地下翻翻书、英文洞洞书、适合探索的地板书、Karenkatz 系列等，这些都能给宝宝很好的阅读体验。

宝宝不爱绘本？
是你读得太没劲啦

小朋友不爱绘本，主要有两个原因：一是孩子太小，对有些绘本理解不了；另一个是爸妈读得不够有趣，没让孩子觉得好玩。如何让共读变得有趣，家长们不妨试试以下方法。

┃尊重孩子的选择，读宝宝要求你读的书┃

建议读宝宝要求你读的书，即使这本书你已经连续读几周了。因为他们总是对自己选的书更有兴趣，所以妈妈不妨尊重和相信小家伙的选择。

┃给宝宝读绘本，节奏要慢，不要完全照书读┃

读绘本要慢慢来，读得太快宝宝容易听不清楚，或者来不及理解。翻页前可以多停顿一会儿，让宝宝看看图，再消化一下你读的内容，也许他有问题想问你。不要完全照书读，可以偶尔停下来问宝宝一些问题，或者谈论一下书上的图画或内容。

┃配上丰富的表情和夸张的动作┃

给宝宝读书，有时候重要的不是读什么，而是怎么读。为什么宝宝喜欢看动画片？因为动画片里好玩的动画形象、夸张的配音更有趣，更吸引人。你不妨给不同的角色配上不同的声音，比如给小兔子配上活泼欢快的声音，给大黑熊配上低沉浑厚的声音，再加上丰富的表情和夸张的动作，一定可以让宝宝爱上每天的共读时光。

┃图画比文字更有吸引力┃

除了书上的文字，妈妈可以多聊一聊图画部分。相比陌生的文字，宝宝对图画会更有兴趣。比如，你可以对宝宝说："宝宝，这是什么呀？是小猫咪对不对？这只小猫雪白雪白的，真漂亮！小猫怎么叫的宝宝知道吗？对，喵呜，喵呜。"这样的互动可以加深宝宝对故事的印象，帮助他理解。妈妈还可以指着画上的物体，鼓励宝宝说出名称，或者让宝宝和你一起给小动物、小朋友取名字。记得要多多表扬他。

┃借助道具来表演┃

除了表情和动作，妈妈也可以借助玩偶、手指或者小道具来表演。比如故事里有很多小动物，妈妈可以让家里的毛绒玩具"友情出演"，增加故事的观赏性，或者在给宝宝读有关交通标志的绘本时，把玩具汽车拿出来，让宝宝在书上开汽车。

┃让宝宝出演故事中的角色┃

用宝宝的名字替换书中角色的名字，这样宝宝会更有参与感，更容易把发生在书里的故事和自己联系起来。

┃小手小脚动起来┃

当妈妈给宝宝读童谣或者儿歌等文字多、重复或押韵的书时，鼓励宝宝和你一起跟着节奏拍拍手、跺跺脚，不仅可以增加共读的乐趣，还可以锻炼宝宝的动作协调能力和思维能力，让宝宝变得更聪明。

┃多提问，多互动┃

照本宣科，不仅你会觉得无趣，宝宝也很容易走神（如果你想用这种方式来哄睡就另当别论了）。开放式的问题不仅可以活跃气氛，还可以避免宝宝一味被动地输入。通过思考，宝宝会对故事有更深的理解和印象。妈妈及时的表扬还能让他产生小小的成就感。

┃准备纸板书和布书┃

很多 18 个月以下的宝宝很喜欢撕书、咬书或者丢书，他这是在学习、在探索，妈妈们可以准备一些撕不坏的纸板书或布书。这类书除了结实，还比较方便清洁，非常实用。至于那些印刷精美但稍显脆弱的书，就由妈妈拿着读，或者等宝宝大一些再引入吧。

┃读书也是一种游戏┃

亲子共读最重要的原则就是让宝宝开心。读书也是一种游戏，只有过程快乐，宝宝才能从中吸取知识，获得各方面的成长和发展，也能对阅读产生兴趣，为日后的独立阅读打下基础。如果宝宝很抗拒读书，妈妈千万不要勉强，等宝宝心情好的时候再尝试，否则只会弄巧成拙，让宝宝以后都不想看书了。

糕妈说

亲子共读不只是为了让宝宝爱上阅读，也是为了你和宝宝共享甜蜜的亲子时光。陪伴是最长情的告白，等宝宝长大了，喜欢自己看书的时候，你一定会无比怀念你们曾经与书为伴，共同度过的那些美好时光。

亲子阅读的三大难题

和宝宝共读虽说美好，但是他也有难缠、不乖的时候，毕竟这个阶段孩子是好动的。那么，妈妈该如何应对宝宝"不爱读书"的难题呢？

"一本书没念完就跑了"

宝宝不配合读书时，千万别强迫他，以免他把坏情绪和读书扯上关系。在宝宝心情不错的时候给他读书是更聪明的选择，比如刚换过纸尿裤，午觉睡醒，或者吃饱喝足后。也许每次只能读上几分钟，但你可以增加每天亲子共读的次数。不要担心"一本书念不完就跑了"这种问题，也不要限定阅读的"完整性"，他喜欢的那几页，可以陪他反复看。

另外，宝宝喜欢规律的作息，每天安排较为固定的时段进行亲子共读，会让宝宝更容易接受。特别是在睡觉前，作为睡前程序的一部分，这时候共读可以帮助宝宝学会安静下来放松地读书，也能帮助宝宝建立睡眠程序，让他更容易入睡。

"读书的时候，宝宝一点都不专心"

妈妈是否觉得，有时候想安静地给宝宝读个书简直比登天还难？3岁之前的宝宝还不能长时间专注一件事，注意力很容易分散。只要坚持快乐地共读，随着宝宝年龄的增长，他们专注的时间是会逐渐延长的。妈妈也可以在宝宝不专心的时候继续读一会儿，也许他玩一会儿就会回来找你接着读了。不要要求宝宝像上课一样认真听讲，允许他一边听你读书，一边玩着他喜欢的玩具。别以为他什么都没有听进去，只要他能放松、愉快地享受和你共读的时光，就是一件很棒的事。

"他不爱看书，我也没办法"

任何习惯在最初养成的时候都会遇到一些阻碍，培养宝宝的阅读习惯也不例外。一开始，宝宝可能对书比较陌生，不想尝试，或者有其他更有趣的玩具吸引他，让他停不下来。在不勉强宝宝的情况下，换个时间，多引入几次读书活动，宝宝慢慢就会接受了。

如果宝宝看起来对这本书不感兴趣，妈妈可以根据宝宝的喜好，换一本书试试看。选择他喜欢的书，或者和他的日常作息有关的书，会让宝宝感觉更亲切，更容易接受。妈妈也可以通过提问的方式吸引宝宝的注意："这本书好有意思哦，讲的是一只很喜欢吃饼干的小鳄鱼。可是，他妈妈不给他饼干吃，小鳄鱼该怎么办呢？"听到这里，说不定宝宝就忍不住好奇跑过来了。

找一些有翻翻页、抽拉页，有小机关设计的书，让宝宝手眼并用，自己动手找答案，肯定比枯燥的"听讲"要有意思得多。共读时光并不是孩子和书相处的唯一机会。我们可以把书放在宝宝能够拿到的地方，比如地上的玩具筐，或者他能够到的矮柜，增加宝宝接触书的机会。另外，让宝宝经常看见爸爸妈妈在看书，言传身教才是最有效的。

糕妈说

早期的亲子共读，最重要的不是传授知识，不是语言启蒙，也不是智力开发，而是让宝贝感受到"读书是一件快乐的事情"。让宝贝喜欢读书，这将是影响他一生的好习惯。

会玩的孩子更聪明

　　0~3 岁，是孩子智力发育的关键时期，这个阶段，如果宝宝的大脑能得到充分开发，一生都会受益无穷。可别小瞧了宝宝的"玩"，这可是宝宝学习的最佳也是最有效的方式。

宝宝 1~3 个月，这样做让宝宝更聪明

　　这个阶段，宝宝的大脑在飞快地成长和发育，他通过看、听和触摸进行学习。在日常生活中，妈妈可以和宝宝讲话、玩游戏，这样能对宝宝进行智力刺激，锻炼他的记忆力，让大脑更好地发育。

|宝宝需要你的爱和关注|

　　宝宝第一次的经验对他的未来影响重大。爱能在宝宝和父母之间建立更为亲密的连接，宝宝的大脑也会发育得更好。同时，妈妈对宝宝的情绪及时给予回应，会让他更有安全感。

　　妈妈要做的是：无论是身体上，还是心理上，都要给予宝宝更多的关注，尽可能地让他感觉到安全和被爱，不要担心这么小的孩子会被宠坏。可

以经常和宝宝进行身体接触，比如拥抱、抚触、轻轻摇晃、对着他微笑，都能帮他建立起安全感。

▎发展要点▎

宝宝趴着的时候能够抬起头，能够握住并摇动玩具，听到声音会转头寻找来源，对熟悉的物品和人会微笑。

▎这么做，让宝宝更聪明▎

爸爸妈妈才是宝宝最好的"玩具"，你可以叫他的名字，和他聊天，给他讲故事、唱歌，这对宝宝未来的语言发展非常重要！这个阶段的宝宝对人脸非常感兴趣，你可以对他微笑、做鬼脸，还可以把脸遮起来和他"躲猫猫"；要锻炼宝宝趴的能力，可以让他趴在你肚子上，锻炼他头部、颈部和上肢的力量，在地板上、躺椅、浴缸里都可以。

▎适合宝宝的玩具▎

不同质感的安全玩具能够通过刺激宝宝的感觉让其大脑得到开发。比如色彩鲜艳的摇铃、牙胶、布制的玩具。这个时候就可以开始给宝宝阅读了，选择那些图案对比鲜明的图画或书，家庭相册也不错。让宝宝听到更多的声音也很重要，你可以给他唱歌或放音乐听。可以在婴儿床边挂不易碎的镜子，他会很喜欢通过镜子看到自己。

宝宝 4~7 个月，这样做让宝宝更聪明

这个阶段，宝宝进入情绪高涨期。他看到妈妈会表现得很开心；被陌生人抱会抗拒或大哭；还会用一些方式表示自己的想法，比如对着想要的玩具会伸手示意；而且他还学会了抓握东西、翻身和坐。

┃你的爱和关注依然非常重要┃

宝宝高兴或者情绪低落的时候，妈妈要及时给予回应，他会更信任和依赖你。同时，你需要给他提供更大的可以让他自己探索的空间！穿衣、洗澡、喂奶、玩耍、散步、乘车……抓住一切机会给他唱歌或和他聊天，大量聆听会使他的语言能力得到培养。如果孩子看上去无法听到或发出声音，及时带他去看医生。

┃发展要点┃

学会抬起头、翻身、独立坐着；能够手眼配合，有意识地伸手拿东西；通过触摸、啃咬探索对物品的感觉；眼睛和耳朵协调性提高；听到自己的名字会有所反应。

┃这么做，让宝宝更聪明┃

这个时候，多让宝宝趴着玩很有好处，你可以每天和宝宝在地上玩一会儿，或者给宝宝周围设置些小障碍，鼓励他自己伸手够玩具。这样做可以训练宝宝的手眼协调能力，提高运动技能；和宝宝谈论他正在注意的东西，模仿宝宝的声音，宝宝会更愿意说话；同时，妈妈要给宝宝更多锻炼腿部肌肉的机会，可以抱着宝宝蹦一蹦，或者做一些简单的律动操，有些弹跳椅也会让宝宝玩得很开心。

┃适合宝宝的玩具┃

给宝宝提供一些可以啃咬、扔掉、击打的小玩具，或者不同质感的球，这样能刺激宝宝的触觉。他通过尝试扔、敲等多种方式来观察发生了什么，能增强他的手眼协调能力。妈妈还可以准备一两个大的容器，把小东西装进去再倒出来，这样的游戏能锻炼宝宝的运动技能。还可以给他准备一个游戏垫，让他自由地探索和移动。此外，给他唱儿歌、播放音乐也很有必要。

宝宝 8~12 个月，这样做让宝宝更聪明

这个阶段是宝宝语言和智力发展的非常重要的时期，而且也是下一阶段社会能力发展的重要基础。

| 任何时候，爱都是最重要的 |

妈妈可以给宝宝温柔的身体接触，要关注宝宝的节奏和情绪，及时地给予回应。

| 发展要点 |

宝宝此时有强烈的探索欲和好奇心，这是智力发展的重要推动力；他开始懂得一些词语的意思，并懂得一些简单的指令。妈妈可以教宝宝摆手表示"再见"、点头表示"是"、摇头表示"不是"这些简单的肢体语言。他也会开始寻求大人的帮助和称赞，会有最初的成就感；他能够从你的表情看出你的情绪，会通过拥抱、亲吻表达自己的感情。

| 这么做，让宝宝更聪明 |

想让宝宝更聪明，就要给他更大的探索空间。把危险的东西收起来，让他在家里尽情玩。每天家长可以和宝宝在地板上玩一会儿，享受一段"地板时光"；捉迷藏是个很好的游戏，可以换着花样玩：比如用布把宝宝的脸遮住，藏在门后，自己躲在毛巾下面，宝宝都会非常喜欢；继续给宝宝读书，阅读需要长期坚持。

| 适合宝宝的玩具 |

不同体积、形状、颜色的可以叠起来的玩具，可以推、打开、发出声音和移动的"游戏盒"，用软塑料制成的小车、卡车和其他车类玩具等，这些

对培养宝宝手眼协调能力以及获得成就感很有好处。一些日用品也会成为宝宝感兴趣的玩具，比如不会打碎的杯子和桶、空纸盒、旧杂志和鸡蛋盒。重要的不是玩具多精美、昂贵，而是你有没有用心陪他玩。

宝宝 1~2 岁，这样做让宝宝更聪明

宝宝 1 岁以后，从只会吃吃睡睡到牙牙学语，可以摇晃着跑来跑去，妈妈在有成就感的同时，也备感压力。此时，宝宝的大脑开发的基础阶段完成了，接下来是挑战更大的"能力进阶"。

▎孩子需要安全感▎

这个时期的孩子建立起了和妈妈的依恋关系，当妈妈上班的时候，可能会表现出分离焦虑。

妈妈要做的是：多抱抱他，多一些身体上的接触，让孩子感受到你的爱；对他的需求做出回应，满足他的需求，理解他的情绪变化并帮他说出来。这样做可以让孩子感受到你对他的重视，学会如何寻求帮助，也能学习到"开心""生气"等情绪的表达。当他完成或做对一件事情的时候，用口头表扬或拥抱给他鼓励，但是别拿食物做奖励。

▎发展要点▎

宝宝学会走路，并且开始学跑；可以扶着东西上下楼梯、学会攀爬；语言和理解语言的能力快速发展，也学会观察和理解别人的情绪；通过模仿、观察等学习，在尝试和探索中发现和寻找规律。

▎这么做，能让宝宝更聪明▎

给他设立规矩：1 岁左右的孩子已经知道哭会赢得妈妈的注意和妥协，

所以要小心；这个时候需要妈妈连续不断地指导宝宝，告诉他哪些可以做，哪些不被允许；拒绝的时候要温柔坚定，但不要打骂孩子。这个阶段也是养成他用餐、小睡和作息规律的好时机，一定要保持在每天的固定时间来执行。

放慢语速，和孩子像成年人一样交流，让他有时间去思考。有效的聊天能够让孩子掌握更多词语，也能锻炼他的语言能力。和孩子一起读书，给他讲故事、读儿歌。回答孩子的问题，多用启发式提问鼓励他去自己思考、做决定。

▌适合宝宝的玩具▌

能提供创造力的简单玩具都是不错的选择，这对提升宝宝的想象力很有好处。比如拼图、镶嵌类玩具、初级七巧板、大支彩笔等；能够培养孩子手眼协调能力、精细动作能力和成就感的玩具，比如积木、大小不一的布娃娃（毛绒玩具）、挖掘类玩具（铲子、水桶等）、洗澡时玩的玩具（小船、其他能浮在水面的玩具）、各种形状和大小的球；儿童电子琴和其他乐器、推拉专用的发声玩具可以培养乐感；厨房玩具、玩具电话可以让宝宝通过角色扮演游戏学会很多社交规则。这个阶段的宝宝能玩的还有很多，带有大图画和简单故事的纸板书、家里安全的旧物品、户外的秋千、三轮车，对开发宝宝的能力都有很大好处。

宝宝 2 岁多，这样做更聪明

2 岁之后，孩子身体、运动能力方面的成长逐渐减缓，但智力、社交和情感等方面将飞速发展。在这个阶段，孩子会有各种小情绪、小脾气，"糟糕的 2 岁""可怕的 3 岁"，都会让爸爸妈妈们焦头烂额。面对"熊孩子"的种种行为，爸爸妈妈们无须过分担心，只要尝试了解和接受这些变化，就能顺利地解决生活中的矛盾。

▎宝宝需要爸爸妈妈的陪伴▎

对宝宝来说最珍贵的是爸爸妈妈的陪伴，如果还能及时地给予一些回应，不仅能让宝宝感到自信、快乐，还能让他们有足够的安全感。爸爸妈妈要做的是：

☆**陪伴**：每天抽出时间陪他玩；在固定的时间给他读绘本、讲故事，进行交流的同时，也鼓励他表达自己的意愿和想法。

☆**给予回应**：孩子出现的各种变化，爸爸妈妈都要给予回应。鼓励、欣赏，会让他感到更加舒服和自信。

☆**鼓励选择和社交**：在合适的时间，鼓励孩子做出一些选择，比如出门的时候穿什么衣服。可以让孩子多和其他小朋友一起玩耍和交流，当孩子表现好的时候，适当地夸一下，会让他开心很久。

☆**制定规则**：爸爸妈妈应该制定一些规则，并让孩子遵守，比如看电视。

▎发展要点▎

语言、社交、情感是这个阶段的"重头戏"。

☆**语言能力**：通过用 2~3 个词组成短句，逐渐学会用 5~6 个词语组成长句子，并逐渐掌握一些语法规则；理解更多的指令、语句，认识常见的物体；2 岁时能说出自己的名字、年龄、性别，3 岁时能讲故事；语言表达逐渐清晰，陌生人也能听懂。

☆**社交能力**：模仿成年人或玩伴；可以轮流参加游戏，并逐渐愿意和其他孩子合作；和别人商量解决冲突；变得越来越独立。

☆**情感发育**：逐渐把自己视为一个独立的人，开始产生性别意识。

▎这么做，让宝宝更聪明▎

这个阶段的孩子会开始模仿大人进行游戏。所以，言传身教就显得十分重要了，家长一定要注意自己的言谈举止，在处事上尽量平和，为孩子树立榜样。同时，鼓励孩子和别的孩子一起玩。爸爸妈妈只需静静地做旁观者，保证孩子们不会因游戏而受伤或沮丧就可以了。

┃适合宝宝的玩具┃

积木和可以插在一起的积木套装、儿童专用的蜡笔，都能锻炼孩子的空间想象能力和创造力，同时还能锻炼手指活动能力；一些简单的诗歌或笑话等语言游戏会激发他的表达欲望，提高语言能力；和娃娃、动物或其他人玩假装游戏，不仅可以有助于孩子建立社交能力，还有助于性别意识的萌发；给孩子听一些舒缓的音乐，介绍一些玩具电子琴、小鼓、音乐盒、铃铛等音乐玩具，并让孩子做简单的尝试，都是非常好的音乐启蒙方式。

糕妈说

都说聪明的宝宝更会玩，玩能让宝宝更聪明，对于宝宝来说，玩就是他们探索世界、学习技能的最有效、最重要的方式。

只要了解了宝宝的发展要点，让宝宝玩得更好，更有意义，谁说不能玩出个小小的爱因斯坦、未来达·芬奇呢？

宝宝爱玩手机不是问题，关键是爸妈怎么做

一个爱玩手机的宝宝背后，肯定有爱玩手机的爸妈，宝宝就是我们的"一面镜子"。很多父母把孩子玩手机这件事视为"洪水猛兽"，只要宝宝一拿起手机，二话不说，立刻阻止，这样真的好吗？其实未必。凡事都有两面性，虽然我们不提倡小孩子经常玩手机，但一味地放大坏处，也不是科学育儿应有的态度。其实，孩子适当玩手机也是有好处的。

玩手机可以锻炼宝宝的思考能力

宝宝 2 岁之后，认知开始发生变化，进入了"使用符号且有思维能力"的新阶段。比如他们可以把手机上出现的画面、按键，父母如何操作等信息汇总到脑海中，描绘成脑海里的"认知蓝图"。等抢到手机后，重新开启"认知蓝图"，尝试运用各种方式去验证是否符合自己的认知。比如，他们可能会长时间按着图标看看会有什么情况发生，或者按着 APP 小方块上的小角看能否打开等。这种有意识的尝试，虽然会碰壁，但却大大锻炼了他们的思考力。如果再碰到自家"熊孩子"误删 APP 或误拨朋友电话的情形，深呼吸，释放心中的怒气，要知道宝贝正在努力地开发小脑瓜呢！

玩手机能促进宝宝自我觉知和早期情绪的发展

几乎所有的宝宝都爱看手机上的照片或视频。当你指着照片念出他的名字，他会表现得害羞，想故意推开手机；当你翻看他跳舞的视频，他又会快乐地手舞足蹈。显然，他已经认识自己并感知到了情绪，这是件好事！早期情绪就像人的"第二语言"，越丰富，就越容易和他人交流并建立起社会关系。同时，玩手机也能让孩子有成就感。当他成功打开手机上的图标，要记

得及时鼓励他。其实，家长可以转换一下"老思想"，把手机当成生活中一件正常的物品。手机和其他益智类玩具一样，也是有好处的，关键在于你怎么分配玩手机和做其他活动的时间。当你能很好地帮孩子建立起这个时间规则并敦促他遵守，那就不用担心电子产品会给宝宝带来负面影响了！

规范孩子玩手机的时间

作为宝宝的监督者，控制规范好时间才是王道。美国儿科学会建议：宝宝 18 个月前，除了视频聊天，避免电子产品的使用！互动式的、自由的游戏更有助于婴幼儿早期的大脑发育，父母应该放下手机，多跟宝宝互动，这对于促进宝宝的早期发展是非常重要的。

18 个月 ~2 岁，避免让孩子独自使用电子产品。父母要以身作则，尽量不在他面前玩手机，多一点时间陪他看绘本、玩游戏。如果想引入电子产品，确保和孩子一同观看高质量的节目，方便他更好地理解内容。2~5 岁学龄前儿童，需严格控制孩子盯着屏幕的时间，每天不要超过 1 小时；陪宝宝一起观看有教育意义的节目，比如音乐、讲述小故事的节目，一些符合小朋友认知特点、有趣但不暴力的动画片；避免在手机上下载网络游戏。

糕妈说

刻意让宝宝远离手机，就等同于把孩子圈在封闭的"信息洼地"。而且越不让他玩，他越好奇，等他有机会的时候，一样会"沦陷"。家长真正要思考的应该是怎样让孩子不沉迷于玩手机。日常生活中，有很多比手机更有意思的活动，只要家长愿意潜心陪伴，他一定更爱和你读绘本、搭积木、玩拼图，而不是迷恋手机。对孩子来说，跟爸爸妈妈一起玩才是最有意思的事！

真正厉害的家长，陪孩子一起看电视

平时父母如何给难得一见的孩子完整的家庭教育？如果你平时都不在孩子身边，又该如何利用周末宝贵的休息时间补偿他呢？

现在教育都讲"陪伴"，可有多少爸爸妈妈真正重视了"有效陪伴"呢？拿看电视来说，怎么陪、如何看，不同的方法导致的结果截然不同。

陪孩子看电视的几种方式

| 家庭 A：同床异梦型 |

宝宝趴在沙发上，瞧着电视上光头强被熊大、熊二追着满森林跑，笑得前仰后合。他一会儿把手指放进嘴里，盯着电视咂吧得津津有味；一会儿又拿起前段时间刚买的光头强的同款假电锯，对着爸爸的大腿开锯！陪他看电视的老爸在旁边刷微信、打游戏，也忙得不亦乐乎。如果宝宝捣蛋，随手安抚一下，就继续玩自己的了。妈妈忙里忙外地打扫卫生、收拾房间，中午抓紧时间做好饭叫爷俩吃。宝宝守着电视不挪窝，爸爸盯着手机没反应，父子俩简直像粘在了沙发上！一切"身在曹营心在汉"的陪伴都不能叫作"陪伴"。

| 家庭 B：循循善诱型 |

"爸爸，什么时候可以带我去东北滑雪？太好玩了！"小朋友看着电视节目里播放的滑雪场景，羡慕得两眼放光。"好的呀，不过滑雪很考验人的体力和协调性哦。""那怎么提高呢？""跳绳和轮滑都可以，只可惜这段时间你没坚持，如果你都练熟了，爸爸就可以带你去滑雪了。""好的，那我就继续练，练熟了你一定要带我去哦。"孩子伸出手指头，要跟爸爸拉钩，爸爸也接受了这一约定。

应该给这样的父母点赞。对于幼儿园阶段的小宝宝，我们陪看电视不只是要为孩子答疑解惑，更应该结合现实来激发他的上进心，为其他方面的教育做铺垫，有时能起到事半功倍的效果。

▌家庭 C ：天伦之乐型▐

沙发上，宝宝依偎在妈妈怀里。一家人正看着知识抢答类节目，家庭抢答赛进行得如火如荼。"太阳系八大行星中离太阳最近的是金星，对吗？"爸爸将电视按了个暂停，用一种询问的眼光看向宝宝和妈妈。"对。"宝宝答道。"不对。"妈妈答道。"恭喜你答错了！"爸爸一边坏笑地看着宝宝，一边顺手拿起前段时间刚买的上面有关太阳系八大行星介绍的绘本，一家人开始研究起来了。经过一番家庭研讨，宝宝不仅记住了八大行星的名字，还将他们离地球的远近、顺序都搞清楚了。

其实，每个宝宝都有好奇心，抢答类综艺节目除了让他觉得好玩，一个又一个的问题还满足了他的好奇心，带他看到了更神奇的世界。爸爸妈妈可以再给孩子旺盛的求知欲"添把柴"，从节目内容引导他进入更系统、更深入的学习，启发孩子学会思考，达到由此及彼、举一反三的效果。

看电视的不良影响

小朋友都爱看电视，如果父母不能陪看，再不干预就是害了他。长时间看电视会对宝宝造成哪些不良的影响呢？

☆**容易让孩子接收到负面信息。**如果孩子看的是普通的电视节目，他也会经常接收到一些负面的信息，比如暴力、色情、争吵等。如果不及时引导，这些负面信息有可能会影响孩子的认知。

☆**电视广告，让孩子产生过多的购买欲望。**孩子很容易从电视上看到产品广告，从玩具到食品，比比皆是。广告里的产品描述太过美好，会让他产生超出实际的购买欲望，若是家长不满足他，还可能会哭闹、不快乐。

☆**长期看电视可能会导致肥胖。**电视里各种垃圾食品的广告会诱导孩子吃得更频繁、更多，这些零食里含有很高的热量和糖分，却只能提供很少的营养。另外，孩子消耗在看电视上的时间本可以用来进行体育锻炼或是其他有趣的活动。长时间看电视，体内的热量积累过多，还可能会导致肥胖。

☆**让孩子分心，影响孩子专注学习的能力。**研究发现，在播放电视的房间玩耍，孩子平均一分钟会抬头看一次电视，即使每次仅持续数秒，这短暂的时间也会打断他们的玩耍，影响注意力。对一个孩子来说，打扰他们玩耍就是打扰他们学习。

宝宝看多久电视才合适

☆ **18 个月以下的宝宝不应该看电视。**18 个月以下的宝宝，不应该看电视。这个阶段的宝宝更需要的是父母的陪伴。通过陪伴和游戏，能有助于他们社交、情感和智力的发育，这些都比被动地看电视有意义得多。

☆ **18~24 个月的孩子看电视要家长陪伴。**要避免 18~24 个月的宝宝独自看电视，父母可以选择一些高质量的电视节目，陪同孩子一起观看，这样才能让他们从电视节目中受益。

☆ **2~5 岁的孩子每天看电视要适度。**对于 2~5 岁的孩子，父母可以挑选一些高质量的电视节目让孩子观看，但每天的总时长要限制在 1 小时之内。其余时间，父母可以和孩子做一些有趣的活动，比如读绘本、玩游戏、做户外活动等。

Tips

在对待孩子看电视这件事上，"电视时间"的设定是非常重要的：看什么内容，能看多久，都要让孩子遵守。父母还需要联合家里其他成员，执行好"电视时间"这个规定，切忌因为孩子的哭闹而破坏规定。

陪伴也是一门需要用心的艺术，如果电视节目运用得当，它是打开世界和孩子心灵的一扇窗；如果我们的陪伴不够，它也可能成为"潘多拉魔盒"，带来一些让妈妈头疼的麻烦。爱，需要从高质量的陪伴开始，电视将是我们与宝宝之间的重要沟通桥梁。

让家长大开眼界的拼图玩法

在宝宝的玩具箱中，有这样一款经典玩具，真的是不能少——拼图。

玩拼图的好处

玩拼图到底有哪些好处呢？

① 拼图的拾取、归位能锻炼宝宝的手指精细能力和手眼协调能力。

② 可以提高宝宝的观察能力和对颜色、形状、空间关系等的敏感度。

③ 有助于培养宝宝的耐心和专注力。

④ 玩拼图时需要不断试错，反复尝试的过程能提高宝宝的抗挫能力，帮助宝宝建立自信。

⑤ 提高宝宝的逻辑思维能力和解决问题的能力。

⑥ 帮助宝宝学习很多概念和常识，如颜色、形状、动物、交通工具等。

⑦ 反复拼拆能提高宝宝的记忆力。

玩拼图有那么多好处，可还是会有妈妈担心，"拼图那么难，宝宝根本不会玩"，或是"我家宝宝没耐心，每次拼了几片就坐不住了"。其实，不同年龄段的宝宝、玩拼图的方法也会有所不同。而且，拼图不一定非得一次拼完。

拼图的正确"打开方式"

适合 6~12 个月宝宝的拼图玩法

虽然 6 个月的宝宝还不会把拼图正确归位，但他一样可以玩拼图。比如，他会把拼图从一只手换到另一只手上，颠来倒去地研究，或者抓起一片放进嘴里，像啃饼干一样啃咬。再大一点的宝宝会把整幅拼图翻过来，他还会用手指把拼图一片片抠出来，直到一片都不剩。如果是单片、有凸起手柄的拼图，宝宝或许还能把它拉出来，再放回对应的位置上。没错，这就是宝宝最初的玩法。这一阶段，最好给宝宝选择有手柄、凸起，或是边缘有缝隙的大块拼图，方便宝宝抓取。另外，尽量挑选形状鲜明、色彩鲜艳的拼图，片数不要太多。宝宝还可能会把拼图放进嘴里，所以材质一定要安全。

┃适合 1~2 岁宝宝的拼图玩法┃

1 岁的宝宝已经能在妈妈的帮助下，尝试把大块拼图放到对应的位置上了。妈妈可以从单块拼图开始，逐渐增加拼图的片数和难度。内容上建议选择几何图形、动物、水果、交通工具等有完整形象的。

要想让宝宝玩得开心、变得聪明，妈妈还要善于提示。比如你可以借助拼图教宝宝学习颜色、形状、常识等，也可以用提问的方式引导宝宝多观察，多思考。当然，要是宝宝拼得很投入，我们完全可以做个安静的旁观者。如果宝宝拼到一半就不想玩了，妈妈也不要失望。毕竟宝宝能专注的时间本来就不长，他能在玩的过程中学会观察，不断尝试，就已经很不错了。

┃适合 2~3 岁宝宝的拼图玩法┃

这个阶段，妈妈可以根据宝宝的情况逐渐增加拼图的片数和难度。一般多片的拼图拼完后会是一幅完整的画，妈妈可以利用画面向宝宝提问、讲故事。这种方式不仅能增加亲子间的互动，还能让宝宝学会观察细节。当宝宝拼不出来的时候，妈妈给他一些提示和鼓励："这块拼图是黄色的，找找其他黄色的拼图，也许有一块能对得上哦。"这其实是帮助宝宝学会思考的好机会，还能带给他成就感和自信心。

拼图是典型的益智的绿色"活玩具"，用好它，宝宝的拼图技能很快就会超过你。

糕妈说

一张小小的纸条，
居然能让宝宝瞬间变听话

把你想让宝宝做的事写在便条上，贴在他能看到的地方，即便宝宝不识字，这样做也会给你带来意想不到的惊喜。

宝宝为什么喜欢收便条

不用再听妈妈唠叨了

宝宝正烦恼时，妈妈说了什么压根儿就没听进去。想让宝宝听话，妈妈基本靠"吼"。当"唐僧"妈妈突然安静下来，改用写便条的方式和宝宝沟通时，宝宝就不容易有抵触的情绪，反而更容易接受妈妈的指令。

妈妈好重视我

当宝宝收到妈妈写给自己的便条时，不管看不看得懂，他都会很开心。"妈妈好重视我，还特意花时间给我写便条。我一定要乖乖听话，不能再惹妈妈生气了。"也许你只花了不到 1 分钟就写完了这张便条，但宝宝却会郑重其事地收好，不时拿出来重温一下，这可比你苦口婆心地教育管用得多。

简单、易懂，还不容易忘

当你重复了很多遍，宝宝还是自顾自地玩，迟迟不肯刷牙睡觉，你会怎么说呢？"宝宝，妈妈已经说了很多遍了，我们要睡觉了，快点去刷牙吧。不然……"信息量这么大，难怪宝宝什么都没听进去。如果换成写便条的方式："每晚 8 点，希望我的宝贝能按时刷牙！——爱你的妈妈。""好希望宝宝能每晚给我洗个澡，最喜欢和你一起玩啦！——寂寞的小牙刷。"简简单单一句话，就把事儿说完了。贴在显眼的位置，还能起到提醒的作用。

便条的花式玩法

除了最常见的"写下来，贴上去"，便条还可以玩出很多花样。比如，你可以把便条折成纸飞机，"咻"的一下飞到宝宝面前，或是叠成一颗爱心、一朵小花，让宝宝满心期待地打开。

比如，现在在市面上很多早教机和宝宝玩具都有录音功能，你可以把想说的话录下来，然后给宝宝留张便条提醒他听，这个方法在妈妈出差的时候特别好用！

比如，你可以用拟人的方法，唤起宝宝的同理心。宝宝喜欢乱扔玩具？那你试试这样写："我不喜欢被扔在地上，那样很疼，还要看医生，呜——受伤的小火车。"

比如，你可以用邀请的方式，鼓励宝宝做好的行为。宝宝总是不肯洗手？那试试这样写："下午 3 点点心时间，欢迎手洗干净的小朋友前来参加。——爱你的妈妈。"

除了管教宝宝，便条还能拉近你和宝宝的距离

其实，便条除了能让宝宝听话，还能增进亲子关系：当你不好意思对宝宝说"我爱你"或"对不起"时，用便条就可以轻松地说出来；当宝宝犯了错，让你很生气时，写便条的过程可以让你冷静下来；你还可以诚实地把感受写下来。比如"今天宝宝发脾气，把玩具摔坏了，妈妈觉得不开心。希望宝宝以后能爱惜玩具，不要再乱扔东西。——依然爱你的妈妈。"这样的方式比唠叨或责备更温和、更有效。

糕妈说

　　和宝宝沟通是一门艺术，很多时候我们对宝宝束手无策，其实是我们没有开动脑筋去想办法。不能硬来，那就智取，玩偶也好，便条也好，都是好办法。只要让宝宝觉得"妈妈没有在命令我，妈妈还是爱我的"，一切就好办了。

可以从小玩到大的 "活"玩具——积木

积木是最古老、最经典的玩具，也是我们童年的回忆。软积木、木质积木、拼搭积木等，都是可以从小玩到大的"活"玩具。你家宝宝都是怎么玩积木的？积木的正确"打开方式"有哪些呢？

玩积木的好处

玩积木对宝宝有很多好处：

① 让宝宝练习抓握，提高利用手指进行精细动作的能力。

② 对积木的抓取和垒高，能提高手眼协调能力。

③ 不同类型的积木能帮助宝宝认识形状、颜色、大小、数字等概念。

④ 通过推倒和搭建积木，能帮助宝宝学习空间关系和因果关系。

⑤ 对积木的自由搭建有助于发挥宝宝的想象力和创造力。

⑥ 不断失败和反复尝试有助于宝宝建立自信。

⑦ 积木跌落和宝宝垒高的过程能提高宝宝思考和解决问题的能力。

积木的正确"打开方式"

要想让宝宝把积木玩好了，妈妈们还是要多开"脑洞"才行。

☆**自由式（6~12 个月）**：和拼图一样，只要宝宝具备了一定的抓握能力，就可以开始玩积木了。这个阶段的宝宝会把积木放进嘴里咬，会用两只手传来传去，会抓起两块积木互相敲击，还会故意把积木扔到地上。

乱扔积木并不说明宝宝不喜欢玩，其实，他正在用自己的方式探索和研究。妈妈要做的就是确保积木干净卫生，剩下的就让宝宝自由发挥吧。

☆**推倒式（1~2岁）**：1岁以后，宝宝最喜欢推倒积木了。你以为他只是调皮捣蛋，其实他是在学习空间关系和因果关系。如果妈妈有时间的话，可以和宝宝一起将积木搭高，好让他推个够。

☆**垒高式（1~2岁）**：除了"搞破坏"，宝宝现在也开始学着自己搭建积木。建议妈妈选择大点的积木，宝宝现在还不能搭得很稳，大块积木不容易倒，能帮助宝宝建立自信。开始时，妈妈可以示范给宝宝看，把大块的积木一块一块地垒上去，一般2~3层就可以了，妈妈也可以抓着宝宝的手，让他感受一下把积木轻轻放下的感觉。很快，小家伙就能自己垒了。

☆**寓教于乐式（1~2岁）**：除了上面这几种初级玩法，妈妈还可以借助积木教宝宝学习颜色、形状等基本概念。方法就是多念叨，妈妈对宝宝说："这块积木是红色的，宝宝手里那块是绿色的。""快看妈妈垒高高啦，1块、2块、3块……"像这样多和宝宝念叨，不仅能在游戏中教给宝宝很多概念，还能促进宝宝的语言发展。

☆**建筑师式（2~3岁）**：宝宝现在已经2岁了，能把积木垒得更高、更稳了，搭出的作品也像模像样的。随着宝宝各方面能力的提高，妈妈既可以和宝宝一起玩，也可以坐在一旁，让宝宝自由发挥。你的陪伴能让宝宝更安心、更专注。

☆**收拾玩具式（2~3岁）**：除了垒高和搭建，宝宝现在能更好地区分颜色和形状了。妈妈可以趁此机会和宝宝玩分类的游戏："宝宝，我们来比赛找积木吧，看谁找得多。先找蓝色的，1，2，3，开始。"这样玩不仅能增加妈妈和宝宝的互动，提高宝宝的观察能力、反应速度和自信心，还能顺便教宝宝收拾玩具，一举多得。

☆**过家家式（2~3岁）**：2岁宝宝最爱玩假装游戏，也就是"过家家"。现在市面上有很多积木都是自带场景的，比如城市场景里会有学校、医院、超市等。妈妈可以利用积木和宝宝玩假装游戏，不仅能提高宝宝的语言能力，还能让他们在不知不觉中学到很多生活常识。

糕妈说

不管是什么玩具，只要我们多花点儿心思，都可以变得好玩。因为重要的从来不是我们给宝宝玩什么，而是我们在陪玩的过程中对宝宝的爱和关注。宝宝喜欢的，是你陪他玩的方式，以及你们一起玩耍的乐趣。

晒娃新风尚——带孩子练瑜伽

姚晨、李小璐、孙俪等都晒过做亲子瑜伽时的照片，为什么明星们都愿意带上宝宝一起练瑜伽？因为，这对大人和小孩都有好处！

带宝宝练瑜伽，好处多多

☆**亲子瑜伽是专属于你和宝宝的私密、放松的运动。**你们可以单独享受彼此身体上的接触和情感上的交流。练完瑜伽后，你会发觉自己的很多坏情绪都飞走了。对宝宝而言，和妈妈的互动让他更有安全感和满足感。

☆**亲子瑜伽能够鼓励宝宝尽情去探索和发现，练习自己新掌握的技能。**宝宝一会儿平躺，一会儿弯腰，一会儿趴着，掌握了那么多新技能，好像比啃手指更加好玩，而且运动能力也得到了发展。

☆**亲子瑜伽能帮助消化，调节睡眠。**重复、舒缓的动作配上轻柔的音乐，会给孩子带来好心情，促进肠胃的消化和吸收。另外，宝宝在运动后会睡得更安稳。宝宝好好睡觉，妈妈自然也能拥有更充足、更高质量的睡眠。

一些简单易学的瑜伽动作

树式

站立时抱着宝宝，把重心移到右脚。弯曲左膝盖，将左脚放在右腿内侧适宜的高度，保持静止。宝宝会感觉自己飞翔在空中。

作用：这个动作能帮助妈妈打开髋部，提高身体的稳定性。

船式

妈妈伸直双腿，上半身挺直，坐于地面，让宝宝面对你坐在腿上。慢慢抬起双腿，直到小腿和地面平行，上半身随之后倾。妈妈的身体看起来就像一艘船，宝宝坐上"私家游艇"。

作用：这个动作能帮助妈妈增强腹部力量，减少腰部、腹部赘肉。

桥式

妈妈呈仰卧姿势，双脚分开踩在垫子上。宝宝面对你，坐在你的小腹下方。呼气时稳住宝宝并将臀部抬离地面，直到上半身、臀部和大腿呈一条直线，坚持一会儿再慢慢落下。一起一落让宝宝瞬间拥有"私人定制款跷跷板"，再给妈妈闻闻臭脚丫，他很开心！

作用：这个动作可以让妈妈大腿和臀部的肌肉更结实，同时伸展胸腔和脊柱。

炮弹式

妈妈弯曲并拢双腿坐在垫子上，让宝宝攀上小腿。握住宝宝并将背部贴向地面，呼气抬头，抬起双腿使大腿贴近腹部，和宝宝来个亲密接触。吸气躺回地面，大腿放松。

作用：通过这个动作，妈妈盆底和腿部的肌肉都能得到很好的锻炼。

前屈式

妈妈站立时弯腰屈膝把宝宝抱起，然后慢慢挺直膝盖（可以适当弯曲），腹部保持贴近大腿，让宝宝舒适地蜷在你的臂弯里。妈妈温柔地望着宝宝，或者轻轻晃动宝宝，"妈妈牌"手工摇篮，宝宝怎会不喜欢？

作用：这个动作帮助妈妈锻炼脊椎，消除腰部、腹部脂肪。

下犬式

让宝宝躺在垫子上，妈妈双手放于宝宝两侧呈跪姿，肘部贴地和胸部齐平，上半身和地面平行。依靠脚部力量挺直膝盖，撑起臀部，这样刚好可以亲吻宝宝。宝宝仰着看妈妈的脸慢慢变大，最后得到了一个甜甜的吻，真开心！

作用：该动作可以锻炼腿部韧带，拉伸背部线条。

做亲子瑜伽前需要了解的安全知识

为了让亲子瑜伽更好地发挥益处，确保运动过程安全，你需要先了解这些再开始。

① 等宝宝的颈部能很好地支撑后再开始练习。

② 练习前，确保你和宝宝都处于良好的状态。

③ 运动前做好热身。

④ 不要强迫宝宝或自己去完成动作，享受过程更重要。

⑤ 和宝宝有眼神交流，别吝啬你的微笑和鼓励。

⑥ 运动后勤做拉伸，避免运动伤害。

这些动作都比较适合小宝宝，妈妈基本上靠自己就能完成。如果宝宝更大一些想更多地参与，可以让他和你做一样的动作，增添趣味性。

糕妈说

　　练习中一定要记得，亲子瑜伽的首要目的是让彼此都感到放松和愉快，在此基础上我们再去考虑其他效果。

大自然是不言而教的课堂

父母带着小宝宝旅行真的很辛苦，也少了很多自由。但在孩子的欢笑和哭闹间静待他的成长，是件非常幸福的事情。

孩子那么小，为什么要带他去旅行？

出门那么折腾，为什么还要带孩子？他那么小，记得住什么？带他出一趟门，花不少钱，真的值得吗？

|宝贝，这个世界很多样|

在我看来，带孩子到不同地方走走看看，最大的意义在于让宝宝看看这个精彩的世界。这个世界，不只是我们每天生活的那一小片区域，熟悉的街道、小区，几个邻居，几家小店，还有不同形状的道路，不同造型的房子，不同肤色的人群，不同的语言。当孩子看到了这些真实的场景，他才可能真正地理解什么是"多彩的世界"。

爸爸也要站在育儿一线

亲密无间、不受打扰的旅行对于拉近亲子关系是十分有意义的，尤其对于平时照顾孩子不多的爸爸而言。琐碎的生活细节、等待完成的工作、其他家人的打扰，生活里有太多横在父母和孩子之间的障碍，让人很难静下心来去跟孩子交流。旅行中就完全不同了，抛开了一切干扰，爸爸也站在育儿的第一线，参与照顾孩子的每一个细节，这样的亲密感能让孩子受用很久。

孩子的成长，你看得见

出门是一种脱离舒适区的"自我折磨"，这种折磨不仅是针对大人的，也是针对孩子的。出门在外，不能随心所欲地吃饭、休息，还有大量的不确定的等待，身体的疲劳等，对孩子来说都是很大的挑战。每一次旅行，很难说孩子从中具体学到了哪些新的知识，但你会惊喜地发现，孩子慢慢学会了等待，学会了独立，变得更包容。这些都会帮助他成为一个更豁达、更具备协作精神的人。

重要的不是做准备，而是出发

带孩子旅行，没那么吓人

妈妈带着小朋友出门虽然累，但是也没那么吓人。糕妈特别赞同好朋友CC 的一个说法：我们旅行的初衷不是去见世面，不是去拍合影，而是换个地方过日子。

宝宝作为家庭成员之一，参与旅行，是他的权利；照顾好他，是我们的义务。平时怎么照顾他，旅途中还怎么照顾。无非是多带些行李，多照顾他的需求，只要安排得当，大人小孩都可以很高兴。担心孩子在旅行中状况百出？孩子总有"熊"的时候，卸下"完美母亲"的包袱，不要怕路人的异样眼光，哪个做妈妈的没经历过一些尴尬的时刻呢？在状况发生的时候，尽力维持局面，努力保持体面，同时要放过自己。

▎旅行中最困难的一步是"决定旅行" ▎

提到旅行，90%的妈妈都会说："早就想带宝宝去 xxx 玩了……"每次我们看到朋友圈里晒的照片，都会暗暗下决心，一定要去！但总是一拖再拖，孩子好几岁了，还没去。对大部分的妈妈来说，想去旅行，想要一个完美的行程，就要做好攻略，订酒店、查交通路线、设计路线……糕妈的经验是，旅行不用那么完美，重要的是出发。真正到了路上的时候，你会发现困难其实没有你想的那么多。而且一家人一起面对困难，一起应对突发状况，还能借机给宝宝传递乐观、豁达的生活态度，是很有意义的。

▎不是只有出远门，才叫旅行 ▎

如果担心出国语言不通，咱就在国内玩玩；不敢坐飞机，可以乘高铁；嫌挤火车麻烦，还能进行自驾游。所谓的"亲子游"并不是非得提前筹备一个月，花个几万块，休假一礼拜……去知名的亲子游景点游玩，或者找个条件比较好的休闲度假酒店，趁周末去住住，在周边遛遛，或者带孩子到儿童乐园里玩，这些也是亲子旅行。

亲子旅行的注意事项

做好旅行功课，带好必要的装备，再加一颗强大的心，带孩子旅行没有你想象的那么难，但有一些注意事项还是要重视的。

☆**建议不要频繁换酒店。**一般来说中间换一次酒店就够了，否则不停地打包、奔波、开箱、熟悉新环境，会让你和孩子都觉得身心俱疲。

☆**错峰出游。**带孩子度假，最想图个清静，所以尽量不要安排在特别拥挤的黄金周。只要稍微错开几天，就能有效避开喧闹的人潮和高价的机票。

☆**提前准备好消磨时光的东西。**孩子天生没有耐性，不会等待，这就要靠大人的陪伴。妈妈在包里装上贴纸、小画板、绘本、小汽车等，或者在手机或平板电脑上提前下载好动画片，准备好耳机。孩子实在坐不住了，就给看几集动画片。

☆**乘坐公共交通工具时要安抚好孩子。**我们年轻的时候出门，是不是最讨厌遇到吵吵嚷嚷的"熊孩子"？让孩子不吵不闹，不要影响其他乘客是很重要的。

☆**做好防晒、防蚊非常重要。**旅行时，孩子暴露在日光下的时间会比平时多很多，很容易晒伤。给孩子提前准备好防晒霜、遮阳帽、太阳镜、防蚊虫的工具及轻薄的长袖衣裤。

旅行中孩子的作息安排要点

☆**行程别排太满。**带着孩子出门，行程安排要尽量宽松。1 岁以内的孩子，早觉和午觉中至少保证一次 1.5 小时以上的长睡眠；1 岁以上的孩子，尽量安排一次午睡。

☆**巧用长途行车时间。**超过 1 个小时的车程对孩子来说是比较有挑战的事情，妈妈要安排好时间。乘机、坐车前让孩子保持一定的清醒时间，车子行驶起来后产生的震动和白噪音很容易让宝宝入睡。等到达目的地的时候，一觉睡醒可以精神饱满地开始活动。

☆**能睡一会儿是一会儿。**如果一天都在外面，无法保证孩子完整的小睡，那么一有机会就让孩子小憩一会儿，比如在汽车上或者推车里。30~45分钟的小憩的修复能力是有限的，但总胜过不睡。

☆**早睡原则不能忘。**晚上的入睡时间对孩子至关重要，尤其是白天休息不能得到保证的情况下，请尽量早点让宝宝休息，不要玩到太晚。

☆**别太纠结细节。**出门在外不比在家里，会有很多突发状况，比如因为临时有事耽误了行程，导致无法按时回家，或者外部环境太吵导致睡不好。这些时候要淡定面对，努力不把焦虑的情绪传递给孩子。一两天作息混乱不是什么大事，孩子没有那么脆弱。

Tips

带着孩子旅行，最重要的还是要放宽心。行程有变的时候，父母要收起焦躁，淡定地陪孩子玩会儿小汽车，看会儿风景，孩子也会慢慢理解：旅行是一件需要等待的事情。关于吃饭的问题，孩子一顿两顿没吃好不是什么大事儿。如果孩子在外面不听话了，父母要带孩子快速撤离，结束噪声，不要影响他人。

糕妈说

对于孩子来说，跟爸爸妈妈在一起就是好的。而父母也在一天天的陪伴中，感受孩子对自己的依恋。让他"看相机"，他回头说"看妈妈"；要求"碰碰脑门儿"，他要"亲亲妈妈"。就这样，父母毫无防备地在旅行中体验到了"反哺"的幸福！

7
CHAPTER

健康问题

孩子的身体健康，需要妈妈的呵护

宝宝的身体健康是妈妈最关心的问题，也是一切幸福和成功的重要保障。宝宝身体各项机能尚不完善，免疫系统的抵抗能力较弱，非常容易出现各种健康问题。父母及早帮助孩子养成健康的好习惯，做好疾病的预防工作，能为宝宝一生的健康打下良好的基础。

如何给宝宝进行如厕训练

　　学会自己上厕所是宝宝成长中重要的"里程碑"，对家长和宝宝都是重要的一步。那么宝妈如何成功训练宝宝自主上厕所呢？

什么时候开始做如厕训练

　　成功训练宝宝自主如厕的秘诀在于"时机"和"耐性"。无论什么时候，只要宝宝对上厕所表现出兴趣，并且发出以下 7 个信号，就可以开始做如厕训练了。

　　① 对坐便器或穿内裤感兴趣。

　　② 能听懂你的指令并乖乖地照做。

　　③ 想上厕所时，能用语言、面部表情或其他姿势来表达。

　　④ 能保持 2 小时以上屁屁干爽。

　　⑤ 在尿布上尿湿或便便后会抱怨不舒服。

　　⑥ 已经学会拉下和提起裤子的动作。

　　⑦ 能在坐便器上坐下和起立。

　　一般来说，夏天是进行如厕训练的好时机，因为这时候宝宝穿得少，方便自己穿脱裤子，就算弄脏了也好清理。但如果宝宝已经准备好了，不一定非等到夏天。冬天在家里开足暖气，让宝宝穿得少好活动，也方便做如厕训练。

如厕训练的方法

当你决定对宝宝进行如厕训练时，一定要保持积极乐观的态度，不要操之过急，按照以下步骤慢慢训练。

|放置好坐便器|

最初，建议把坐便器放在宝宝身边或是他经常待的地方。等宝宝适应一段时间后，再把坐便器固定放置在卫生间里。你也可以让宝宝自己装饰下坐便器，然后鼓励他试着坐坐看（穿不穿纸尿裤都可以），确认宝宝的双脚舒适地搁置在地上或小凳上。你可以把尿布上的污物丢进马桶以做示范，或让宝宝观摩家庭其他成员如何使用坐便器。

Tips

不管是哪一种类型的坐便器，只要宝宝感觉舒适并且安全就可以了。如果使用马桶圈式的坐便器，记得在宝宝的脚下放一张小踏凳，方便他爬上爬下，坐在上面的时候也可以放轻松；同时，家长要在旁边监护。如果是像小凳子一样的坐便器，就可以让宝宝自己坐着。

|固定上厕所的时段|

如果宝宝已经对如厕感兴趣，你可以在一天内的某几个时段，让他自己坐在坐便器上几分钟。在宝宝如厕时，给他看本书或玩玩具，并且一直在厕所里陪着他。即使他只是坐在马桶上，你也可以不断表扬，并引导他用力排便。出门在外时可以携带便携式的坐便器，在里面套上塑料袋，这样宝宝方便后，只需把塑料袋扎紧丢弃即可。

▎迅速去厕所▎

一旦看到宝宝有上厕所的信号，比如扭动、蹲下或触摸下体，需立即带他去厕所。同时，家长要帮助宝宝熟悉这些信号，一旦做出这些动作，让他立即放下手中在做的事情，去上厕所。当然，你要表扬他做得好。

▎采取奖励措施▎

对不同的宝宝采取不同的奖励措施，可以是给予小红星或小贴纸，也可以是逛公园或延长讲故事的时间，多用语言上的赞美，比如："你已经跟大孩子一样学会用马桶了，真棒！"即使宝宝努力了却没拉出来，你也要保持乐观积极的态度。

▎脱掉纸尿裤▎

当宝宝经过几个星期成功学会上厕所后，可以把尿布换成训练裤或者内裤，为了庆祝他的进步，你可以带宝宝让他选购内裤。但要注意给他穿宽松好脱的衣服，尽量避免背带裤、有腰带的裤子、紧身连体衣裤等不方便穿脱的衣物。

Tips

如果你很难接受宝宝把衣服和床弄得一团糟，或者经常要带宝宝外出，建议使用可丢弃的训练裤。如果宝宝基本都待在家里，并且已经准备好自己上厕所了，不妨直接换成普通内裤，这样尿湿的时候他更容易感觉到。

|让睡眠安稳|

多数宝宝在经过 2~3 个月的如厕训练后，能很好地掌握日间的如厕控制，但夜间和小憩期间的如厕训练要用几个月甚至几年才能控制，所以在宝宝睡觉时要给他使用一次性训练裤或隔尿垫。

|及时喊停|

如果宝宝对坐便器很抵触，或一时掌握不好用法，让他缓缓，过段时间再训练，他可能还没有准备好。

Tips

宝宝通常在学会排尿的 1~2 个月后，才慢慢学会在坐便器里排便。拒绝排便容易造成便秘，大便干硬会让排便变得更困难，从而形成恶性循环。如果宝宝不愿意在坐便器上排便，不要勉强他，先给他换上纸尿裤，让他在纸尿裤里解决。

|对意外状况的处理|

在孩子学会自主如厕后，妈妈会轻松许多，但也要防止意外的发生，注意预防和处理尿裤子的情况。看到宝宝表现出夹腿、蹲下等信号时要及时提醒他上厕所，如果真的不小心尿裤子了，父母一定不能责骂、惩罚或羞辱孩子，应该说："这次你忘记没关系，下次记得早点儿去厕所哦。"如果你的宝宝经常尿裤子，建议用纯棉材质、吸水能力强的内裤，并随时准备好换洗的衣裤。

Tips

把坐便器就近放在他身边，穿宽松、方便穿脱的衣服，能尽量避免宝宝尿裤子，不使他产生焦虑感和挫败感。

发生下面一些情况时，及时求助医生

如果已经学会独立上厕所的孩子（特别是 4 岁以上的），却出现如厕能力倒退的情况，建议看医生。有时候孩子尿湿或拉出来，也可能是潜在的生理问题，比如尿路感染等，这时要及时采取适当的治疗。

如厕训练要多久

从开始教宝宝如厕，到他能够自己上厕所，这个过程一般会持续 3~6 个月。不同的宝宝存在个体差异，有的可能几周就学会了，也有的需要花费 6~12 个月的时间。

美国威斯康星医学院的研究显示：如厕训练不是一件能够快速、顺利完成的事。宝宝要能够用语言表达上厕所的意愿，能够感知尿意和便意，知道走到厕所需要的时间，能够自己穿脱裤子等，这些需要他的语言、认知、肌肉、肢体协调等各项能力的发展和支持。所以，妈妈要有耐心，陪伴宝宝完成这项重要的挑战。

糕妈说

提到如厕，很多老人会非常着急，早早就想脱纸尿裤。其实等到宝宝具备排泄控制能力后再进行如厕训练，反而事半功倍。那些 2 岁左右开始训练的孩子，通常只需要 1 年左右就能独立上厕所了；而过早（18 个月前）开始进行训练的宝宝，可能需要两三年才能学会这个技能。

5 个小技巧，让宝宝爱上洗手

宝宝经常各处疯跑，一双小手又爱随处乱摸，手上肯定布满了细菌。而宝宝又经常用小手抓吃的，"病从口入"，这样很容易患流感、腹泻、手足口病、疱疹性咽峡炎等。所以，一定要让宝宝养成良好的卫生习惯，勤洗手能大大降低宝宝生病的概率。但是，并不是所有宝宝都爱洗手的，每次叫宝宝洗手，他要么当作没听见，要么敷衍了事简单地冲一下水，根本没洗干净。强拽着宝宝洗，不仅他累，当妈妈的更累。不如换个思路，试试下面这些小技巧，说不定宝宝会从此爱上洗手。

☆**洗手台上放一个沙漏或厨房定时器，让洗手的时间变得有趣和准确。**根据美国疾控中心（CDC）的建议，用肥皂搓洗 20 秒才能真正把手洗干净哦。

☆**给宝宝准备一瓶儿童泡沫洗手液。**泡沫带来的乐趣会让宝宝迷上洗手的，但最后记得让宝宝用清水将手冲洗干净。

☆**把洗手液包装成宝宝喜欢的卡通形象。**然后你就可以说："海绵宝宝喊你去洗手啦！"

☆**给洗手伴个奏。**唱歌能让洗手变得轻松、有趣、不无聊。和宝贝一起唱两遍生日歌，不知不觉手就洗完啦，而且每天过生日的感觉真好。

☆**让洗手变成游戏。**给宝宝准备一块海绵、一块肥皂、一个小碗，盆里接上水，揉搓肥皂打出泡泡，然后让宝宝用海绵来帮你刷碗。等碗洗干净，宝宝的小手也洗白白啦，小心宝宝玩得停不下来。

糕妈说

每次看到孩子用小手摸摸这个、碰碰那个，妈妈真的很担心他把脏手放进嘴里，感觉一天洗一百遍也不够。想让宝宝少生病，洗手确实很重要。试试上述方法，让宝宝爱上洗手，宝贝不生病，妈妈更安心。

第一颗牙就要刷，1 岁就要戒奶瓶，你的宝宝做到了吗

相信每个妈妈都有过这样的烦恼，宝宝还没出牙的时候，天天盼着小牙齿冒出来，生怕出牙晚是发育不良的表现。可真等宝宝出牙了，新的烦恼又接踵而至。出牙期宝宝各种烦躁、哭闹、流口水，该怎么处理？要不要带宝宝看牙医？如何护理才能让宝宝不长蛀牙？宝宝刷牙不配合怎么办？

出牙的秘密

☆**宝宝什么时候长第一颗牙？**大部分宝宝会在 6 个月（4~13 个月出牙都正常）时萌出第一颗乳牙。2 岁半 ~3 岁时 20 颗乳牙全部长齐。

☆**宝宝出牙晚，需要担心吗？**宝宝长牙的时间因人而异，出牙晚并不代表他的发育出现了问题。18 个月前萌出第一颗乳牙都算正常。

☆**如何缓解出牙的不适？**长牙可能导致孩子过度流口水、喜欢咀嚼硬的物品，还可能伴有轻微过敏、哭闹、低热（不会高于 38℃）等现象。

想缓解宝宝出牙期的不适，你可以这样做

☆**擦拭宝宝的牙龈。**用干净的手指或蘸湿的纱布轻轻擦拭宝宝的牙龈，帮他减轻疼痛。

☆**给牙龈降降温。**冷毛巾、勺子或者冷藏过的磨牙胶都能缓解宝宝的不适，但一定不要给他咬冷冻过的磨牙胶。

☆**咬咬坚硬的食物。**可以给已添加辅食的宝宝啃咬一些坚硬的食物，如剥皮的、冷藏过的黄瓜或者胡萝卜等。务必一直看着宝宝，以免引起哽噎！

☆**把口水擦拭干净。**出牙期间狂流口水是正常现象，为避免宝宝出现"口水疹"，妈妈要及时给宝宝擦拭口水。可以给他系上纯棉三角巾，勤擦保湿面霜或乳液，睡觉时在宝宝嘴边抹点橄榄油等。

关于刷牙的小问答

☆**宝宝需要刷牙吗？** 从萌出第一颗牙齿开始，就应该给宝宝刷牙。在牙齿还没有萌出前，可以用湿的软布、无菌纱布或手指为宝宝清洁口腔。

☆**反正能换牙，为什么还要保护乳牙？** 乳牙肩负着很多使命：通过正常咀嚼帮助宝宝获得充足的营养，帮助说话、发音，帮助占领恒牙生长发育所需空隙，有利于颌骨的发育。另外，蛀牙引起的牙齿疼痛会影响宝宝正常饮食，影响身体的健康发育，而且治疗、修复费用也很昂贵，所以宝宝的乳牙一定要好好保护！

☆**如何帮助宝宝清洁牙齿？** 第一颗牙齿萌出后，使用婴儿牙刷，每天为宝宝刷牙 2 次，每次至少 2 分钟。如果长出两颗牙齿，并且城相互接触，就要开始使用牙线了，牙线的使用方法和频率可向牙医咨询。

☆**要不要使用含氟牙膏？** 氟能坚固牙釉质，减少长蛀牙的风险，所以应使用含氟牙膏帮宝宝刷牙。但要注意用量：3 岁以下薄薄一层（米粒大小），3 岁以上大概豌豆粒大小，不要过量使用。同时，教孩子吐掉漱口水。每半年到医院定期涂氟，能更有效地预防蛀牙。

☆**宝宝什么时候能自己刷牙？** 宝宝 2~3 岁时能在父母的帮助下刷牙，到 6 岁左右才能自己刷牙，10 岁左右能完美地使用牙线。

☆**宝宝不肯配合刷牙、用牙线或漱口怎么办？**

表明态度：坚持不妥协，该刷牙时没商量。

选择时机：在他不太疲倦的时候进行。

迎合喜好：让他挑选喜欢的牙膏或者牙刷。

陪伴：爸爸妈妈和他一起刷牙。

奖励：用奖励贴纸的办法鼓励他。

这些"坑"，最易让宝宝长蛀牙

☆**睡前不刷牙。** 宝宝临睡前一定要刷牙，刷完牙后除了水之外，不能再食用任何东西。

☆**奶睡、夜奶。**宝宝出牙后应尽量避免奶睡，减少夜奶，妈妈喂完奶后再喂少量白开水让宝宝漱漱口。

☆**超过 1 岁还在用奶瓶。**美国儿科学会建议：孩子 1 周岁时要开始停用奶瓶，到 18 个月大时一定要完全戒奶瓶。另外，长期使用吸管杯喝含糖饮料，易造成前牙内面产生龋洞。家长应尽早让宝宝学会使用普通水杯。

☆**喝太多果汁。**果汁会导致儿童肥胖和龋齿。美国儿科学会建议：对 1~6 岁的孩子来说，每日的果汁饮用量要限制在 120~180 毫升。

☆**不喝饮料、不吃糖，就不会长蛀牙。**任何含有糖或淀粉的食物在被细菌分解后，都会产生酸性物质侵害牙釉质，引起蛀牙。宝宝常吃的食物里，大约 90% 都含有糖和淀粉。所以，就算宝宝不喝甜饮料、不吃糖，如果不好好刷牙，还是会长蛀牙。

☆**和宝宝共用餐具。**和宝宝共用餐具，会把细菌传染给宝宝，引起蛀牙，所以要为宝宝准备专用的餐具。宝宝生病后要及时更换牙刷，平时每 3 个月更换 1 次。

☆**什么时候该带宝宝看牙医？**美国儿科学会和美国儿童牙科学会建议，孩子在 1 岁前就要看一次儿科牙医，并建立"牙齿档案"。孩子出牙之后，每年拜访牙医 1~2 次。牙医会确认所有牙齿是否生长正常，及早发现宝宝早期的蛀牙，并在护理方面提供建议。

哪个妈妈不希望自家宝宝能拥有一口健康的大白牙？可要实践起来，还真是不容易。除了少吃糖、少喝饮料，还要坚持每天给宝宝刷牙，戒奶瓶，看牙医。

妈妈每天的坚持，才能换来孩子牙齿的健康，不用遭受蛀牙的折磨。

糕妈说

① 家里易被忽视的安全隐患

家里的各个角落都存在很多隐患，会给宝宝的安全带来很大威胁。那么，妈妈如何帮助宝宝规避这些潜在的风险呢？

厨房

对宝宝来说，厨房就是一个神秘的乐园。可是，这个乐园里面危机四伏！让厨房更安全，妈妈们应该这样做：

① 拔掉厨房电器的电源。

② 将灶台上的锅把手转向后面。

③ 不做饭时，务必关闭煤气阀门。

④ 洗涤剂和危险用品放置在高处。

⑤ 剪刀、刀叉单独放置，放在小朋友拿不到的地方。

⑥ 为防止宝宝误吞，不要使用小型冰箱贴。

⑦ 常备一个灭火器。

最后，别忘了留一个"安全橱柜"：在里面放置一些木质、塑料的餐具和容器等，供宝宝探索和玩耍。

浴室

要记住，很少的水都可能让宝宝发生溺亡，永远不要让宝宝独自进入卫生间，一秒钟也不行！

① 水桶、脸盆等，卫生间里的容器统统不能蓄水，用完赶紧倒掉！

② 为了避免烫伤，水龙头里的热水温度不能超过 49℃。

③ 洗护用品和化妆品都要放在宝宝拿不到的地方。

④ 及时盖上马桶盖子，最好能再加道马桶安全锁。

⑤ 浴缸和淋浴间里铺上防滑垫。

⑥ 为了防止宝宝不小心将自己锁在里面，要确保卫生间的门可以从外面打开。

家里的角角落落

① 给硬边或尖角的家具、把手都装上护角。

② 不用的电源插座都装上安全塞。

③ 检查大件家具的稳定性，如落地灯、书架等，避免被宝宝碰翻。

④ 所有的药品都必须锁在宝宝拿不到的柜子里。

⑤ 给垃圾桶加上盖子，或者放在宝宝够不到的地方。

⑥ 电线、塑料袋都很受宝宝欢迎，务必提前收纳进宝宝翻不到的抽屉里。

⑦ 经常检查地板上是否有硬币、纽扣、别针、螺丝等小物件，防止宝宝误吞。

⑧ 为了防止宝宝发生坠地危险，窗户旁边不能放椅子、沙发、桌子等可以攀爬的物件。

⑨ 宝宝吃饭时，应使用底座较宽的餐椅，并系好安全带，不能让宝宝在餐椅里站起来。

⑩ 不能把宝宝留在无人看护的婴儿摇篮中。

玩具

玩具是宝宝的最爱，但爸爸妈妈要注意，选购适合宝贝年龄的玩具，同时做到以下几点：

① 经常检查毛绒玩具的眼睛是否结实，去掉玩具上所有的丝带。

② 婴儿玩具的尺寸不能小于 4 厘米。

③ 玩具上不能有长度超过 15 厘米的细绳、丝带，不能有弹簧、齿轮、铰链或锋利的边缘。

④ 会发声的玩具应注意其音量，如果噪声很大，可能损害宝宝的听力。

⑤ 为了防止宝宝误吞，所有玩具都不应含有小部件。

⑥ 不要让宝宝玩或吹气球，他可能将气球整个吸入或吞食爆炸后的残片，有很高的窒息风险。

⑦ 不建议使用婴儿学步车。弹跳椅、四轮小车或小推车是更好的选择。

糕妈说

新闻里常常会报道宝宝因各种意外或者安全问题而造成伤害，其中绝大多数都是因为家长一时疏忽造成的。宝宝的生命实在是太脆弱了，所以安全问题永无小事，父母一定要重视起来。

孩子坠床可不是小事

每个新手妈妈都被宝宝坠床这种状况"吓掉过魂"！有时候孩子本身没有跌得多严重，却被妈妈过度紧张的反应给吓哭了，大人的焦虑甚至比坠床本身对孩子更加不利。孩子磕着撞着是难免的，妈妈先不要慌，也别忙着责备自己，最重要的是判断伤情，处理问题！

首先要确定孩子有没有事

如果只是轻微的撞击，孩子看上去意识清醒，面色正常。虽然由于惊吓或疼痛，宝宝会大声哭闹，但过几分钟又能跑去玩了。这种情况通常没事。如果孩子头上出现肿包，可以马上冷敷 20 分钟，以减轻疼痛和肿胀（不要直接将冰块贴在宝宝的皮肤上）。这种由于头皮受伤而出现的流血或肿包的情况很少会伤及大脑，妈妈不要过于紧张。

摔伤后的 24~48 小时，妈妈一定要留心观察，看看孩子是否出现了更严重的症状。如果出现嗜睡（特别困、叫不醒）、持续头痛（小宝宝可能表现为哭闹不止，没法正常进食、玩耍、睡觉）、呕吐、斜视、失去平衡感（爬行、走路等跟平时明显不一样）、呼吸不正常，或其他任何异常情况，他的脑部可能已经受到了严重损伤（如脑震荡），要赶紧带孩子去看医生。特别需要注意的是：当孩子头部撞击后出现意识丧失的情况，一定要马上拨打 120！

在等待医生到来前，我们应该这样做

① 不要挪动孩子。改变颈部位置有可能造成二次伤害。

② 如果出血严重，立刻用干净的纱布或衣物按压伤口 5~10 分钟止血。

③ 万一呼吸停止，马上给孩子做心肺复苏术。上面说的是判断和处理

措施，但保护宝宝免受跌落伤害的重中之重还是预防！

确保婴儿床 100% 安全

① 床栏之间的距离不要超过 6 厘米，不然孩子的头很可能会被卡在栏杆中间。

② 要经常检查床侧的门闩是否结实，宝宝在床上时一定要记得闩好门。

③ "熊孩子"越来越会闹腾了，他可能会在床上蹦，要确保床板及金属托架牢固，以防万一。

④ 孩子不经意间就长高了，如果孩子的身高超过 90 厘米，或者床栏的高度低于孩子身高的 3/4，就给他换张没有围栏的普通床。

⑤ 在床的四周铺上软地垫，万一掉下来还可以有个缓冲。

⑥ 一定要把婴儿床放置在最安全的地方，尤其不要靠近窗户或者家具，否则孩子容易借助家具或者窗台爬出来。

⑦ 如果孩子暂时跟父母睡一张床，记得给大床安装床围。孩子睡觉不老实，睡梦中可能从床头滚到床尾。

对其他的坠落隐患也不要大意

☆**不要把小宝宝独自留在没有护栏的床上或沙发上。**永远不要把宝宝独自留在床上、尿布台上、沙发上，一秒都不行。如果给宝宝换纸尿裤或衣服时，发现什么东西忘拿了，要么抱起宝宝一起去拿，要么把他放在一个你能看见的、安全的地方，比如客厅的爬行垫上。

☆**楼梯也是一个隐藏坠落危险的地方，而且伤害通常更大。**从楼梯摔落，大部分情况下都会对孩子的头部和颈部造成伤害。妈妈们要尽量避免穿高跟鞋、人字拖、不防滑的袜子抱着娃上下楼梯，也不要留宝宝一个人在楼梯处玩耍。如果家里有楼梯，要安装防护栏。不要将宝宝放在桌子、飘窗、椅子、柜台等距离地面有一定高度的地方玩耍。

☆**家里的所有窗户和阳台都要做好安全措施。**孩子的运动能力发展很快，所以，家里的窗户、阳台的移门都要加装安全锁。安装了防盗窗的也别掉以轻心，要检查一下护栏的间隔，如果间隔过大，宝宝娇小的身躯很容易从中间掉落，或者被卡住，根本起不到防护的作用！此外，不在窗边放置桌椅等可供攀爬的家具。

☆**把孩子放在婴儿车、餐椅里时一定要系好安全扣。**扣上安全扣才安全，如果有半边扣子没有完全卡进去，宝宝一动就松掉了。

糕妈说

在 4 岁前，孩子还没有很好的头部和颈部肌肉控制及协调能力，是头部撞伤的重灾人群。一不小心就磕破了，瘀青了，甚至会导致脑震荡。一般来说，只要得到及时医治，大部分脑震荡的孩子都能在 2~3 周内恢复健康，不会造成长期的损害。

5 种宝宝常备药，3 种宝宝不能吃的药

宝宝生病了，妈妈都会很焦虑，特别是新手妈妈，遇到宝宝头疼脑热的，除了抱着孩子去医院外，根本不知道还能做什么。宝宝生病时，为了让妈妈能保持淡定，从容应对，本文介绍一下哪些药物是我们需要备在家里以防万一的，哪些药物是千万不能给宝宝随便吃的。

家里常备宝宝用药

｜退热类药物｜

宝宝的耳温超过 39℃，肛温超过 38.5℃，而且明显表现出不舒服时可以用退烧药，目前可用的退烧药包括对乙酰氨基酚（泰诺林）、布洛芬（美林），

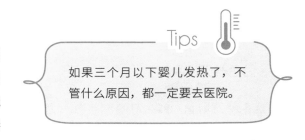

Tips

如果三个月以下婴儿发热了，不管什么原因，都一定要去医院。

其中布洛芬可以用于 6 个月以上的孩子，对乙酰氨基酚可以用于 3 个月以上

的宝宝。相对来说，对乙酰氨基酚更安全。注意，两种药物都要根据说明书来服用，按照宝宝体重，给宝宝服用合适的药量。

口服补液盐

口服补液盐是家中常备药物，大人、孩子都能用。补液盐是用来给人体补充水分和电解质的，在宝宝腹泻、呕吐、发热等水分流失比较厉害的情况下，可以用来预防或治疗脱水。推荐口服补液盐Ⅲ，无论什么品牌，都是标准配方，可以到普通药店购买，或者到儿童医院开取。使用的时候要按照说明书上的比例来冲泡。

生理盐水滴鼻剂

虽说鼻塞不是病，但很折磨人。生理盐水滴鼻剂无副作用，而且能湿润鼻腔、稀释分泌物，帮助缓解鼻塞引起的不适，让宝宝的呼吸更畅通。购买时，可以选择盐水滴鼻剂，也可以到药店买一袋生理盐水，自己装到小喷瓶或小滴瓶里使用。

炉甘石洗剂

炉甘石洗剂具有收敛、保护的作用，小朋友过敏了或者长了急性荨麻疹，医生就会开这个药。夏天宝宝长痱子或者被蚊虫叮咬了，用炉甘石洗剂既安全又有效，还能止痒。

优色林万用霜

优色林万用霜对蚊虫叮咬、擦伤、烫伤、晒伤都能起到缓解作用，也是美国儿科医生推荐的一种宝宝护肤霜。

哪些药不要轻易给宝宝吃

┃抗生素┃

抗生素是好东西，但它不是万能的。治感冒、病毒感染等小朋友的常见病都不需要使用抗生素。抗生素一定要在医生指导下使用。

┃中成药┃

很多人觉得中成药副作用小，适合给小朋友吃。其实，中成药的成分比标识明确的西药成分要复杂得多，很可能会对宝宝的肝脏、肾脏造成损害，所以不建议给宝宝吃中成药！

┃感冒药┃

美国儿科学会不建议给 2 岁以下的宝宝使用复方感冒制剂。其实，感冒药不应该作为宝宝的家庭常备药，只在症状非常严重的时候用来缓解症状，让孩子稍微舒服一点。因为，感冒是自限性疾病，没有什么治疗方法可以治好感冒或者让感冒好得更快。

糕妈说

以前老人们都有在家里备"小药"的习惯。总觉得小毛小病的，自己在家里吃点药就好，不用总往医院跑。其实，这里面有很大的误区，像调理感冒这种小毛病、中成药这种号称"副作用小"、抗生素这样的"万能神药"，都有着严格的使用方式。俗话说："是药三分毒。"除了医生推荐的护理性药品，爸爸妈妈给宝宝用药，一定要谨慎！

孩子感冒了怎么办

感冒是很常见的疾病，大多数孩子在刚出生的头两年会感冒 8~10 次。如果是普通感冒，症状较轻，通常 1 周后就能自愈；如果是流感则要及时带孩子去看医生，以免并发肺炎等疾病。

Tips

> 美国儿科学会提示：很多临床试验表明，感冒药和镇咳药对 6 岁以下的孩子无效，还有可能会引起非常严重的副作用。所以，孩子感冒了，家长要多询问儿科医生的意见，给孩子用药时也要十分慎重。

孩子感冒了，怎样让他更舒服

虽然感冒是小病，但无论是对大人还是对小孩来说，都是一件比较痛苦的事情。感冒通常需要 3~5 天的时间来自愈，使感冒的孩子感觉相对舒服是治疗感冒的关键。

☆父母要让孩子休息（不需要卧床）并给予安慰。讲绘本、玩积木、看动画片等转移注意力又不消耗体能的活动都是不错的选择。

☆**摄入足够的液体。**如果孩子不想喝很多水，可以尝试多次小口喂水、牛奶或者果汁。稍大一些的小朋友可以吮吸冰块，或是用水果口味的补液盐冻的冰块。

Tips

补液盐属于复方制剂，主要成分为无水葡萄糖、氯化钠、氯化钾、枸橼酸钠，可以补充钠、钾及体液，调节水和电解质平衡。

许多孩子在感冒的几天内都没有食欲，这点家长不用担心，等孩子痊愈后，很快就会恢复生病前的体重，"感冒要多吃"的做法其实没有必要。

高烧（超过 39℃）并伴随喉咙痛或者耳朵痛时，可以让孩子服用止痛退烧药（乙酰氨基酚片或者布洛芬），缓解疼痛。鼻腔分泌物多，平躺时引发睡眠期间咳嗽，可以在孩子睡觉时适当抬高其上半身。

鼻塞怎么办

对于孩子来说，鼻腔黏膜充血导致的鼻塞可能是感冒时最难受的症状，这会导致进食困难且难以入睡。以下方法能让孩子舒服一些。

睡觉前、进食前（以及其他你觉得有必要的时候）使用生理盐水、海盐水喷雾或滴鼻剂，无副作用。不推荐使用其他喷雾或者滴鼻剂。用加湿器提高室内湿度，用温毛巾给孩子敷鼻或洗热水澡，使鼻腔分泌物稀释，易于排出（每天都要彻底清洗且晾干加湿器，以防细菌滋生或真菌感染）。帮助孩子轻轻擦拭鼻涕，先往孩子鼻子里滴 2 滴生理盐水滴鼻剂，然后立即用吸鼻器吸出。如果鼻头变红、疼痛，可以在鼻孔周围涂抹一些润肤乳缓解。

需要带孩子去看医生吗？

如果孩子精神尚可，不发热，不影响吃奶可不用去医院。无剧烈咳嗽、呕吐、腹泻等症状，可先在家观察 3 天左右。

☆以下症状是看医生的信号：

① 3~4 天后仍然非常不舒服，持续高烧（38.5℃以上）超过 24 小时，或者出现更严重的不舒服或者疼痛（如耳痛、严重的咽喉痛等）。

② 呕吐、厌食、呼吸急促、呼吸疼痛、嗜睡、啼哭不止、剧烈咳嗽或者听觉困难。

③ 流出的鼻涕变成绿色，可能得了鼻窦炎。

④ 简言之，当你感觉孩子感冒很严重的时候，应该立即带他去看医生。

应该做些什么来预防感冒

远离感冒的人群；避免去拥挤、空气混浊的地方；保证宝宝营养均衡，适度锻炼，以强健体质。

糕妈说

　　孩子生病是难免的，也是成长过程中需要经历的。谨记：任何药物都无法治愈感冒，感冒会在 1 周左右自愈，心平气和地陪伴宝宝度过这段难熬的时光。不传递焦虑，不乱求医用药，是家长们能做的最好的事情。

宝宝发烧怎么办

发烧是妈妈们最不愿意面对，但绝大多数孩子都会出现这个问题。宝宝发烧需要赶紧退烧，但是发烧是由于这样或那样的病理、生理原因造成的，发烧只是症状，而不是一种疾病，并不是说把体温降下去就万事大吉了。

正确应对宝宝发烧

宝宝发烧了，家长不要太过慌张，因为发烧是宝宝提高免疫力的过程，而且绝大多数情况下，通过科学的护理，宝宝都会顺利度过发烧期。一小部分病毒引起的疾病会导致 40℃ 以上的高烧，除非超过 41.7℃，通常的发热并不会造成脑损伤。

Tips

发烧会让宝宝产生不适并烦躁不安，而且体温快速上升还会引起痉挛，所以做好防护比一味退烧更重要。

┃确定发烧的级别┃

不论何时何地，只要感觉孩子发烧了，就应该马上用体温计进行测量。下面，以最接近孩子体温的肛温（直肠温度）为例，给发烧级别做一个划分。

☆**低烧**：体温 37.2~38.3℃。

☆**中度发烧**：体温 38.4~39.4℃。

☆**高烧**：体温高于 39.5℃。

宝宝发烧体温表

腋温、额温（℃）	口温（℃）	肛门／耳温（℃）
36.9~37.4	37.5~37.7	38~38.3
37.5~38.4	37.8~38.5	38.4~39.1
38.5~38.9	38.6~39.1	39.2~39.7
39~39.5	39.2~39.7	39.8~40.3
39.6~40	39.8~40.3	40.4~40.9

　　相对于传统的水银体温计，电子体温计更安全便捷，读取数值也更准确。在电子体温计中，耳温枪是使用最普遍的一种。但不论使用哪种体温计，只要操作得当，都能较好地反映孩子的体温情况。

应对宝宝发烧，家长要搞清楚的几个问题

｜发烧就要用退烧药？｜

　　香港卫生署建议，孩子体温超过了 39℃ 且不舒服时可以用退烧药。目前可用的退烧药主要有两种：对乙酰氨基酚、布洛芬。

　　3 个月以上的孩子可以吃对应剂量的对乙酰氨基酚，6 个月以上的孩子可以吃对应剂量的布洛芬。在给孩子吃退烧药之前，务必在医生的指导下，按照准确剂量服用。

｜孩子发烧，输液是最佳的治疗方法吗？｜

　　孩子发烧时，很多父母都会首选输液。虽然输液能快速补充体液，但存

在一系列安全风险，还会对孩子的身体造成负担。所以，只有当孩子病得很严重，不能吞咽液体和药物，或只能以这种方式来治疗时，才使用它。

|发烧了应该捂汗吗？|

人体出汗之后会有短时间的体温下降，但是如果在孩子发烧的时候一味地捂汗，有可能导致孩子失水过多，产生更严重的症状。

|发烧了，能用酒精擦身吗？|

世界卫生组织研究证明，用酒精擦身来退烧不仅不科学，还容易加重病情，或造成其他情况，如酒精中毒。

|发烧时能洗温水浴吗？|

香港卫生署建议，当宝宝无法吃退烧药、吃退烧药后呕吐或者因为发烧烦躁不适的时候，可以给宝宝洗个温水浴：让宝宝坐在温水浴盆里，用毛巾淋浴5~10分钟。虽然这个方法不能帮助退烧，但会让宝宝舒服一些。

什么情况下应该去医院

通常情况下，宝宝发烧并不是一种疾病，而是身体抵抗感染的体现，只要宝宝精神状态良好，再通过正确的护理，一般都会逐渐恢复。

☆如果遇到以下情况，家长需要立刻带宝宝去医院：

① 2个月以下的宝宝，肛温达到了38℃甚至更高（口温高于37.5℃，腋温高于37℃）。

② 3~6个月的宝宝，肛温大于或等于38.3℃。

③ 6个月以上的宝宝肛温大于或等于39.4℃。

④ 1岁以上的孩子高烧持续超过24小时。

① 比平时更加无精打采、昏昏欲睡。

② 情绪激动，说话很奇怪。

③ 耳朵、嗓子异常疼痛，咳嗽，出现奇怪的皮疹或反复的呕吐和腹泻。

怎样正确护理发烧的宝宝

☆**衣服要适量。**宝宝发烧时，穿的衣物千万不要多，要以适量为度、纯棉为主，出汗后要注意及时更换。

☆**保持室内空气流通。**可打开窗户、空调或用风扇使室内空气流通，让宝宝舒服一点。

☆**补充适量的水分。**发烧出汗会令身体失去水分，及时给宝宝补充适量的水分是非常重要的。母乳、水、口服电解质溶液都是不错的选择。

☆**保证充足的休息。**孩子发烧的时候，充足的休息是非常重要的，但并不是说要让孩子一直躺在床上，只要有人陪着他，可以在房间里进行适当的活动。

☆**补充营养。**宝宝发烧时，由于肠胃蠕动较慢，要避免吃油腻的食物。营养丰富的果蔬汁是不错的选择。

出现热性惊厥怎么办

对于 6 个月 ~5 岁的孩子，发热可能会引起惊厥。这种有家族聚集性、出现在发热后几小时内的热性惊厥，会在短时间内出现全身僵直、抽动、双眼上翻，甚至短时间（一般来说不会超过 1 分钟）的意识丧失的情况，皮肤颜色也会比平时深。

☆**如果宝宝出现热性惊厥，建议马上采取以下几个措施：**

① 先让宝宝平躺在安全舒适的地方。

② 将宝宝的头扭到一边，防止口水或可能出现的呕吐物堵住嗓子引起窒息。

③ 赶快带宝宝去看儿科急诊或直接拨打 120。

虽然热性惊厥不会引起大脑损伤，或者神经系统疾病、瘫痪、智力障碍或死亡，但也要及时去看医生。如果孩子出现呼吸困难或意识丧失（主要指惊厥的时间）持续 15 分钟还没有停止，拨打急救电话。

糕妈说

　　遇到宝宝发烧，父母首先应该冷静，不要乱了阵脚，然后检测宝宝的体温，并根据表现对他进行正确的护理。同时要注意观察宝宝的精神状况，这才是判断病情是否严重的更靠谱的标准。发烧 38℃却精神萎靡的宝宝，比发烧 40℃但精神依然很好的宝宝，更需要及时就医。

宝宝得肺炎非常危险，严重时能致命

冬天到了，各种疾病蠢蠢欲动，其中肺炎就是冬季多发病的一种。

肺炎的 3 大误区

┃天气变冷，宝宝着凉了容易得肺炎┃

真相：虽然肺炎多发于早春、秋季以及冬季，但和气温的高低、宝宝穿衣的多少关系不大。而这些季节，大多数时候宝宝都在室内活动，和其他人接触的时间变长，频繁的接触会给病毒和细菌带来可乘之机，所以宝宝感染肺炎的概率才随之变高。

┃宝宝一直咳嗽，会咳成肺炎┃

真相：很多妈妈担心，宝宝一直咳嗽会咳成肺炎。其实，虽然肺炎一般有咳嗽的症状（小婴儿可能没有），但咳嗽是不会咳成肺炎的。肺炎是细菌、病毒、真菌等病原体导致的肺部感染。通常情况下，咳嗽对身体是有保护作用的，能帮助清除气道中因感染而产生的多余的分泌物。所以妈妈们一定不要盲目帮宝宝止咳，找到病因才能对症下药。

┃宝宝一得肺炎，就要挂水、住院┃

真相：肺炎听起来很可怕，很多妈妈认为一旦患上肺炎，宝宝就应该输液、住院治疗。是否住院，要根据肺炎的病因（病毒性还是细菌性）和严重程度，请医生来做判断。有时候宝宝只是需要休息或者口服一些药物就可以了。

怎样判断宝宝患了肺炎

患肺炎的宝宝一般会出现的症状有：发烧、咳嗽、呼吸急促、费力、嘴唇青紫等。但也可能没有明显的症状，只是看起来无精打采的，比平时哭得多、吃得少。一旦发现有可疑的症状，妈妈应该带宝宝去医院检查，请医生用听诊器检查一下呼吸音，并配合做其他检查。

宝宝患了肺炎怎么办

|病毒性肺炎|

如果宝宝的肺炎是由病毒引起的，不需要特殊的治疗，宝宝只需要更多的休息，少量多次饮水以防脱水，以及服用一些药物来帮助退烧、缓解疼痛。病毒性肺炎会在几天后好转，但是宝宝咳嗽的情况可能还会持续几个星期。

|细菌性肺炎|

如果宝宝的肺炎是由细菌引起的，或是难以分辨到底是病毒性肺炎还是细菌性肺炎时，医生可能会给宝宝开一些抗生

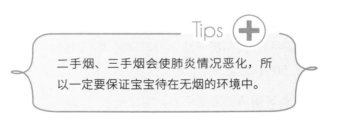

Tips

二手烟、三手烟会使肺炎情况恶化，所以一定要保证宝宝待在无烟的环境中。

素，宝宝需要按照医生建议的剂量服用一个疗程，千万不要擅自停药。

需要立即去医院的情况

如果宝宝出现了以下状况，就要拉响警报了，这说明感染已经扩散，变得更严重了，应立即带宝宝去医院复查。

① 宝宝呼吸困难，在服用抗生素 3 天后，宝宝依然没有好转或是高烧不退。

② 宝宝身体的其他部位出现了感染迹象，如关节肿胀、变红，感到骨头疼痛，颈部变得僵硬等。

Tips

肺炎有时很难被察觉，比如婴儿患上肺炎后，除了呼吸急促之外并没有其他特别的症状。所以妈妈平时一定要多留心观察宝宝的情况，特别是在宝宝生病时，觉得"有哪里不对劲"的时候，要及时去医院。

想远离肺炎，做好预防很重要

父母平时可以采取一些预防措施以有效减少肺炎的发生。

☆**大人和宝宝都要勤洗手。**英国权威医学杂志《柳叶刀》上发表的一项研究表明，使用肥皂洗手（每次至少 15 秒），5 岁以下儿童肺炎的发病率下降了 50% 以上。

☆**定期清洁宝宝用品。**宝宝平时用的奶嘴、奶瓶、水杯和玩具要定期清洗，不要让病毒和细菌在宝宝的常用物品上"安家"。

☆**接种肺炎疫苗来预防肺炎球菌感染。**美国儿科学会建议，所有 2 岁以下的宝宝都要接种肺炎球菌 13 价结合疫苗（PCV13）。

糕妈说

　　肺炎的危险性不容忽视，严重时可能致命，但现在只要通过恰当的治疗，绝大多数孩子都可以康复。很多妈妈看到宝宝还在咳嗽，就误以为宝宝没有完全康复，于是给宝宝服用一些止咳药、祛痰药。其实，肺炎在好转后，宝宝咳嗽的情况通常还会持续几个星期，这种情况是正常的。而且美国儿科学会指出，很多止咳药对6岁以下的孩子不仅没效果，还可能有副作用。

宝宝大便不正常怎么办

　　宝宝的大便不正常，一直是让妈妈紧张、焦虑的问题。其实，每个宝宝的便便都是不一样的。同一个孩子，在不同的阶段，因为食物的变化、消化道的发育，便便也都是不一样的。

　　新生儿最初两三天会排出胎便，胎便黏稠，呈黑绿色，由胆汁、黏液、肠壁细胞、分泌物和羊水等构成。胎便的排出说明宝宝的肠胃系统开始正常工作了。

母乳喂养的宝宝的正常大便

　　☆**便便性状。**初乳有通便的作用。当宝宝正常吃奶，而且胎便也已经排完后，宝宝大便就会变成棕绿色，呈稀软的颗粒状，之后会变成比较黄的大便，没有难闻的气味。吃母乳的宝宝大便稀软，有时呈颗粒状，有时呈凝乳状。

　　☆**排便次数。**纯母乳喂养的宝宝可能一天会拉 4 次以上，也可能 3 天才拉 1 次（甚至间隔更久）。只要宝宝排便容易且大便是软的，就不用担心。

配方奶喂养的宝宝的正常大便

　　☆**便便性状。**吃配方奶的宝宝的大便是淡黄色或黄棕色。配方奶不能像母乳那样完全被消化，一些残留物会使宝宝的大便看起来更多。人工喂养的宝宝大便较臭，更像成人大便。

　　☆**排便次数。**配方奶喂养的宝宝通常需要每天至少排便 1 次才会舒服，越长时间不排便，大便就会越硬，也就越难排出，进而导致便秘。

吃辅食的宝宝的正常大便

随着宝宝吃的食物种类越来越多，大便也会变得更稠，颜色更深，而且气味也更难闻！宝宝可能会吃什么拉什么，比如玉米粒、豌豆等，会被宝宝直接排出来，这都没关系。等到宝宝的胃肠道发育得更好后，问题就会解决。

宝宝的异常大便

｜大便有颗粒、奶瓣｜

母乳喂养的宝宝大便比较稀，有时有颗粒或奶瓣，但如果宝宝睡眠充足，体重增长正常，精神很好，大便次数不多，就不用处理。如果宝宝大便有奶瓣，妈妈不要吃太多高蛋白、高脂肪的食物，保证每天摄入足够的主食和蔬菜。

｜泡沫状便便｜

如果宝宝的大便一直正常，突然出现"泡沫便"，有可能是受凉或奶中的淀粉类或糖类比例过高引起的，妈妈最近肠胃不适也可能引起宝宝排出"泡沫便"。如果宝宝每天大便多次且水分较多，建议及时去医院就诊，化验一下看是不是肠炎。有炎症的话应该遵照医嘱用药。如果化验都正常，可能就是消化不良造成的，建议近期饮食简单清淡一些。同时，要保证宝宝的奶量，防止出现脱水（一天的小便次数应该在 6 次以上）。

｜便便有怪味｜

如果纯母乳喂养的宝宝大便有怪味（配方奶喂养、辅食喂养的宝宝的便便本身就会难闻一些），可能是身体不适的信号。如果同时有呕吐、发烧的症状，可能是胃肠炎或细菌感染。

|大便发黑|

大便发黑可能跟消化不良有关；长期补充铁元素的宝宝，胃肠道的正常细菌和补充的硫酸铁会发生反应，使大便呈深棕色、绿色或黑色；极少数情况下黑便是上消化道有少量出血造成的，需请医生查明原因。

|宝宝大便带水|

宝宝大便带水并伴随次数增加，很可能是宝宝腹泻了。诊断腹泻有两个硬性指标：突然出现稀软的水样便便和大便次数明显多于前几天（一般要多两到三倍以上），这两个条件必须同时出现。腹泻多见于配方奶喂养的宝宝，所以要注意喂养工具的消毒并经常洗手。

宝宝腹泻，首先要判断宝宝是否已经出现了脱水症状。爸爸妈妈可以在每天吃早饭前，去除宝宝身上所有的衣物给他称个体重，并和前一天的体重做个比较：如果体重没有减轻，就不用太担心，只要维持正常的营养、水分的摄入就可以了；如果体重减轻很多，就说明脱水情况比较严重。如果已经出现脱水症状，配方奶喂养的宝宝，建议用口服补液盐代替日常饮食；母乳喂养的宝宝，只要增加母乳喂养次数，必要时酌情添加补液盐即可。如果宝宝没有办法喝补液盐时，应该马上去医院，在医生的指导下进行静脉补液，

Tips

宝宝腹泻的原因有很多种，如胃肠道感染或其他感染、食物过敏、饮食不当等。但不论是哪种原因引起的腹泻，妈妈们都要淡定。腹泻最好的治疗方法就是口服补液盐，而不是白开水、果汁或其他饮料。宝宝轻度的腹泻会在补液后逐渐停止，应该尝试少量多次的口服补液。如果拉得比较厉害，可以吃点蒙脱石散，这种药物几乎没有副作用，小宝宝也可以吃。注意，不能随便给宝宝用抗生素治疗腹泻，更不能乱用一些止泻药，因为这样会破坏肠道菌群，还可能会导致宝宝的腹泻变得更严重。

防止出现严重脱水，危害宝宝的生命。

另外，锌可以在很大程度上减少 5 岁以下宝宝腹泻的严重性，并且缩短病程。妈妈可以选择一些锌补充剂，如葡萄糖酸锌、醋酸锌、蛋白锌等，同时要保证充足的营养供给。一般情况下，纯母乳喂养的宝宝，仍然可以继续母乳喂养。一般情况下，宝宝腹泻不严重的情况下，可以正常给他喂养母乳和配方奶。如果腹泻严重，需要在医生指导下更换低乳糖配方的奶粉。

☆**如果宝宝除了腹泻还伴随以下症状，就应该立即去看儿科急诊：**

① 出现持续 24~48 小时的发热。

② 拉红色或黑色的便便。

③ 呕吐持续 12~24 小时，并且呕吐物看起来呈绿色、有血丝或呈咖啡状。

④ 腹部鼓起（肿胀）或腹部疼痛。

⑤ 不想吃东西。

⑥ 出疹子或黄疸（皮肤或眼睛变黄）。

▌宝宝大便干燥▌

大便干燥是宝宝便秘的症状之一。便秘的症状包括排便困难（烦躁或痛苦）、大便干燥（呈颗粒状）。便秘跟大便的频率无关，次数少不等于便秘。出生 3~6 周后，有些吃母乳的婴儿甚至一周才大便一次，这也是正常的，因为母乳在婴儿的消化系统里留下的固体残渣很少。只要粪便仍然是软的（不比花生酱硬），而且孩子各方面都正常，体重稳定增长，定时吃奶，就没问题。

Tips

虽然"攒肚"的孩子排便间隔长，但排便时无痛苦表现，排出的大便不干，是正常的黄色软便，无硬结等。便秘的婴儿会经常哭闹，进食不佳；而"攒肚"的婴儿进食正常，精神愉悦。

☆宝宝大便干燥主要有以下几个原因：

配方奶喂养

① 配方奶粉的消化吸收负担远远高过母乳。

② 调制配方奶粉过稠（配方奶粉加得太多）。

③ 钙摄入过多（配方奶粉喂养的同时仍在补充钙和维生素 D 等微量元素和矿物质），不能被吸收的钙与肠道内脂肪结合形成钙皂引起便秘。

④ 喂养和养育过程过于干净，影响正常肠道菌群建立。

添加辅食

① 高淀粉食物摄入较多，包括蔬菜里的块茎类（土豆、红薯、山药等）、精白米、面条、面包、蛋糕等，或是吃多了含淀粉的零食。

② 进食果胶含量高的水果，如香蕉和苹果。

③ 水喝得太少。

久坐、运动太少。 经常坐着不动或者不爱运动的宝宝也容易便秘。

☆如果宝宝出现便秘，应采用以下几个措施：

① 第一次出现排便间隔长时，可初试开塞露；如发现大便不干，就不必过度担忧了。

② 给孩子喂一点点西梅汁（用温水稀释），水果（特别是西梅和梨）一般都可以帮助便秘的孩子。

③ 已经开始吃辅食的孩子，如果出现便秘，可能需要在日常饮食中添加高纤维的蔬菜（如：豌豆、大豆、西蓝花等）和水果（如：西梅、杏、李子、葡萄干等），以及全麦麦片和面包。同时，尽量少吃米饭、香蕉以及非高纤维的谷类食品或面包。

④ 增加饮水量。

⑤ 鼓励宝宝多爬多动，增加运动量。

⑥ 丰富食物种类。给小朋友多种类的全麦谷物，种类丰富的蔬果、奶制品。

⑦ 咨询儿科医生后，可服益生菌和纤维素制剂（乳果糖口服液等）。

☆以下情况需要予以重视，建议咨询儿科医生。

① 新生儿，大便质硬，而且少于每天 1 次（但纯母乳喂养的孩子除外）。

② 大一点的孩子，大便质硬，而且 3~4 天才排 1 次便。

③ 任何年龄的孩子，大便体积大、又干又硬，而且在排便时伴有腹痛。

④ 在一次大排便之后，有很短时间腹痛减轻。

⑤ 大便表面或内部有血。

⑥ 每次排便的同时肛门处排出一点点有大便颜色的脏东西。

在咨询儿科医生之前，千万不要擅自给孩子服用任何类型的非处方缓泻药或软便剂。

|绿色的大便|

① 如果宝宝精神和食欲良好，体重增长正常，不发烧，大便不稀，大便中没有脓血、黏液，便便发绿并不需要特殊处理。

② 如果大便稀，绿便比较多，有可能是消化不良造成的，要注意按比例调制配方奶，并在两餐奶之间添加少量白开水。

③ 如果 3~4 天 1 次大便，便稀，可能是喂奶不足。要观察宝宝是否有喂后不满足、哭闹，不到 2 小时又饿了，体重增长缓慢等情况。

④ 如果宝宝的大便是绿色的，且呈泡沫状，可能是摄入了过多的乳糖。宝宝吃奶次数频繁，但没有吃到富含脂肪的后奶来填饱肚子，就会发生这种情况。

⑤ 如果宝宝拉绿色"泡沫便"的情况持续 24 小时还没有好转，需要咨询儿科医生；如果大便次数明显增多，有脓血或黏液，要去医院化验大便。

宝宝添加辅食后，大便变稠或排便间隔拉长是正常现象，不用太焦虑，孩子偶尔发生腹泻，只要护理得当，并不会对健康造成大的影响。

糕妈说

超简单的抢救法，拯救窒息的孩子

对 0~3 岁的孩子来说，有一种很危险却常被人忽视的情况就是哽噎。哽噎会导致食管堵塞，可能在很短时间内让孩子丧命，因此，预防和急救都非常重要。

易引发气管堵塞的食物的黑名单

哪些东西容易使小孩发生气管堵塞呢？以下食物都要引起我们的重视，不是不能吃，而是要用正确的方法吃。

☆**坚果类**：颗粒比较小，宝宝很容易不充分咀嚼就吞食，坚果几乎是窒息食物黑名上单上的 No.1。再次强调，给 3 岁以下孩子喂食坚果，必须研磨成粉末或是小颗粒。

☆**果冻**：果冻的形状很像一个塞子，容易卡在喉咙，给老人和小孩吃果冻的时候，不要一整颗地给，可以先弄碎后再给老人和小孩食用。

☆**糖果**：硬糖、软糖、小熊糖等，都有可能让孩子噎住。

☆**大勺花生酱**：黏稠度过高，容易粘在喉咙口，不适合老人和小孩吞食。可以将花生酱薄薄地涂在饼干或面包上给孩子吃。

☆**"小个头"的水果**：整颗的葡萄、圣女果、樱桃都不能直接喂给孩子，要切成小块才可以。

☆**整条的火腿肠、大的肉块**：需要切成小块才能给孩子吃。

☆**多刺的鱼**：建议选择刺较少的鱼类烹煮，否则容易噎到并会刺伤老人和孩子的食道与口腔。

☆**汤圆、粽子、年糕**：传统节日里经常出现的食品也受到很多国人的喜爱。这些食物普遍都很黏，容易卡住，不适合小朋友食用。

每个人都应该学会的急救方法

尽快解除呼吸道阻塞是挽救生命的关键，时间就是生命，每个人都应该学会异物阻塞时的急救法。海姆立克急救法是全世界抢救气管异物患者的标准方法。

大孩子急救图示

妈妈站在孩子身后，从背后抱住其腹部，双臂围环其腰部、腹部，一手握拳，拳心向内按压孩子的肚脐和肋骨之间的部位；另一手掌捂按在拳头之上，双手急速用力向里向上挤压，反复实施，直至阻塞物吐出为止。

婴幼儿急救图示

把孩子抱起来，一只手捏住孩子颧骨两侧，手臂贴着孩子的前胸，另一只手托住孩子后颈部，让其脸朝下，趴在救护人膝盖上。在孩子背上拍 1~5 次，并观察孩子是否将异物吐出。

如果异物没有吐出，再将孩子翻转过来，双腿分开夹在成人手臂间，用食指和中指，在乳头连线下方的位置快速连续按压 5 下。

成人急救方法和大孩子急救方法相同，另外，成人也可以采取自救的方法。一只手攥拳置于肚脐上方，另一只手也攥拳，放在椅子背部或柜台边缘，将拳头使劲往里按，同时向上用力。

糕妈说

每次看到新闻里关于孩子被噎住、呛水，总有各种错误的急救方式被传播。什么呛水了首先要控水、被鱼刺卡住了要使劲吞米饭，结果耽误了最佳的抢救时间。学会基础的急救知识，在关键时候能起到救命的作用。小小动作里藏着挽救生命的机会，一定要学会哦！

如何护理出水痘的宝宝？

长水痘是很痛苦的一件事，怎样才能预防出水痘？如果宝宝生了水痘，又该如何护理呢？

水痘是什么

水痘是一种高传染性的疾病，高发于冬季后期和早春。水痘的潜伏期为10~21天，发病前期表现为发热、头痛、食欲下降，1~2天后开始爆发皮疹，一般还伴有轻度到中度的发热症状。皮疹从异常瘙痒的红色斑疹发展为充满透明液体的水疱疹，然后旧的皮疹开始结痂，新的皮疹重新长出来。整个过程会持续1~2周，一般不会留下疤痕。

关于水痘的误区

☆**水痘是毒，要发出来才能好？**水痘是一种自限性疾病，一般情况下是可以自愈的。但是有些老人以为水痘是毒，发出来才好得快，所以会给宝宝吃一些发物，其实这样做不仅没有任何科学依据，还可能加重病情。

☆**只有小孩子才会长水痘，大了就不会长了？** 5~9岁的儿童最易长水痘，约占所有病例的50%，但水痘并不是只有孩子才会长，成年人也有患水痘的风险，而且病情通常会更严重。小朋友患过水痘后，一般会对它产生终身免疫。但他们长大后，约有10%的概率会患一种叫"带状疱疹"的病，其实就是潜伏在他们体内的水痘病毒被再次激活了。

☆**接触到水痘或是水痘破了才会传染？**水痘不仅能通过直接接触传播，也能通过空气传播。而且水痘的传染期很长，从出疹前的1~2天至疱疹结痂（发病后5~7天），都具有很高的传染性。所以，小朋友长水痘后一定要做好隔离工作，平时也要避免和水痘患者及带状疱疹患者接触。

这样"战痘"，不留疤痕

如果病情不严重，水痘一般不需特殊治疗。长水痘会很痒，孩子总是忍不住去抓患处，这样不仅容易留下疤痕，还可能会引起感染。

长水痘不能抓怎么办？

☆**冷敷或者用药。**如果实在瘙痒难忍，可以冷敷，或者涂抹炉甘石洗剂（水痘没有破的情况下）的方法来缓解。如果瘙痒还是不能缓解，医生可能会给孩子开抗组胺药物，一定要严格遵医嘱，按剂量服用。

☆**保持良好的卫生习惯。**定期帮孩子修剪指甲，可以减少水痘抓破时造成的感染。每天用清水给孩子洗澡，洗完后用毛巾轻轻擦干，保持皮肤的清洁和干燥。另外，还要勤洗手、勤换衣，良好的卫生习惯可以预防细菌感染。

☆**缓解发烧症状。**如果孩子发烧了，可以在询问儿科医生后，根据孩子的年龄和体重，使用对乙酰氨基酚来减轻发烧和出疹带来的不适。

☆**出现并发症要去看医生。**虽然水痘通常比较温和，但也有可能出现并发症，包括肺炎、脑炎、细菌感染等，严重时会危及生命。所以当孩子出现皮肤感染（出疹部位很红、发烫或是疼痛）、呼吸困难、嗜睡，发烧超过38.9℃且持续超过4天等异常情况时，一定要及时送医。

抵抗水痘，接种疫苗最可靠

美国儿科学会、美国疾病防控中心（CDC）及美国家庭医师学会（AAFP）一致认为，接种水痘疫苗是预防水痘最有效的方法。美国儿科学会建议：健康的宝宝应该在 12~15 个月大时接种第一针水痘疫苗，然后在 4~6 岁时接种水痘疫苗加强针，来抵抗水痘病毒。

糕妈说

　　一提起出水痘，很多人都会"谈痘色变"。会长麻子、危及生命，还会传染……这么吓人的疾病到底该怎么对付？

　　千万别慌！要知道以现在发达的医疗条件，从预防到治疗都能处理得很好。爸爸妈妈完全不必如临大敌，这场事关宝宝免疫力的战役，还要靠你来帮他打赢。

宝宝反复得红屁股，怎么处理

自从当了妈，护理宝宝的屁股比自己的脸都认真。可是宝宝还是得红屁股了，好不容易控制住了，一不小心复发了。红屁股到底应该怎么对付呢？

得红屁股的原因

红屁股，又名尿布疹，就是在被尿布包裹的部位出现红疹或皮肤炎症。一般来说，刺激、感染和过敏是引起红屁股的主要原因。

☆**刺激。**当尿布长时间没有换，尿液、便便和皮肤反复摩擦，就会出现皮疹。

☆**感染。**尿液会改变皮肤的 PH 值，让细菌和真菌容易繁殖，而尿布创造的温暖、湿润的环境更适合细菌和真菌繁殖，导致皮肤受到感染，引发红疹。

☆**过敏。**某些洗涤剂、肥皂、湿纸巾、尿布（或是尿布上的染料）会导致宝宝过敏，进而变成红屁股。

此外，腹泻、刚开始吃辅食或者是服用抗生素的宝宝也都比较容易出现红屁股。

得了红屁股怎么处理

如果宝宝得了红屁股，最着急上火的就是妈妈，恨不得马上就能找到有效的方法控制住它。以下方法不仅能帮助减轻轻度的红屁股症状，还可以预防再次发生。

☆**勤换尿布。**宝宝得了红屁股之后，就要经常更换尿布，减少尿液、便便和皮肤的接触。宝宝的尿布最好 2~3 小时就要换一次，就算是在半夜也要更换。如果情况允许，还可以换得更勤一些。

☆**清洗屁屁。**每次宝宝便便后，最好用柔软的布和清水清洗小屁股，洗好后擦干，让小屁股充分干燥。

☆**擦护臀膏。**给小屁屁擦上含氧化锌的护臀霜，也有助于使尿液、便便和皮肤进行隔离。但要注意的是，在擦之前一定要保证小屁屁完全干燥，没有水分。

☆**空气流通。**减少尿布使用的时间，将宝宝的屁股暴露在空气中，适当光屁股能使皮疹得到缓解；也可以在纸尿裤上戳几个洞，能够帮助空气进入。

☆**控制液体摄入。**除了母乳和配方奶粉，尽量不让宝宝喝其他液体，特别是果汁。因为喝大量的果汁会造成宝宝尿量增多，会产生更多的尿布疹。

如果宝宝的尿布疹还是反复发作的话，建议更换一下纸尿裤的品牌，看看是否会有变化。如果红屁股比较严重，需要使用药膏，那就应该在医生的指导下进行。千万不要随意给宝宝涂抹一些类固醇和抗真菌类的药膏，因为这些东西很可能会导致宝宝过敏。

Tips

如果不论采取什么措施，宝宝的红屁股还是越来越严重，就应该马上请医生做出处理。

糕妈说

一提起红屁股，许多妈妈就非常敏感、紧张，仿佛进入了一级战斗状态。其实，红屁股真的没那么难护理。只要精心护理，过不了几天，大多数宝宝的屁屁都能恢复白煮蛋般水嫩。

关于补钙和维生素 D，
你必须知道的那些事

小月龄宝宝的妈妈担心："我家宝贝枕秃，睡觉不安稳，容易出汗，是缺钙吧？"大月龄宝宝的妈妈也担心："宝宝是'O 形腿'，长不高，肯定是缺钙吧？"其实，很多我们以为缺钙导致的那些问题，十有八九都和钙没关系。

为什么要补钙？

我们成天把补钙挂在嘴上，钙到底有什么作用呢？

☆**促进骨骼的正常发育**。钙是构成骨骼和牙齿的重要成分。宝宝在年幼时摄入充足的钙，不仅能满足生长所需，成年后的骨骼也会变得更坚固。

☆**预防骨质疏松症、佝偻病等疾病**。钙摄入不足会增加宝宝患骨质疏松症的风险，使骨头更脆，更易骨折。钙和维生素 D 摄入不足，还会增加宝宝患佝偻病的风险。充足的钙能确保肌肉、神经的正常工作，以及激素和酶的正常分泌。如果血液中钙的含量过低，身体就会从骨骼中获取所需的钙质，以维持上述功能。这会导致骨骼中的钙质流失，增加患骨质疏松症和骨折的风险。

宝宝需要多少钙，怎么补

根据美国医学研究院的建议，不同年龄段的孩子每日需要摄取如下含量的钙质。

1~3 岁：700 毫克 / 天

4~8 岁：1000 毫克 / 天

9~18 岁：1300 毫克 / 天

宝宝一天要喝多少奶，吃多少东西才能保证钙的充足摄取呢？

｜每日奶量要达标｜

我们都知道，奶是最好的钙质来源，包括母乳、配方奶粉、牛奶、酸奶、奶酪等。从宝宝出生起，只要一直保证喝奶的量，并配合服用维生素 D，就基本不用担心缺钙的问题。

不同年龄的孩子一天需要喝多少奶呢？不同国家有不同的参考标准。根据最新版的《中国居民膳食指南（2016）》，1~2 岁的宝宝每日饮奶量为 500 毫升，2~5 岁的宝宝为 300~400 毫升，5 岁以后不少于 300 毫升。宝宝每日饮奶量能达到 600 毫升以上就不用太担心缺钙的问题。另外，不管是添加辅食，还是断母乳，都不等于断奶。让宝宝从小养成喝奶的好习惯，能让他受益终身。

Tips

这个指南中的饮奶量比美国的标准略低，比香港地区的标准略高。1 岁之后的奶量，各家权威机构的建议略有不同，这也跟不同家庭的饮食习惯有关系。没有必要严格地控制奶量，500 毫升左右就可以了。

除了牛奶，这些食物也能补钙

如果宝宝不爱喝牛奶，或是有乳糖不耐受的问题，一喝牛奶就拉肚子，那么这些食物也是很好的钙质来源。首选是酸奶和乳酪。此外，绿叶蔬菜、西蓝花、豆腐等也含有非常丰富的钙质。

☆**钙的黄金搭档——维生素 D。**是不是只要宝宝喝够奶，多吃富含钙的食物，就不用担心缺钙的问题了呢？未必，也许宝宝和"钙满分"之间还差了一个维生素 D 的"距离"。

☆**为什么要补维生素 D？**维生素 D 对骨骼的发育非常关键，能帮助钙的吸收，预防佝偻病。毕竟只有真正被身体吸收利用了，才算是有效的补钙。此外，维生素 D 在预防心脏病、糖尿病、骨质疏松症等方面也有一定的作用。

☆**晒太阳就能补维生素 D 吗？**虽说只要晒晒太阳，皮肤就能自动合成维生素 D，看似方便又省钱。但我们不可能每天都让宝宝光着身子做日光浴，因为宝宝每天能接触到的日光的照射量也是很难控制的。而且，紫外线会对宝宝的皮肤和眼睛造成伤害，更是我们承受不起的。

☆**如何给宝宝补充维生素 D 呢？**宝宝出生后不久就要开始服用维生素 D 的补充剂。足月儿出生后半个月起 400 单位 / 天；早产儿出生后即补充 800~1000 单位 / 天，月龄满 3 个月后与足月儿的摄入量相同。

☆**维生素 D 要补充到几岁呢？**因为宝宝很难从饮食中获取足量的维生素 D，所以建议一直补充到青春期。很多国外的牛奶中都添加维生素 D，但我国的牛奶中基本没有，所以建议家长们一直给孩子补充。

糕妈说

中国妈妈里十个有九个担心孩子缺钙，多是因为对补钙不了解。其实要想让宝宝"钙满分"一点也不难，只需做好这几点：保证饮奶量，保证补充维生素D，外加均衡饮食和适当的户外运动。

宝宝不爱吃饭、经常生病，需要补锌吗

锌元素和宝宝的健康息息相关，也牵动着家长的心。怎么补才科学？了解清楚才能带好孩子。

哪些孩子需要补充锌元素

一般来说，以下几类孩子需要补锌。

☆**素食家庭养育的宝宝。**由于一些生活方式和饮食方式的倡导，如今，有很多家庭都加入了素食圈。但是如果只吃素食，宝宝对于锌的吸收可能会不足，这时就需要后天加以补充。

☆**纯母乳喂养满6个月的宝宝。**《中国居民膳食指南（2016）》中建议7~12个月的宝宝，特别是继续纯母乳喂养的，其所需要的75%的锌必须从添加的辅食中获得。因此，宝爸宝妈应该根据情况逐渐添加一些含锌量丰富的辅食，如肉泥等。而配方奶喂养的宝宝一般可以通过奶粉和辅食摄取锌，但如果因为奶量不够或者是其他原因，仍然出现缺锌的情况，就要根据医生的判断，适时适量地给宝宝补锌。

☆**腹泻的宝宝。**如果锌缺乏，宝宝的免疫力可能就会降低，这在一定程度上会提高腹泻的概率。所以，在宝宝腹泻时，补充适量的补液盐和锌，可以大大降低腹泻的严重程度，有助于缩短腹泻的时间。世界卫生组织和联合国儿童基金会建议在孩子腹泻时，短期补充锌（6个月以上的每天20毫克，6个月以下的每天10毫克，补充10~14天），对治疗宝宝的急性腹泻能够起到一定的作用。

☆**缺铁的宝宝。**缺铁性贫血是世界性的难题，如果宝贝存在缺铁的情况，爸爸妈妈就会想尽各种方法给宝宝补铁。然而，通过膳食大量补充铁可能会降低锌的吸收。所以，爸爸妈妈可以根据自家宝宝的情况，在给宝宝补铁的同时也要记得补锌。

除了上面提到的几种情况之外，一些出现生长发育迟缓、食欲不振、挑食厌食、免疫功能受损的宝宝，也需要根据医生的诊断，适时适量地补足锌。

如何正确补充锌元素

平时，我们吃的很多食物中都含有锌，所以如果孩子缺锌的情况不是很严重的话，糕妈推荐可以通过食补的方式给宝宝补锌。含锌量比较丰富的食物有以下几种。

☆**海产品**：如生蚝、牡蛎、蚌肉、龙虾、蟹等。

☆**肉类**：如牛肉、猪肉、鸡肉等。

☆**坚果**：如腰果、杏仁、花生等（建议磨碎后再给宝宝食用，防止呛入气管引起窒息）。

☆**豆类**：如黄豆、豌豆、扁豆等。

☆**谷物**：如全谷物、强化早餐谷物等。

☆**乳制品**：如牛奶、奶酪等。

尽管许多植物性食物，如谷物、豆类等含有丰富的锌，但是其本身所含的植酸会和锌结合变成不溶于水的化合物，从而妨碍人体对锌的吸收，也就是说，关于锌的吸收利用率，植物性食物低于动物性食物，所以还是建议吃些动物性食品来补锌。如果是素食家庭，无法摄入动物性食品，或者仅靠食补无法取得理想效果的话，糕妈建议可以选择一些锌补充剂，如葡萄糖酸锌、醋酸锌、蛋白锌等。

糕妈说

　　提到"补补补"，国内的家长们都是比较热心的，生怕孩子缺了这个少了那个。一般来说，只要宝宝每天能均衡饮食，就能够得到足量的锌元素，并不需要再做额外的补充。同时，锌元素也不是补得越多越好，服用高剂量的锌还可能导致贫血等情况的发生。宝宝是否缺锌，应该从饮食、生长发育、健康状况等多个方面进行综合评估，在医生的指导下服用补锌产品。

宝宝缺铁比你想象的更可怕！
这样补铁才有效

当妈妈的，最怕听到宝宝缺钙、缺铁、缺锌，缺其他微量元素。其实，说宝宝缺钙、缺锌的，一般都是乱说的，但缺铁，甚至贫血的宝宝还真不少！

缺铁对孩子的影响

铁对宝宝的生长发育极为重要。铁参与血红蛋白的合成，血红蛋白在人体内负责氧气的运输和储存，就是它让我们的血液呈现红色。如果宝宝缺铁，血红蛋白就不能运送足够的氧气到身体的器官和肌肉。不仅会引起精神不振、烦躁不安、食欲减退等症状，严重的还会导致缺铁性贫血，影响大脑发育，对认知发育造成损害。可怕的是，即使宝宝缺铁的程度还没有导致缺铁性贫血，也可能对神经系统发育造成不可逆的影响。对大一点的孩子来说，缺铁还会导致注意力不集中、理解力降低、反应慢等，影响孩子在学校里的表现。

宝宝什么时候最易缺铁，要不要额外补充

缺铁的后果远比我们想象的严重，而且宝宝非常容易缺铁。一是因为铁和其他矿物质一样，需要从外界补充；二是因为不同食物的含铁量和吸收率不同，不是随便吃就能补上的。

各月龄段宝宝对铁的需求

|0~4 个月：无须额外补充|

宝宝在妈妈肚子里的最后几个月会拼命储存铁，以便出生后使用。对于健康的足月宝宝来说，储存在体内的铁足够维持出生后 4 个月的生长所需。

|4~6 个月：建议母乳喂养的宝宝补充口服铁剂|

宝宝经过 4 个月的迅猛生长，出生前储存在体内的铁就被用得差不多了。但母乳中铁的含量很低，因此 4 个月后缺铁的风险会逐渐增加。因此美国儿科学会推荐：纯母乳喂养、混合喂养中母乳量过半的婴儿，从 4 月龄开始强化补充 1 毫克 /（千克·天）的口服铁剂（比如宝宝体重 6 千克，那就每天补充 6 毫克铁），直到饮食中（辅食或配方奶）有足够的铁。对于配方奶粉喂养的宝宝，如果能从铁强化奶粉和辅食中获取足够的铁，就不用额外补充铁剂了。如果担心宝宝缺铁，可以请儿科医生做个贫血筛查，帮助判断是否需要补充铁剂。另外也可以视宝宝的发育情况（对食物感兴趣、挺舌反射消失），在这段时间给他添加富含铁的辅食（如铁强化米粉）。

Tips

虽然母乳中铁的含量不如配方奶粉，但它含有的其他营养成分（免疫球蛋白、乳铁蛋白等）都是配方奶粉远远比不上的，可别因为铁含量低这个小缺点就放弃母乳喂养。

|6~12 个月：辅食必须有足够的铁元素|

宝宝满 6 个月添加辅食后，需要更多地从食物中获取铁，如强化铁婴儿米粉、肉泥等。如果宝宝能从辅食和配方奶中获取足够的铁，就不用额外补充。这个阶段的体检，一般会给宝宝做缺铁性贫血的筛查。要是宝宝的饮食以母乳或低铁配方奶粉为主，高铁辅食吃得少，并出现了缺铁或贫血的症状，就要在医生的指导下进行补铁。

┃1~3 岁：多吃富含铁元素的食物┃

这个阶段，孩子的饮食结构发生了变化：铁强化的配方奶粉、米粉吃得少了，富含铁元素的天然食物（如红肉、海鲜），以及富含维生素 C 的蔬果（能帮助铁的吸收）吃得多了。如果孩子的饮食结构不利于铁的获取和吸收，应该在医生的指导下，根据孩子的缺铁情况口服液态铁剂。

早产儿：母乳喂养的早产儿，从 1 月龄起补充铁剂

如果是早产宝宝，因为提前出生，没来得及在体内储存足够的铁。加上出生后生长迅速，血容量增加很快，体内的铁会更快地被耗竭。因此早产儿比足月儿更容易贫血。美国儿科学会建议：母乳喂养的早产儿应从 1 月龄开始每天额外补充铁元素 2 毫克 / 千克，直到能从强化铁配方奶或含铁辅食中摄入足够的铁。用铁强化配方奶粉喂养的宝宝一般不用额外补充铁剂。但谨慎起见，还是要遵照医生的建议来。

富含铁的食物

对健康的足月宝宝来说，4~6 个月是比较容易出现缺铁现象的阶段。妈妈要按时带宝宝体检，做好贫血筛查。如果检查显示宝宝有缺铁或贫血的情况，一定要及时在医生的指导下，给宝宝补充铁剂。这是扭转缺铁现象最快的方法，也是很安全的，妈妈不要抗拒。建议在两餐之间给宝宝补充铁剂，既能减少对胃黏膜的刺激，也利于铁的吸收。

对于 6 个月以上的宝宝，预防缺铁最好的办法是通过食物补充。根据食物中铁的存在形式和吸收率的不同，可以将含铁食物分为两大类。一类主要是动物性食物，如肝脏、肉类、海鲜、家禽等。这类食物中含有的是血红素铁，较易被人体吸收。另一类主要是植物性食物，包括深绿色的叶类蔬菜、豆类、强化谷物等。其含有的是非血红素铁，不易被人体吸收。特别提一下，蛋黄中含有的也是不易被吸收的非血红素铁。另外，虽然植物性食物中的铁不易被吸收利用，但如果能把这类食物和富含血红素铁或富含维生素 C（橙子、果、哈密瓜、西红柿等）的食物一起食用，也能提高铁的吸收率，达到"1+1>2"的效果。

Tips +

补铁并不是越多越好。给宝宝服用铁剂前，一定要咨询医生，在确实缺铁的情况下按剂量服用。否则补过了头，反而得不偿失。

糕妈说

孩子越大，铁摄入的情况越是和饮食结构相关。预防缺铁，很重要的一点就是添加辅食的时候，注意给宝宝吃"高铁"的米粉，早点开始吃肉。说来说去，几大类营养物质都不能少，还是均衡膳食最重要。

进口疫苗比国产疫苗好？
漏打几针要紧吗

自从有了娃，大到教育教养，小到穿衣吃饭，任何与育儿相关的问题，爸爸妈妈都很关注。但最让父母提心吊胆，甚至又爱又怕、纠结不已的，恐怕非疫苗莫属。疫苗到底该怎么打？哪些情况下是禁忌？又该如何选择疫苗？

疫苗怎么选

Q：一类疫苗和二类疫苗有什么区别，后者可以不打吗？

A：一类疫苗和二类疫苗的区别就在于前者是政府免费向公民提供的；后者则是自费且自愿接种的，二类疫苗是一类疫苗的补充。但这并非说明后者没有前者重要。只要经济能力允许，家长应该给孩子接种二类疫苗。

Q：进口疫苗、国产疫苗，怎么选？

A：国产疫苗和进口疫苗主要区别在于生产工艺，在效果和安全性上也就是90分和95分的差别。对于家长来说最明显的是价格差距大，所以看重性能的可以考虑进口疫苗，看重性价比的，可以选择国产疫苗。

疫苗怎么打

Q：疫苗可以提前接种吗？

A：提前接种疫苗，虽然不至于对身体造成伤害，但是对于最终的免疫效果还是有影响的。家长还是应该按照规定的免疫程序给宝宝接种疫苗。

Q：疫苗可以晚打吗？

A：在特殊情况（如患急性疾病等）下，适当推迟是没有大影响的。但是当宝宝身体痊愈时，应该及时进行补种。

Q：疫苗少打、漏打几针要紧吗？

A：每种疫苗都有不同的免疫程序，只有注射足够的剂量和次数，才能提供给宝宝足够的免疫力。因此，少打、漏打都是不正确的。

Q：哪些情况下不可以打疫苗？

A：① 患急性疾病期间：感冒症状带有严重咳嗽、鼻涕发绿、发烧（体温 ≥ 37.6℃）、精神不振、出现呕吐以及中度或重度腹泻。

② 有过敏体质：过去接种某种疫苗曾发生过敏（如最常见的过敏性皮疹）。

③ 免疫功能较差：特别容易发生细菌、病毒感染，且在感染后常出现发热、皮疹以及淋巴结肿大等症状。在接种活疫苗时，需特别小心。

④ 神经系统方面的疾病史：有癫痫、癔症、脑炎后遗症、惊厥等疾病史的，应在医生的指导下谨慎接种。

关于疫苗的那些事儿

Q：多联疫苗可靠吗？

A：多联疫苗（一次注射）和多种疫苗（多次注射）接种的概念不太一样。美国儿科学会等权威机构均表示，给孩子接种多联疫苗是安全且值得推荐的。国际上联合疫苗已经作为常规疫苗使用了很多年。

Q：宝宝一次可以接种多种疫苗吗？

A：国家卫计委和中国疾控中心的建议是：原则上每次最多可接种2种注射疫苗和1种口服疫苗，注射疫苗应在不同部位接种。

Q：疫苗打了还是有感染概率，还要打吗？

A：疫苗确实不是100%有效，但是它能够有效阻止某些疾病在人群中大范围扩散。此外，接种过疫苗后的患者比没有接种过的患者，病情会轻很多。

Q：有些病很久没出现过了，还有必要接种此类疫苗吗？

A：当然有必要！拿脊髓灰质炎来说，虽然我国脊髓灰质炎病例罕见，但在阿富汗、巴基斯坦，以及非洲都还存在这种病例。为了防止病毒输入的风险，我们还是要进行脊灰疫苗的接种。

Q：打了疫苗会有不良反应，所以不能打？

A：疫苗进入人体，虽然可能会有产生不良反应的风险，但"回报"一定是高于风险的。为了那极小概率的不良反应而放弃疫苗接种是不明智的。

Q：为什么现在7价肺炎疫苗被13价取代了，有什么区别？

A：这两种疫苗均能最大限度地降低孩子患由肺炎链球菌引起的脑膜炎、常见肺炎以及某些类型的耳部感染的概率。区别是，13价肺炎疫苗比7价肺炎疫苗的抗体更多，效果更好。

疫苗已经被证实是人类健康史上的伟大发明，别怕麻烦，别怕花钱，该打就打，等到孩子生病了，后悔也来不及。

糕妈说

宝宝长痱子怎么办？
夏季如何护理预防

Q： 痱子是怎么来的？

A： 痱子是由于天气潮湿、闷热，宝宝的汗腺导管阻塞使汗水积聚造成的。小朋友汗腺没发育好，散热不畅，长痱子很正常，家长不用过于紧张。

Q： 天热了孩子就长好多痱子，能用爽身粉吗？

A： 爽身粉可能会被宝宝吸进肺里，不推荐使用；女宝宝更要注意避免在私处使用。妈妈可以试试以下3种方法：

① 少穿少盖，保持凉爽，保持皮肤干燥，大部分痱子都会自愈。

② 长痱子的地方尽量裸露在空气中，不要穿、盖。

③ 长了痱子会痒，可以外用炉甘石洗剂止痒，药店都有售；万一宝宝抓破了有发炎迹象，要去看医生。

Q： 夏季如何预防宝宝长痱子？

A： 预防长痱子的要诀就是"别太热"！

① 保持室内凉爽通风，室温保持在26℃左右，湿度不要超过60%。

② 夏天每天可洗澡2~3次，用清水洗，少用沐浴露、肥皂，水温在38℃左右适宜，洗完澡可以用吹风机冷风吹吹脖子、腋窝等地方。

③ 讲究卫生，勤换衣服，以宽松透气的纯棉衣物为主，保持皮肤干燥。

④ 尽量减少宝宝哭闹。

⑤ 不要一直抱着宝宝，以免散热不畅。

⑥ 纸尿裤要勤更换。

⑦ 及时吸汗：喂奶时可以在妈妈手臂上垫块毛巾；宝宝刚入睡时易出汗，可以在后脑勺和背上垫上一块毛巾吸汗；平时给宝宝后背垫块吸汗巾，出汗后及时更换，也可避免出汗后不及时擦干而感冒。

⑧ 夏天不要让宝宝光身子睡在凉席上，要穿件睡衣，避免皮肤过多刺激。

Q：宝宝长痱子，能用花露水或十滴水吗？

A：都不推荐用。花露水中含有大量酒精（有些高达75%），不仅会对宝宝的皮肤造成刺激，被吸收后还会危害宝宝的健康。

十滴水的主要成分为樟脑、干姜、大黄、小茴香、肉桂、辣椒、桉油，辅料为乙醇，对儿童的皮肤刺激比较厉害。其中，樟脑成分对孕妇和胎儿有害，要慎用。

另外，不要使用乳液或药膏（除非医生建议），因为可能会造成毛孔堵塞，使情况恶化。

Q：怎么区别痱子和湿疹、食物过敏？

A：食物过敏，通常发生在进食某种新食物后，可能表现为急性荨麻疹，呈风团状（块状凸起），有明显的瘙痒（会拼命挠或者哭闹不止）；这个时候应该立即停食可疑食物，到医院就诊，如有必要，可在医生的建议下使用抗过敏药物。

湿疹，区别于其他皮肤问题的最大特点是质地非常干，做好保湿工作能缓解，而出痱子时皮肤一般不会这么干燥。

糕妈说

　　如果怀疑是痱子，衣服该脱就脱掉，空调该开就开，外用炉甘石洗剂。双管齐下，很快就会好转。如果出现脓包、肿胀或发红，要及时去看皮肤科医生。

关于宝宝咳嗽，你需要知道的问题

Q：糕妈，我家宝宝咳嗽了怎么办？

A：放轻松，放轻松，放轻松。咳嗽是最常见的呼吸道症状，是保护喉咙和清洁呼吸道的重要途径。

Q：宝宝咳嗽是什么原因引起的呢？

A：咳嗽可能只是生理现象。病毒、细菌、过敏、异物都可以引起咳嗽。

Q：孩子感冒咳嗽，家里有小儿感冒药、消炎药、止咳药，可以给孩子用哪一种呢？

A：任何一种药物都不应自行服用。

Q：如何缓解宝宝的咳嗽症状？

A：不论何种原因所致的咳嗽，保持呼吸道湿润都可减轻症状。蒸汽沐浴或者提高房间的湿度，都会让宝宝感觉舒服一些。可以使用加湿器、挂湿毛巾或者在房间里放一盆清水等方法提高空气湿度。秋冬季宝宝呼吸道干燥，容易引起咳嗽，建议多喝温开水。

Q：宝宝咳嗽，妈妈应该怎么护理？

A：3个月到1岁的宝宝，可以喝温水或苹果汁来治疗咳嗽，每次5~15毫升，每天4次；1岁及以上的宝宝，可以食用蜂蜜（每次2~5毫升）来稀释分泌物，缓解咳嗽（1岁以内的宝宝严禁食用蜂蜜）。

Q：白天还好，一到晚上咳嗽就加重了是怎么回事呢？

A：夜间平躺时呼吸道分泌物无法下流，会聚集在咽喉后部，导致咳嗽加重。可以将床垫靠头一侧抬高成一个倾斜的坡度或是把宝宝上半身略垫高一些，能缓解症状；还可以在晚上入睡前，将喷鼻剂喷入鼻内，以减少鼻腔分泌物，也能帮助缓解夜间咳嗽。此外，哮喘是另一种可能引起夜间咳嗽的原因，如果你无法判断，应该带孩子去看医生。

Q：咳嗽的时候有明显咳痰的声音，但是宝宝咳不出来、吐不出来怎么办？

A：家长可以多给宝宝拍背，有助于排痰。让肺部的痰液通过咳嗽到达咽部，目的就已经达到了，不是非要见到宝宝把痰吐出来。此外，在浴室里吸入水蒸气也能缓解症状。

拍痰方法详解：

手法：手指并拢弯曲成杯状拍宝宝后背，即所谓的"空掌"，力道需要比拍嗝重一些。

时间：最好在喝奶前30~60分钟，或喝奶后2小时（肚子比较空的时候，否则可能导致吐奶）；雾化治疗结束后拍痰的效果会更好。

体位：建议宝宝头低脚高，可以趴在家长腿上或垫高下半身。

注意：观察宝宝的神态反应，如果宝宝明显表现出不适，应立即停止拍痰。

Q：孩子感冒后，咳嗽一天都没怎么停过，是不是很严重呢？

A：孩子生病到底严不严重、要不要处理，其实根本上还是看孩子的表现和精神状况，吃奶、玩耍、睡眠有没有受影响。

Q：孩子一咳嗽就会吐奶，大口大口吐，这是怎么回事呢？

A：宝宝的咽反射比较敏感，咳嗽引起呕吐是非常常见的。咳嗽引起的呕吐只要关注咳嗽本身就行，不要担心呕吐的事情。

Q：什么时候需要带他去看医生？

A：以下情况应该去看医生。

① 3个月以下的婴儿咳嗽必须去看医生。

② 咳嗽导致呼吸困难。

③ 疼痛，持续时间长，伴有喘鸣（呼吸时发出尖厉的声音）、呕吐或皮肤青紫。

④ 影响进食和睡眠。

⑤ 咳嗽是突然出现的，并且伴有发热。

⑥ 在孩子被食物或其他物体呛到后出现的咳嗽。

⑦ 咳嗽带血。

⑧ 出现吐出难闻的黄绿色浓痰。

Q：雾化治疗怎么做？

A：雾化是直接将药物作用在呼吸道局部的治疗手段，效果比较好且副作用较小。雾化可以在医院做，也可以自家买一台雾化机做。无论使用什么雾化药物，都要经过医生的同意。注意，雾化后须用清水洗脸、漱口。

糕妈说

宝宝咳嗽可能是爸爸妈妈最常见也最烦恼的小毛病。看见宝宝咳得难受，吃不好睡不好，当爸妈的真心疼。其实，咳嗽是人体免疫系统对自己的保护，一般情况下不用太焦虑。做好护理、正确观察、及时就医，才是应对咳嗽的正确方式。

后　记
愿所有的孩子都能被正确对待

　　我很欣赏的一位音乐人李宗盛大哥曾经有一首写给自己的歌，里面有句歌词是："当你发现时间是贼了，它早已偷光你的选择。"

　　如果三年前，我没有做出运营公众号的选择，在平行时空里的我又会过着什么样的生活？会像今天一样，带着一个不小的团队，为着"让育儿可以更简单"这样一个愿望努力付出吗？还是作为一个幸福的主妇，忙着一份简单的工作，照顾着可爱的儿子，享受着平静的生活？

　　当我拿到这本《年糕妈妈轻松育儿百科》的样书的时候，看着封面上的自己，想起了这三年来每晚挑灯夜战，与每一篇文章死磕到崩溃、高兴、欣慰的样子。三年了，一千多个日日夜夜，时间对我来说真的是贼吗？它偷走了我的选择吗？

　　扪心自问，答案是：没有。

　　时间有一双魔术手，它把我从一个简单的人变成了现在这样一个有责任在心，有知识在手，有强大内心的女性。我变成了更好的自己，而且，还有了这样一本书。

　　它是一本妈妈们可以放在枕边随时解决育儿实际问题的书；也是一本随手翻翻就能找到处理夫妻关系、婆媳矛盾小妙招的书；它还是一本可以治好妈妈们育儿焦虑的书。

　　这本书的编著过程真的不容易。在过去的两年里，有非常多出版社邀请我把公号里的文章整理出来做成一本育儿书，但我都拒绝了，因为那时候我还没有准备好。因为在我看来，出书并不仅仅是把公号文章做一个收集。既然是一本育儿百科，那么一定是全面的、科学的、系统的，集合了新手妈妈最关心的问题。

我曾经以为公号里的内容已经很丰富了，基本上可以满足用户的需求。但在这本书的沟通、改进中，我发现还有很多内容并没有涉及到。核实育儿资料，形成一本有体系的育儿书，这其中的工作量比我想象的还要大很多。在这个过程中，我和我编辑部的小伙伴们，付出了非常多的努力，还请儿科医生来帮忙一起审稿。这样，我才觉得这本书是值得推出去的，是能够被传承下去的。

顺便说一下，这本书里面有大量的插图来帮助新手爸妈理解文字背后的意思，以便更好地把知识运用到实践中。我自己非常喜欢这些配图，也非常感谢我们的插画师。

另外，还要感谢我的硕士生导师李红教授，感谢她对我的严格要求。她严谨治学、真诚对待病患、处处为他人着想的态度深深地影响了我。同时也非常感谢赵正言教授对本书出版进行的指导，还特地请了专业儿科医生对我们的内容进行审核，保证了这本育儿书的专业性、靠谱性、科学性。当然还要感谢我的母校——浙江大学，"求是创新"从过去到将来都是我时刻谨记在心的教导。

亲爱的，这本书的出版，最感谢的就是你们——我的广大粉丝朋友们。其实我不太想称你们为粉丝，我更希望说你们是我的朋友、我的闺蜜。我在发第一篇文章的时候，万万没有想到它能成为一个有 1000 万爸妈关注的母婴大号，也没想到自己能够成为一名网络红人，我只是单纯地分享。如果不是有那么多用户喜欢我、关注我，替我传播，我不会有今天这样的影响力，我时刻在心里提醒自己这一点。

曾经，我也是个全职妈妈，一个人忙里忙外地照顾孩子，还要挤出时间，趁着孩子睡觉时写文章，一直是一个人的战斗。现在，我带领着小伙伴们一起经营"年糕妈妈"这个公众号矩阵，其中包括教育、辅食、孕产以及陪玩等各个领域，还有优选频道。我们还会打造更多对妈妈们有帮助的实用课程，提供越来越多、越来越好的服务。这个过程中的每一次进步、每一次发展都不容易。我常常开玩笑说，女性创业本身就是一个反人性的过程，是对感性、对家人的依赖等极大的挑战。

那是什么支撑着我？最大的原因，我想恐怕是我对孩子的爱。我作为一个母亲，对于自己的孩子，对于粉丝的孩子，对中国1亿名0~6岁宝宝的爱。我特别见不得孩子们没有被正确对待，我希望尽我所能做出一些有用、有趣、大家看得下去的科普内容，希望文章得到更广泛的传播。这本书也一样，希望更多的新手妈妈们可以读到它，能够帮助你们在育儿过程中少走一点弯路，我就是幸福的。

我是一个天生属于讲台，喜欢分享，喜欢写攻略的人。写育儿知识对我来说是非常幸福的，尤其是想到有那么多人可以看到，有那么多孩子可以被正确对待。我觉得这些年熬的夜，都在夜空里散发着光芒。

谢谢你们愿意买我的书，谢谢你们愿意听我的唠叨，谢谢你们想成为更好的父母。相信你的孩子长大以后一定会感谢你，因为你是一个很酷的爸妈。

李丹阳（糕妈）

2017年8月

参考文献

[美] 威廉·西尔斯、玛莎·西尔斯、罗伯特·西尔斯、詹姆斯·西尔斯著，邵艳美译.西尔斯亲密育儿百科 [M].海口：南海出版公司，2015.

[美] 海蒂·麦考夫、阿琳·艾森伯格、桑迪·海瑟薇著，莫夏迪、张敏译，海蒂育儿大百科（0~1 岁）[M].海口：南海出版公司，2014.

[美] 海蒂·麦考夫、莎伦·梅泽尔著，莫夏迪译，海蒂育儿大百科（1~3 岁）[M].海口：南海出版公司，2014.

[美] 劳拉·E.贝克著，桑标等译.婴儿、儿童和青少年（第 5 版）[M].上海：上海人民出版社，2014.

[美] David R.Shaffer，Katherine Kipp 著，邹泓等译.发展心理学：儿童与青少年（第八版）[M].北京：中国轻工业出版社，2013.

[美] 简·尼尔森著，玉冰译.正面管教 [M].北京：北京联合出版公司，2016.

[美] 托马斯·戈登著，宋苗译.PET 父母效能训练手册：让你和孩子更贴心 [M].天津：天津社会科学院出版社，2009.

[美] 劳拉·马卡姆著，聂传炎译.劳拉博士有问必答：搞定父母问得最多的 72 个问题 [M].上海：上海社会科学院出版社，2016.

[美] 塞尔玛·弗雷伯格著，江兰译.魔法岁月：0~6 岁孩子的精神世界 [M].杭州：浙江人民出版社，2015.

图书在版编目（CIP）数据

年糕妈妈轻松育儿百科 / 李丹阳主编. —— 北京：
北京联合出版公司，2017.8
ISBN 978-7-5596-0740-9

Ⅰ．①年… Ⅱ．①李… Ⅲ．①婴幼儿－哺育 Ⅳ．
①TS976.31

中国版本图书馆CIP数据核字(2017)第167621号

年糕妈妈轻松育儿百科

项目策划　紫图图书 ZITO®
监　　制　黄利　万夏

主　　编　李丹阳
责任编辑　管文
特约编辑　曹莉丽　刘长娥　朱彦沛　李莲莹
装帧设计　紫图图书 ZITO®

北京联合出版公司出版
（北京市西城区德外大街83号楼9层　100088）
北京中科印刷有限公司　新华书店经销
310千字　710毫米×1000毫米　1/16　25.5印张
2017年8月第1版　2017年8月第1次印刷
ISBN 978-7-5596-0740-9
定价：59.90元
